HOME PLAN

평생 한 번 집짓기를 위한, **맞춤 주택 설계집**

초판 1쇄 발행일	2020년 11월 24일
초판 2쇄 발행일	2023년 2월 28일
저자	홈플랜건축사사무소 김소연 l 이동진
발행인	이 심
편집인	임병기
기획·편집	최미현
사진	변종석
디자인	최리빈 l 유정화
마케팅	서병찬
총판 l 관리	장성진 l 이미경
출력	삼보프로세스
용지	영은페이퍼㈜
인쇄	북스
발행처	㈜주택문화사
출판등록번호	제13-177호
주소	서울시 강서구 강서로 466 우리벤처타운 6층
전화	02-2664-7114
팩스	02-2662-0847
홈페이지	www.uujj.co.kr
정가	27,000원
ISBN	978-89-6603-060-6

이 도서의 국립중앙도서관 출판예정도서목록(CIP)은
서지정보유통지원시스템 홈페이지(http://seoji.nl.go.kr)와
국가자료공동목록시스템(http://www.nl.go.kr/kolisnet)에서
이용하실 수 있습니다. (CIP제어번호 : 2020047050)

평생 한 번 집짓기를 위한, **맞춤 주택 설계집**

HOME PLAN

PROLOGUE

우리가 **살아가는** 공간,

집(home)을 계획(Plan)하는 이야기

코로나 바이러스로 마스크는 필수가 되었고 영화 속에서나 볼 수 있었던 생활이 일상이 되었습니다. 우리 삶 곳곳에서 예상치 못한 일들이 계속해서 일어나고, 또 우리는 그것에 조금씩 적응해나가고 있습니다.
단독주택 관련 건축법규에도 지난 몇 년간 크고 작은 변화들이 생겨났습니다. 지구온난화로 에너지절약설계기준이 강화되었고, 국내의 잦은 지진 발생으로 내진구조설계 및 지반조사 등이 추가되었습니다. 이로 인해 전반적인 건축 비용은 상승하였고 인허가 과정도 복잡해지고 있습니다. 이러한 변화는 비용과 절차에 대한 부담감을 가중시켰지만, 한편으로는 더욱 따뜻하고 안전한 집을 지을 수 있는 틀이 마련되어 다행이라는 생각이 듭니다.

몇 년 전, 저희 부부에게 우리 집을 지을 기회가 찾아왔습니다.
지금껏 수많은 집을 설계해왔지만, 막상 내 집을 짓자니 쉽지만은 않았습니다. 건축가가 아닌 건축주의 마음이 되어 새 보금자리를 설계하던 그 여정은 여느 가정과 다르지 않았을 듯합니다.
완성된 계획안을 두고 부부가 한 치의 양보 없이 뒤집기를 반복하다, 어느 시점에 이르러서야 각자의 공간이 필요함을 인정하고 끝이 날 수 있었습니다.
하지만, 이것이 정말 끝은 아니었습니다. 준공 완료 후 2년 간, 마당과 지하주차장은 계속해서 변경되었으니, 얼마나 고민을 하고 또 했을까요.
처음에는 보기 좋은 잔디가 깔려있던 마당은 결국, 관리 편한 석재 바닥으로 변경되었고 비용 문제로 공간만 덩그러니 있던 지하주차장은 수시로 들락거리며 손 본 끝에 공구상자와 자전거가 걸려있는 근사한 주차장으로 변신했습니다. 이렇게 집은 단 시간 만에 지어지는 것이 아닌 것 같습니다. 내 공간에 애정을 가지고 지속적으로 돌볼 때 비로소 완성되는 것이 아닐까 싶습니다.

집을 짓기 위한 과정은 결코 쉽지 않지만 시간과 노력을 투자할 가치는 충분합니다. 이곳에 머무는 순간만큼은 그 여느 휴가지도 부럽지 않다는 걸 느끼기 때문입니다. 그리고 머무는 시간이 늘어날수록 가족의 온기가 더해져, 집의 의미가 더욱 깊어짐을 느낍니다. 항상 마음에 품어왔지만 쉽게 풀어낼 수 없었던 상상 속의 집. 오롯이 내 가족만을 위한, 가족이 중심이 되는 즐거운 공간을 계획해보시길 바랍니다.

홈플랜건축사사무소 **김소연 | 이동진**

CONTENTS

CONTENTS

CASE 01

|

CASE 32

PART 1

HOMEPLAN HOUSE

홈플랜

주택설계 완공 32사례

수대울 하얀 벽돌집
양평 문호리 주택

7년 간 전원주택 전세살기로 전원생활을 미리 경험해 본 건축주는 어찌 보면 베테랑이었다. 전원생활에 필요한 요소가 무엇인지, 또 기본적으로 집이 갖춰야할 본질이 무엇인지 살다보니 보였다. 7년은 설계와 시공에 들어가는 전문가의 디테일이 중요하다는 걸 깨닫게 된 시간이었다. 유려한 디자인보다도 방수와 단열, 기능 등 삶의 쾌적함이 중요하다 생각한 그는 전문가를 찾았다. 그리하여 탄생한 문호리 주택은 군더더기 없이 심플한 디자인으로 설계되었다. 복잡한 형태나 평지붕 등은 하자로 이어질 가능성이 높다고 생각한 결과, 단정한 박공지붕이 인상적인 주택이 되었다. 또한 경사진 대지라 기초와 1층은 철근콘크리트로 2층과 다락은 목조 하이브리드 구조를 택해 안정성을 더했다.

HOUSE PLAN

대지위치 경기도 양평군 서종면 문호리 | **대지면적** 497㎡ | **건물용도** 단독주택 | **건물규모** 지상 2층 | **건축면적** 92.40㎡ | **연면적** 171.82㎡ (1F:85.02㎡ / 2F:86.80㎡) | **건폐율** 18.59% | **용적률** 34.57% | **구조** 경량목구조 | **창호재** 독일식 시스템창호 | **단열재** 인슐레이션 | **외벽마감재** 백고벽돌 | **내벽마감재** 벽-에덴바이오 벽지 / 바닥-동화 강마루 | **지붕재** 리얼징크 | **설계** 홈플랜건축사사무소 | **시공** 씨앤제이하우징

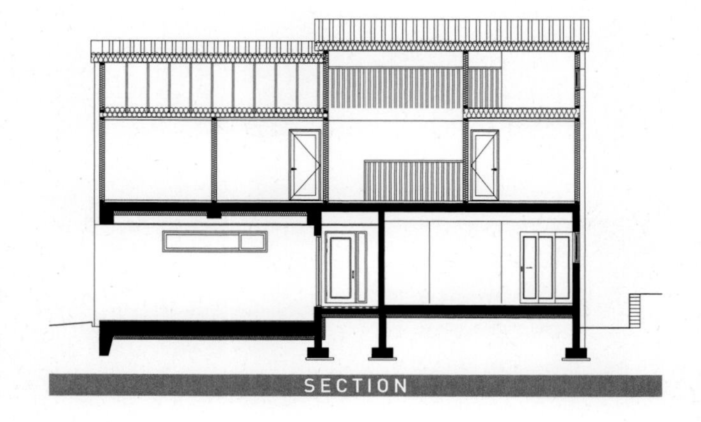

SECTION

배치계획

1m 정도 경사진 대지로 순수 목구조로는 자칫 습하거나 기초 공사에 지나친 비용이 들 수 있어, 기초와 1층은 철근콘크리트로 2층과 다락은 목조로 구성한 하이브리드 구조를 채택했다. 튼튼한 구조와 방수·방화 성능이 필요한 차고와 주방, 욕실은 철근콘크리트구조인 저층부에 배치했고, 편안한 생활감이 필요한 침실, 거실 등의 공간은 전부 목구조인 2층으로 올렸다.

입면계획

외장재는 백고벽돌로 결정했다. 오랫동안 질리지 않는 것은 물론, 바닥부터 지붕선까지 끊김 없는 외장재 적용이 가능했기 때문이다. 잔디가 펼쳐진 주택 전면으로는 커다란 창을 낸 반면, 측면으로는 외부시선 차단을 위해 작은 창을 여러 개 내, 환기와 통풍까지 고려했다.

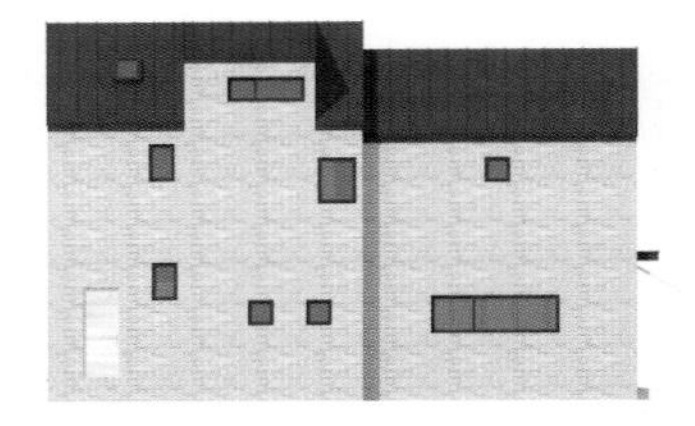

주택 외관은 군더더기 없이 깔끔한 스타일로 디자인 되었다. 현관과 이어지는 차고에는
폴딩도어를 시공해 어둡고 갑갑한 기존의 차고 이미지를 탈피했다.

옆집과 맞닿는 주택의 측면에는
적삼목 루버로 가림벽을 세워
프라이버시를 확보하는 동시에
익스테리어 요소로도 활용된다.

우드 컬러의 가구들이 내추럴한 분위기를 연출하는 주방 공간. 주택의 1층은 모임이 잦은 건축주의 생활을 고려해 주방과 다이닝룸 등의 공용 공간이 차지하고 있다.
2층에 위치한 거실은 천장을 오픈하고 발코니를 연결해 개방감이 느껴진다. 발코니에는 폴딩도어를 설치해 겨울에는 온실처럼 이용할 수 있어 사계절 활용도가 높은 편이다.

계단을 통해 2층으로 오르면 침실과 욕실, 그리고 세탁실이 자리해 있고, 한층 더 오르면 철 지난 옷 등을 수납할 수 있는 다락이 배치되어 있다. 메인 욕실은 세면대와 욕실을 분리해 사용 편의를 높였다.

✚ 평면계획

현관을 지나면 바로 주방과 다이닝룸 공간이 나오도록 배치된 것이 특징이다. 지인들과의 모임이 잦은 터라, 식당과 주방 등 공적인 공간을 1층으로, 침실 등 사적인 공간은 2층으로 분리해 프라이버시를 확보했다. 계단을 통해 2층으로 오르면 세탁실과 침실, 욕실이 자리해있고, 다락에는 수납장을 별도로 설치해 창고용도 이외에 다양하게 활용할 수 있다. 욕실은 손님용을 포함해 2개만 배치하되, 관리가 쉬운 구조로 설계했다. 오랜 주택 생활에서 욕실 관리가 가장 골치였던 경험이 반영된 부분이다.

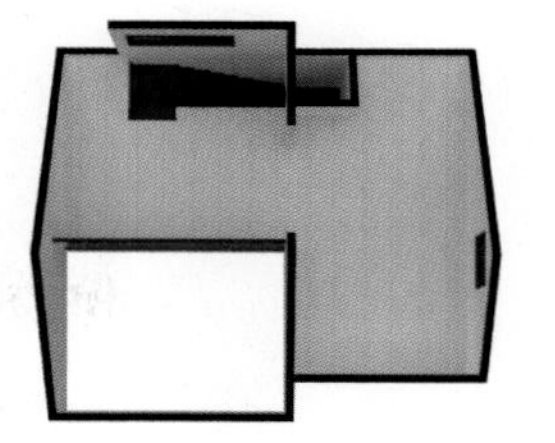

ATTIC

2F - 86.80m²

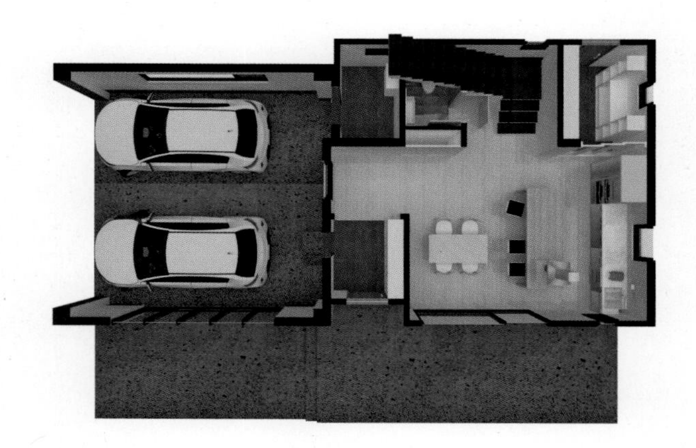

1F - 85.02m²

박스 디자인의 중목구조 주택
판교 화이트박스 벨폰

건축주가 원했던 것은 단순 명료했지만 까다로웠다. 목조주택의 내실과 콘크리트 주택의 모던한 외관 디자인을 갖춘 집. 우선 RC구조의 평지붕과 옥상에 대한 건축주의 로망을 해결하기 위해 전형적인 목조주택의 지붕 디자인에서 탈피했다. 목조주택은 소재의 특성상 평지붕 방수에 취약할 수 있기 때문에 까다로운 설계 작업이 요구됐다. 하지만 그 덕에 통상적인 디자인에서 벗어나 다채로운 지붕의 변주가 완성됐다. 시선에 따라 외관이 달리 보이는데, 도로에서는 평지붕의 박스형 주택으로 보이는 반면, 마당에서는 마치 비상하는 새처럼 경사지붕이 좌우로 마주하고 있다. 마당측 경사지붕으로 지붕의 배수 문제를 해결한 것. 그 결과 꿈에도 그리던 화이트 컬러의 박스 디자인 주택이 탄생했다.

HOUSE PLAN

대지위치 성남 분당 판교지구 | **대지면적** 232.7㎡ | **건물용도** 단독주택 | **건물규모** 지하 1층, 지상 2층 | **건축면적** 99.9㎡ | **연면적** 216.0㎡ (B1F:69.3㎡ / 1F:83.6㎡ / 2F:63.1㎡) | **건폐율** 42.9% | **용적률** 63.0% | **구조** 중목구조 | **창호재** YKK창호 | **단열재** 인슐레이션 | **외벽마감재** 스타코, 에어링페인트 | **내벽마감재** 벽-에덴바이오벽지, 친환경페인트 / 바닥-강마루 | **지붕재** 리얼징크 | **디자인** 홈플랜건축사사무소

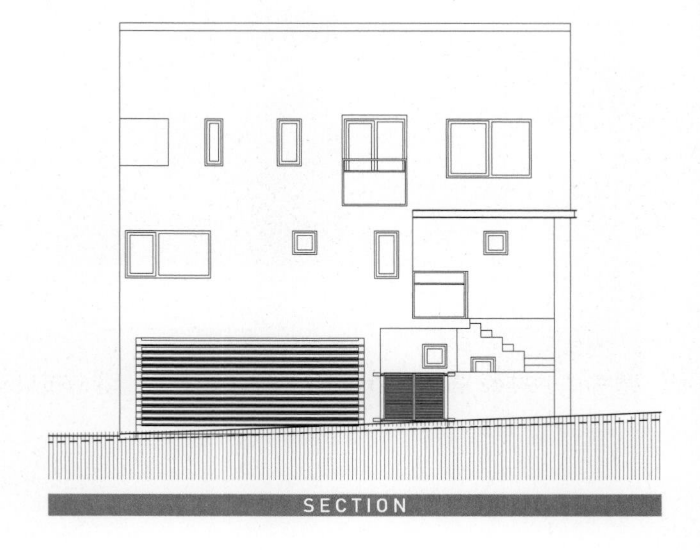

SECTION

배치계획

도로면에 접하는 대지가 경사면으로 이루어져 있어, 경사지를 활용한 실내로의 진출입을 고려했다. 높이 2m 단차의 경사부지에 토목공사 대신 지하주차장 구조벽체를 옹벽으로 지지해 경제성을 살리고, 넓은 마당을 확보했다. 또 남쪽 건물로 인해 채광이 부족하지 않도록 거실 천장을 오픈 천장으로 설계했다.

입면계획

모던한 스타일의 평지붕을 완성하기 위해, 도로에서 보이는 모습과 마당에서 보이는 모습이 서로 다르게 설계되었다. 지붕을 마당 쪽으로 경사지게 만들어 도로에서 보는 3면의 모습은 네모반듯한 콘크리트 주택처럼 보인다. 주택 외부는 스타코로 마감해 전체적으로 화이트톤의 모던한 주택으로 완성했다.

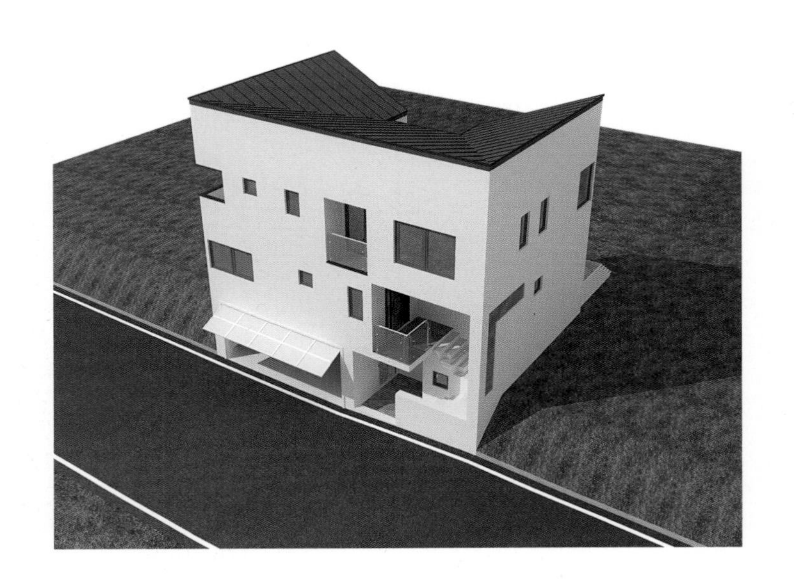

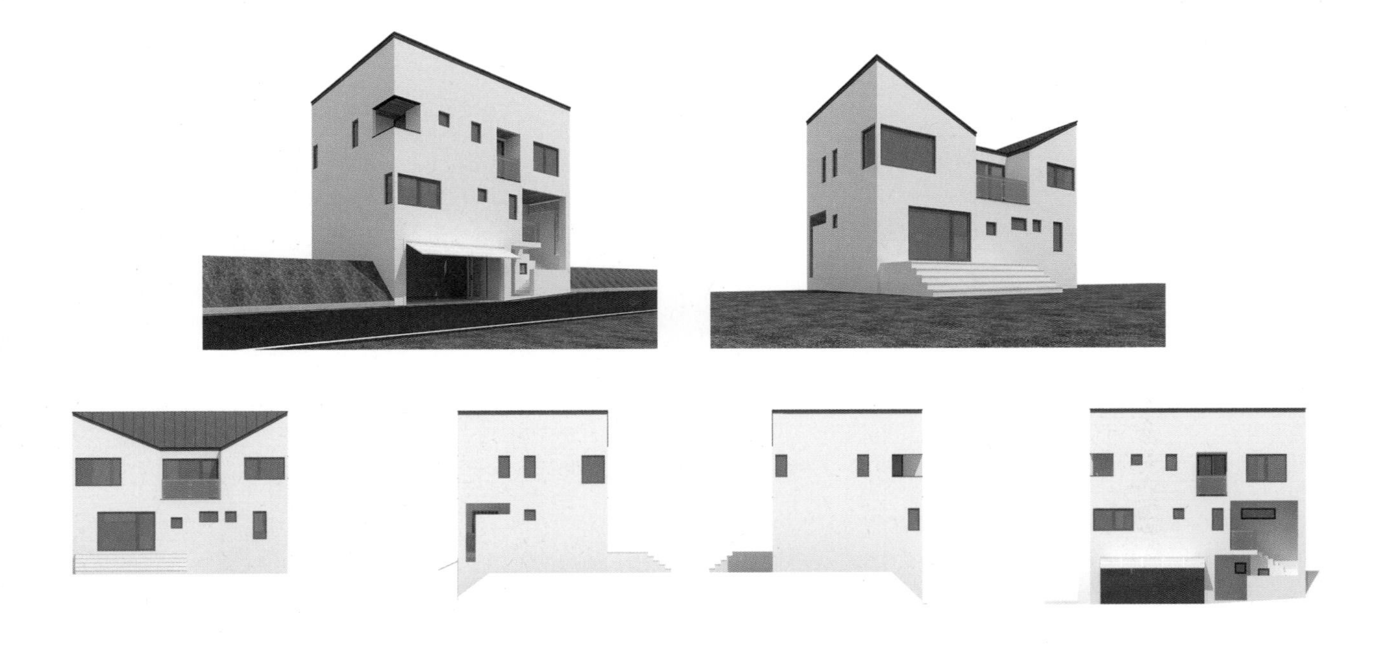

도로측에서 바라본 주택은 네모반듯한 외관을 고스란히 담고 있다. 경사진 대지를 활용하기 위해 지하에 주차공간을 두고 계단을 설치해 1층 현관으로 이어지도록 설계했다. 1층 안쪽 마당에서도 바로 외부로 나올 수 있도록 주택 측면에 간이출입구를 두어 동선이 편리하다.

거실과 이어진 마당에는 한낮의 빛을 충분히 활용할 수 있도록 선룸 공간을 마련해두었다. 폴딩도어를 시공하고 천장에 실링팬을 달아두어 여름에도 활용이 가능하다.

마당이 배치된 남향으로 거실과 주방을 나란히 두어 채광에 신경 썼다. 공간을 최대한 밝고 넓게 사용하기 위해 내부는 화이트 벽지로 마감하고 현관과 거실 중간에는 벽면이 아닌 파티션을 활용하는 방법을 선택했다. 오픈된 구조의 2층의 복도를 둔 덕분에 자연스레 탁 트인 거실이 완성됐다.

주택의 외관 디자인과 통일성을 살리기 위해 내부 역시 전체적으로 화이트톤으로 마감하되, 블랙으로 포인트를 주는 등 디테일에 신경 썼다. 특히 바닥을 어둡게 시공해 중후하고 차분한 느낌까지 살려냈다.

✚ 평면계획

경사지를 이용해 지하에 주차공간을 두고 현관으로 이어지는 계단을 설치해 동선이 편리하다. 현관을 통해 주택 내부에 들어서면 마당을 향해 나란히 놓여있는 거실과 주방이 한눈에 들어온다. 거실은 계단실로 인해 천장이 오픈된 구조로 공간이 한층 넓어 보이도록 했다. 2층은 주로 사적인 공간들로 구성된다. 가족실을 중심으로 부부 침실과 자녀방이 좌우로 배치되어 있으며, 마당뷰로 이어지는 가족실의 중정형 발코니는 가족들의 또 다른 휴식공간이 되어준다.

2F - 63.1m^2

1F - 83.6m^2

합리적 면적에 온화함과 넉넉함을 담다
동천동 아름드리 주택

아름드리는 둘레가 한 아름이 넘도록 커다란 나무를 뜻한다. 건축주는 마당이 있는 집에 반려견과 함께 하기 위해 부지를 마련했다. 도시와 인접해 있어 넓지 않은 대지였지만, 그 제한된 면적에서 가족들이 최대한 누릴 수 있도록 '아름'이 의미하듯 양껏, 넉넉하게 공간을 구성하길 원했다. 그래서 무엇보다 평면 계획 시 각 실별 동선을 최소화하면서 여유로운 거실과 주방 그리고 아이들을 위한 공간들을 구획해야 했다. 80평 정도의 대지에 건폐율 20%, 1층 공간이 16평 정도가 가능했다. 넉넉한 공간 배치를 위해 1층은 거실과 주방으로만 구성됐다. 2층은 안방과 아이방으로 계획하고 다락은 놀이방 겸 취미실로 뒀다. 프라이버시를 위해 담장을 높게 쌓고 반려견이 마음껏 뛰어다닐 수 있도록 꾸며진 마당에 이르기까지, 곳곳에 세심한 배려를 담아냈다. 그리고 그 결과 가족들이 양껏, 충분히 누릴 수 있는 아름드리 주택이 탄생했다.

HOUSE PLAN

대지위치 용인시 수지구 동천동 | **대지면적** 274.0㎡ | **건물용도** 단독주택 | **건물규모** 지상 2층 | **건축면적** 54.74㎡ | **연면적** 109.48㎡(1F:54.74㎡ / 2F:54.74㎡) | **건폐율** 19.98% | **용적률** 39.96% | **구조** 경량목구조 | **창호재** 독일식 시스템창호 | **단열재** 이소바 그라스울 | **외벽마감재** 백고벽돌(파벽돌) | **내벽마감재** 벽-친환경 벽지 / 바닥-마모륨 | **지붕재** 리얼징크 | **설계** 홈플랜건축사사무소 | **시공** 브랜드하우징

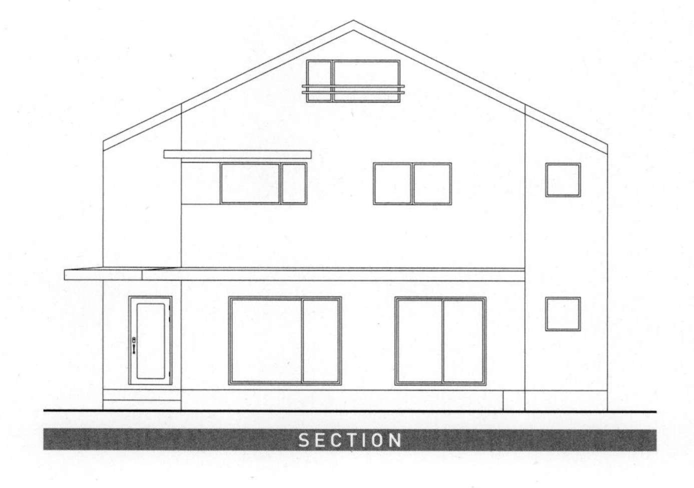

배치계획

현재 조성되는 주택 단지는 나란한 필지들이 도로에 연접한 고밀형으로 집에서 주변의 풍경을 누리기가 쉽지 않다. 동천동 주택 또한 마찬가지였으나, 경사진 대지를 활용해 프라이버시가 보장되는 마당을 확보할 수 있었다. 동선의 편리함을 위해 주차장과 주택을 연계시키고, 채광과 일조를 고려해 각 실을 배치했다.

입면계획

외부 마감은 애초에 스타코와 청고벽돌로 계획했으나, 최종적으로 백고벽돌로 변경해 시공했다. 바닥부터 지붕선까지 백고벽돌로 통일하되, 지붕에 사용한 징크를 1층 처마에도 적용해 일체감 있는 외관을 완성했다. 단순화시킨 지붕과 입면은 안정적인 구조를 만드는 동시에, 관리의 용이함도 덤으로 주었다.

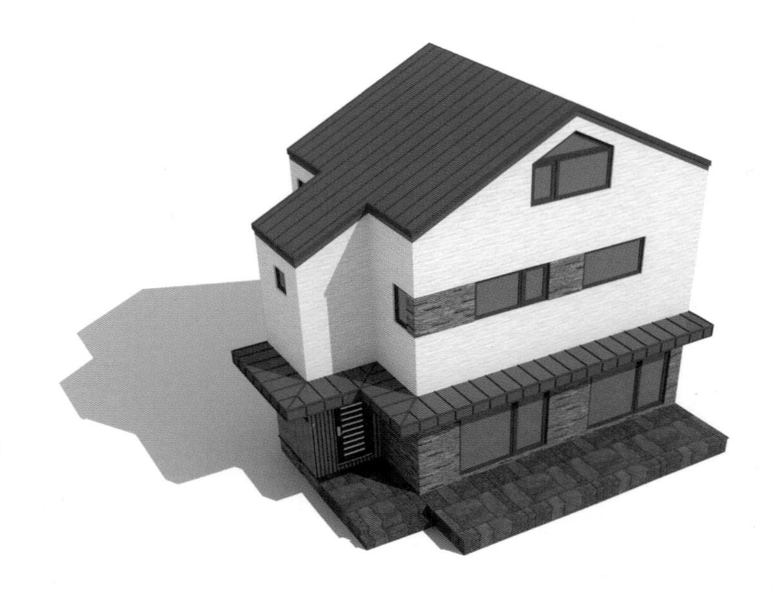

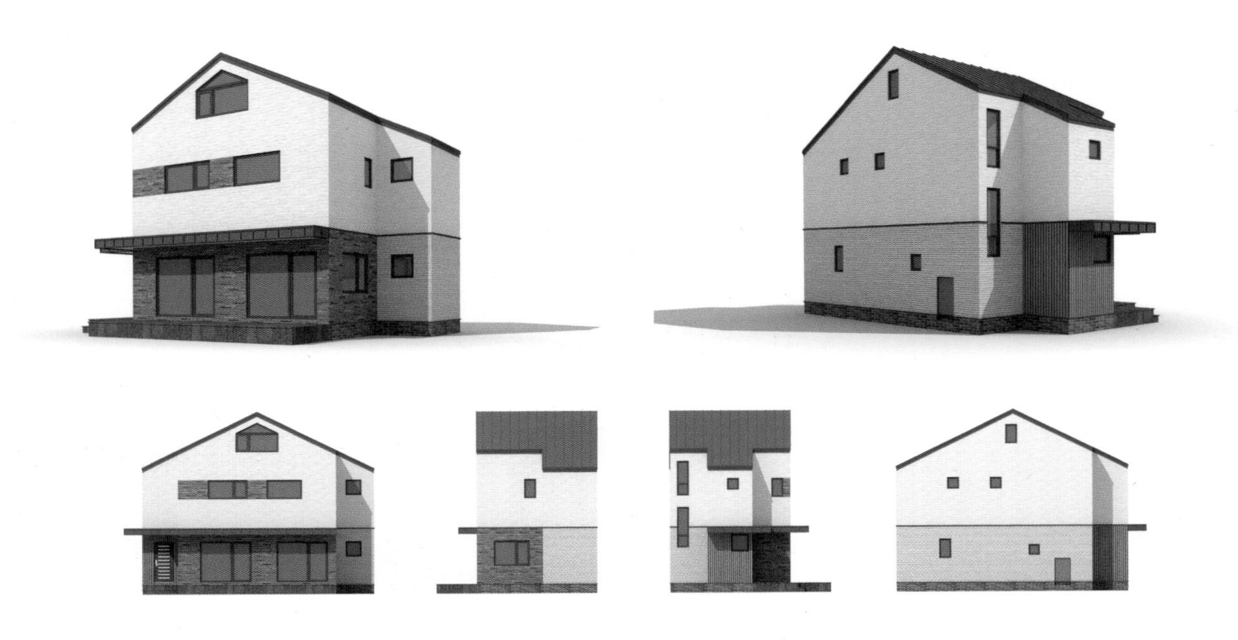

백고벽돌로 마감한 주택의 외관. 백고벽돌은 단단하면서도 온화한 외관을 완성하기에 좋은 자재다. 실제 지어진 건축을 철거하며 재생, 보존된 벽돌로 특유의 흙 질감이 차분한 인상을 풍기며 고유의 자연스러움이 느껴져, 오랫동안 질리지 않는다. 대문으로 들어서면 시야가 탁 트인 마당이 모습을 드러낸다.

도로에서 주택으로 이어지는 곳에 주차장을 배치하고, 주차장에서 대문으로의 진입로를 최단거리로 두는 등 동선을 최대한 고려했다. 경사진 모퉁이 대지를 최대한 활용, 도로보다 높은 곳에 마당을 배치하고 담장을 쌓아 외부 시선에서 자유롭다.

1층 내부는 닫힌 주거공간이 아닌 마당을 향해 열린 공간으로 설계했다.
특히 거실의 경우, 천장의 일부 구간을 높이고 전면으로 넓은 창을 배치해 개방감 확보와
동시에 외부와의 연계도 꾀했다.

공간을 새롭게 구성할 때는 배치의 기술 그리고 발상의 전환이 필요하다. 동천동 주택에 적용된 주방은 천편일률적인 동선과 구조에서 탈피한 홈바형으로 요리와 간단한 식사 그리고 설거지가 한 자리에서 해결된다.

시간의 흐름에도 내구성과 가치가 퇴색되지 않는 공간이 되길 바라는 마음으로 공간 곳곳에 원목을 접목했다. 화이트 컬러의 벽면과 원목의 조합은 공간에 온기를 더해 주택의 외관 디자인과 자연스레 이어진다.

안방과 아이방이 나란히 배치되어 있는 2층. 각 방에는 수납을 위한 붙박이장과 드레스룸을 시공해 쾌적하고 효율적인 공간이 완성되었다. 지붕의 선이 그대로 드러나는 다락방은 가족들의 취미실이자 아지트로, 공간을 효율적으로 사용하기 위해 벽면을 따라 수납장을 넉넉히 짜두었다.

✚ 평면계획

주택 평면은 주어진 대지 면적에서 집을 최대한으로 키우는 한편, 마당이 제 기능을 다할 수 있도록 적절한 실 배치를 염두에 두었다. 우선 1층은 거실과 주방 등 공용공간으로만 구성하되, 어느 곳에 있더라도 시선이 외부인 마당으로 향하게끔 배치했다. 두 공간이 일렬로 배치돼 특별할 것 없는 공간이지만 홈바형으로 제작된 주방구조 덕분에 공간이 한층 새롭게 구성됐다. 가족들의 침실로만 구성된 2층은 각 실마다 철저한 수납 계획을 통해 공간의 활용도를 높였다. 다락방은 빛을 최대한 유입시키기 위해 창호를 크게 설치, 채광을 좋게 하고 지붕의 양 사이드 자투리 공간에는 수납장을 짜 효율성을 높였다.

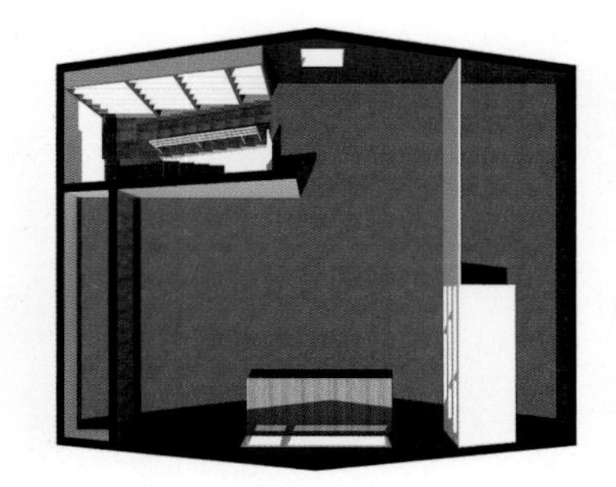

ATTIC

2F - 54.74m^2

1F - 54.74m^2

105

가족을 위한 맞춤식 공간 분할
동천동 다경재

동천동 부지 인근 단지에 전원주택 전세살이를 하던 건축주. 주변 환경과 교통이 마음에 들어 전세 살던 집의 매매를 고민했지만, 결국 가족들의 니즈를 맞추기 위해 신축을 결심했다. 아내는 주방 일을 하면서도 마당에서 뛰어노는 아이들이 한 눈에 보였으면 했고, 곧 태어날 둘째에게도 한창 뛰어놀 첫째에게도 거칠 것 없이 안전한 맞춤식 주택이 필요했기 때문이다. 또한 최신 트렌드를 반영한 심플하면서도 아늑한 디자인도 요구됐다. 건축주의 니즈가 확실했기에 설계에 어려움은 없었다. 아이들과 가장 많은 시간을 보낼 거실과 주방은 최대한 개방된 디자인으로 설계해 1층에 두었고, 외부로 자유롭게 드나들 수 있도록 커다란 창을 시공했다. 2,3층 역시 건축주의 동선과 라이프스타일을 분석해 완성해 나갔다. 설계 막바지에 최고 높이 10m라는 단지 규약을 의식해서 지붕 모양이 변경되었는데, 덕분에 한층 아늑한 복층 공간이 탄생하게 됐다.

HOUSE PLAN

대지위치 용인시 수지구 동천동 | **대지면적** 250㎡ | **건물용도** 단독주택 | **건물규모** 지상 3층 | **건축면적** 49.86㎡ | **연면적** 138.96㎡(1F:49.86㎡ / 2F:49.86㎡ / 3F:39.24㎡) | **건폐율** 19.94% | **용적률** 55.58% | **구조** 경량목구조 | **창호재** 독일식 시스템창호 | **단열재** 수성연질폼 | **외벽마감재** 세라믹사이딩 | **내벽마감재** 벽-친환경 벽지 / 바닥-강마루 | **지붕재** 리얼징크 | **설계** 홈플랜건축사사무소 | **시공** 브랜드하우징

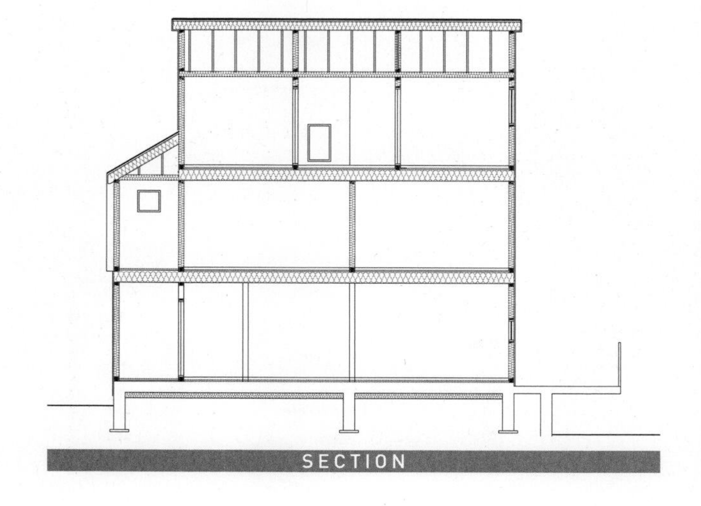

SECTION

배치계획

면적이 넓지 않아 지하주차장을 계획했으나 경제성을 고려해 주택의 측면에 주차장을 두었다. 자연녹지 지역의 건폐율 제약으로 인해 주택은 수직으로 확장, 3층으로 계획되었고 수직동선의 단점을 보완하기 위해 층마다 가족 쉼터를 두었다. 도로에서 보면 주택이 옆으로 돌아앉은 형상으로 거실과 주방 등 생활공간을 모두 주택 전면으로 배치해 외부의 시선에서 비교적 자유롭다. 초기 계획안에서는 3층 지붕을 높게 설계해 다락 공간에 여유를 두었으나, 단지 내 최고 높이 규정으로 인해 높이를 낮춰야했고, 이 부분은 지붕의 방향을 수정해 해결했다.

입면계획

투시도 작업 당시 외부 마감은 스타코와 석재파벽 마감으로 계획하였으나, 내구성과 관리의 용이함 그리고 조경과의 어우러짐을 고려해 세라믹사이딩으로 변경되었다. 삼각 지붕을 선호하는 건축주를 위해, 박공지붕을 다양한 방향으로 설계하고 처마를 이용하는 듯 입체적인 구조미를 살렸다.

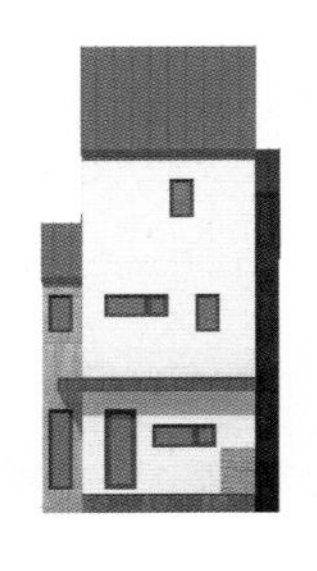

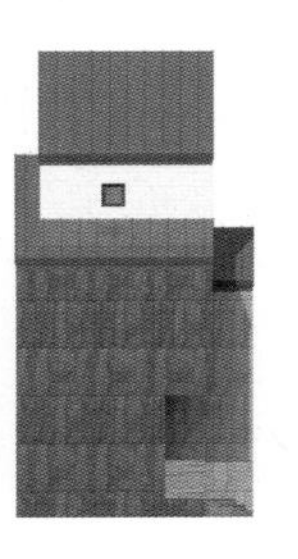

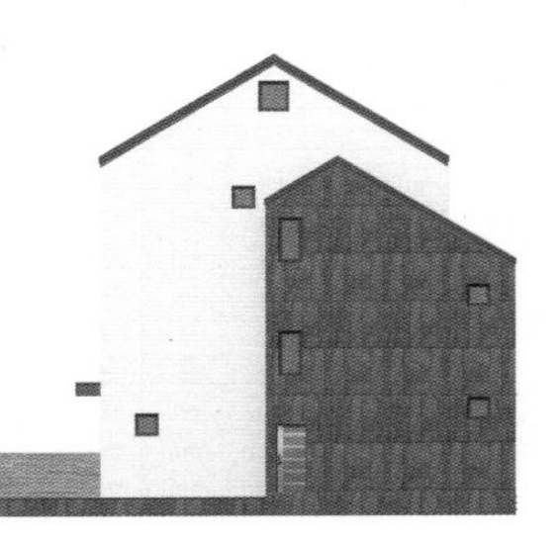

사각형의 매스에 현관과 욕실을 덧붙여 입체감을 살리고 투톤 마감으로 포인트를 준 주택 외부.
전체적인 느낌은 박공지붕이 주는 편안함을 위주로 가되, 창의 크기와 배치는 모던하게 디자인하였다.
세대의 현관은 도로 쪽으로 개방되어 있어 외부로의 동선이 편리하다.

1층은 이웃 주택으로 둘러싸인 단점을 보완하기 위해 도로와 주택 측면이 맞닿게 하되, 전면 마당에는 높은 휀스를 쳐 외부 시선을 적절히 차단했다. 주택의 우측으로는 주차공간을 두고 좌측으로는 주방과 이어지는 데크를 둬 공간의 효율성을 높였다.

아직 어린 아이들이 부딪힘 없이 자유롭게 뛰어다닐 수 있도록 1층은 거실과 주방을 개방해 한 공간에 배치했다. 거실과 마당의 동선을 최소화해 아이들의 외부 출입을 원활하게 하는 한편, 주방에도 넓은 창을 내 안에서도 아이들을 지켜볼 수 있도록 했다.

조리를 하거나 설거지를 하면서도 아이들과 함께 할 수 있도록 11자로 설계된 주방.
한쪽으로는 키큰장을 짜 넣어 냉장고를 비롯한 모든 주방 가전을 수납하고 맞은 편으로는
넓은 일자형 아일랜드를 놓았다. 창가에는 아이들의 눈높이에 맞춘 책장을 짜 넣어
맞춤형 공간을 완성했다. 또한 주방에는 데크로 나갈 수 있는 출입구를 두어 외부 공간을
또 하나의 식당으로 만들어준다.

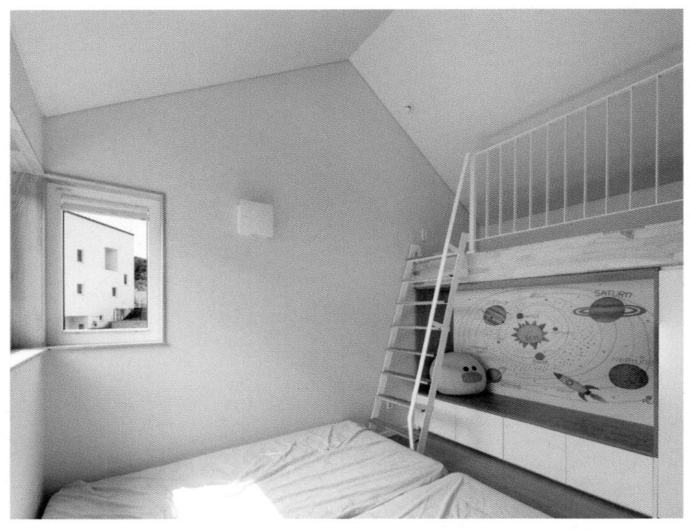

아직 어린 아이들을 위해 오픈형 계단은 지양하되, 계단의 비중을 최소화 해 공간을 최대한 넓게 활용할 수 있도록 했다. 2층으로 오르면 영화를 보거나 세탁을 할 수 있는 다목적실과 안방이 구성되어 있으며, 3층에는 지붕의 경사면을 고스란히 활용한 복층형 아이방이 기다린다.

✚ 평면계획

1층은 가족들의 공용공간으로 설계했다. 거실과 주방을 한 공간에 배치하여 개방감을 주고 계단의 비중을 최소화 해 공간을 최대한 넓게 활용할 수 있도록 했다. 또한 주방에는 주택 측면 데크로 나갈 수 있는 도어를 설치, 내외부 출입이 편리하도록 했다. 2층은 가장 안쪽에 안방을 배치하고 중앙에는 세탁실을 겸한 가족 휴식공간을 두었다. 3층은 휴식공간을 사이에 두고 아이방 2개가 같은 디자인으로 설계되었다. 지붕의 경사면을 활용해 복층으로 설계, 아이들에게 다락 침실을 선사했다.

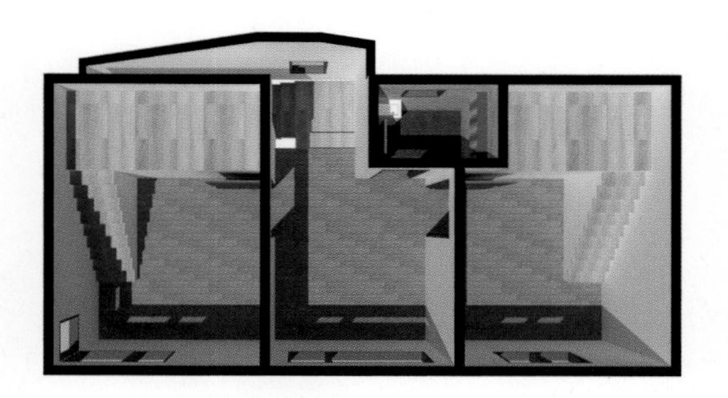

3F - 39.24m^2

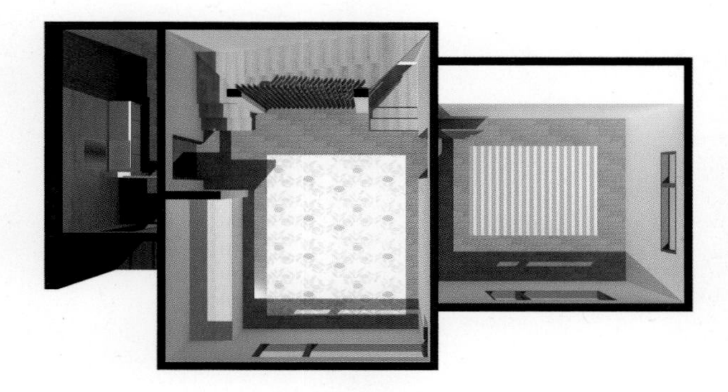

2F - 49.86m^2

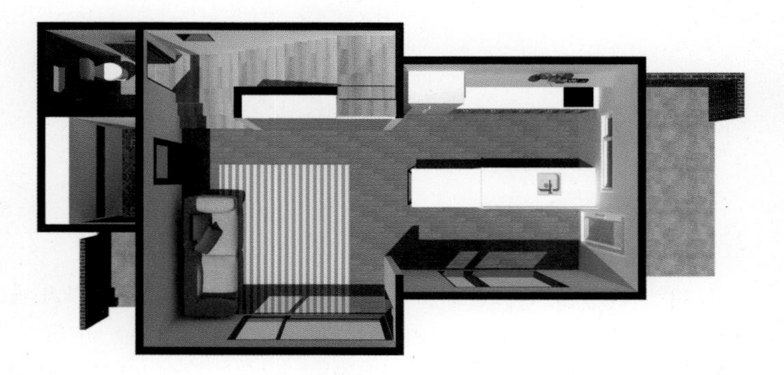

1F - 49.86m^2

가장 보통의 집, 듀플렉스 주택
동백 부엉이집

면적, 자재, 공법, 예산 등 단독주택의 평균치에 대한 고민이 가득한 곳. 바로 홈플랜 이동진 소장의 집이다. 15년 가까이 수많은 건축주를 만나오며 행복해하는 표정이 부러웠고, 더 잘해줄 수는 없었을까 미안한 마음 끝에 지은 집. 건축가의 집은 좋든 싫든 평가의 기준이 높을 것도 알고 있었지만, 오히려 가장 보통의 집, 가장 대중적인 집이란 무엇일까 질문했고, 그 결과물을 내놓았다. 과하지 않고 시공성이 확보되며 관리가 쉬운 자재를 사용하는 등 신도시 택지지구 내 단독주택을 설계하면서 빈번하게 들어온 요구사항들을 절충하고 정리해 집에 적용했다. 듀플렉스 방식으로 임대세대 한 채도 두어 수익성도 챙겼다. 간결한 외관의 집 안에 숨은, 세심하고 치열한 디테일이 살아있는 곳. 동백 부엉이집이다.

HOUSE PLAN

대지위치 용인시 기흥구 동백동 | **대지면적** 212㎡ | **건물용도** 단독주택 | **건물규모** 지하 1층, 지상 2층+다락 | **건축면적** 91㎡ | **연면적** 151.92㎡ (B1F:49.3㎡ / 1F:33.4(임대)㎡+50.3㎡ / 2F:39.1(임대)㎡+52.6㎡) | **건폐율** 42.92% | **용적률** 71.66% | **구조** 경량목구조 | **창호재** 독일식 시스템창호(게알란) | **단열재** THK140 셀룰로오스 | **외벽마감재** 세라믹사이딩 | **내벽마감재** 벽-에덴바이오 벽지, 친환경페인트 / 바닥-노바 강마루 | **지붕재** 아스팔트 싱글 | **설계** 홈플랜건축사사무소 | **시공** 건축주 직영

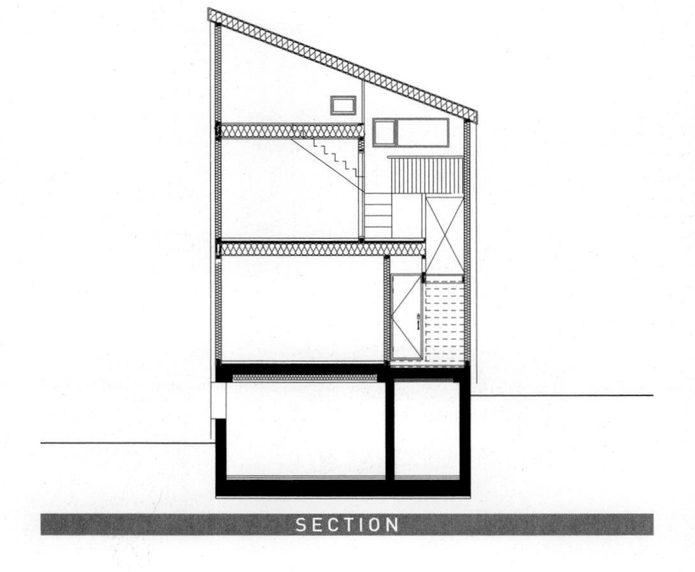
SECTION

배치계획

한 개 층 높이의 경사가 있는 데다 3면이 주택으로 둘러싸여 채광과 통풍이 쉽지 않은 좁은 땅. 동네 위치와 인프라가 좋고 가격도 적당했지만, 대지 조건이 만만치 않아 남아 있던 곳이었다. 우선 경사지를 활용하기 위해 도로에 면하지만 지하로 인정되는 층은 차고로 쓰고 그 위에 주택 2채를 나란히 배치했다. 규모의 2/5는 임대세대, 3/5은 주인세대가 쓰는데 이는 생애주기에 따라 추후 아들이 성년이 되면 부부가 임대세대로 옮기고, 주인세대는 세를 줄 생각으로 결정한 규모다.

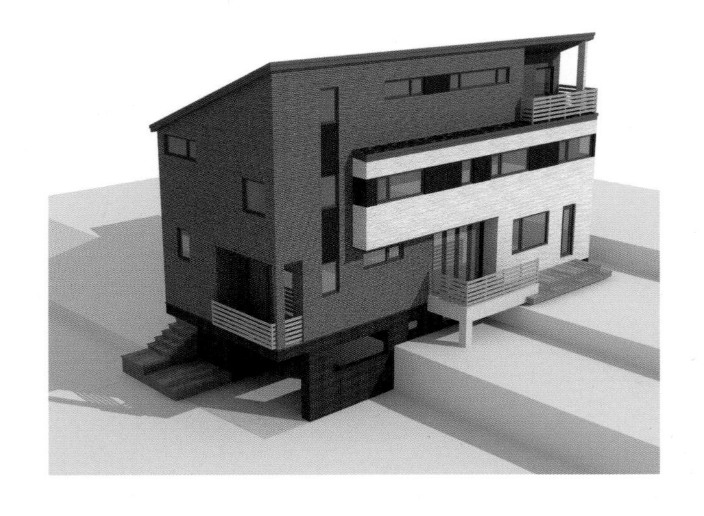

입면계획

주택 외부는 최대한 간결하게 설계하되, 비용대비 관리나 유지 등에서 큰 효과를 얻을 수 있는 세라믹사이딩으로 마감했다. 마감재는 투 톤으로 선택, 단조로움 속에서도 변화를 시도했다. 지붕재 역시 과하지 않은 예산으로 손쉽게 시공할 수 있는 아스팔트 싱글을 선택했다. 또한 대지가 이웃 주택들로 둘러싸여 있어 창문은 너무 크지도 많지도 않도록 설계했다.

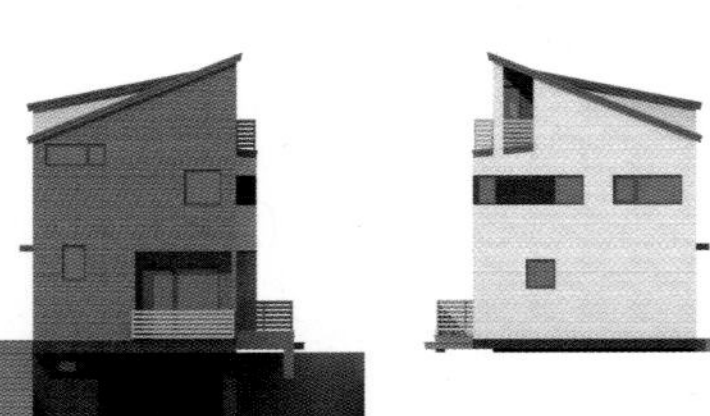

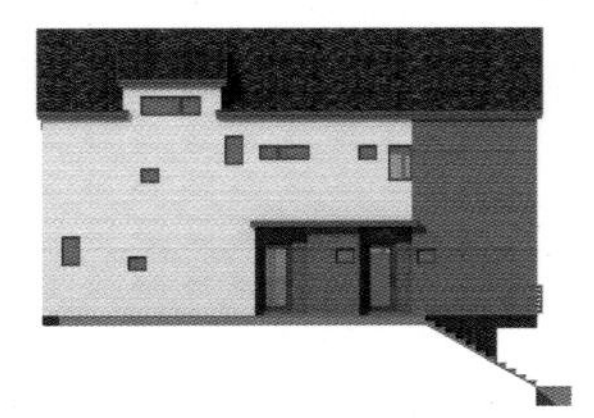

투 톤의 세라믹사이딩으로 마감한
외관. 지은 지 4년이 넘었지만,
아직도 빗물 자국 없이 깨끗한 상태를
유지한다. 아스팔트 싱글은 가성비
좋은 자재이지만, 저렴하다는 인식이
있어 외경사 지붕으로 밖에서는 보이지
않도록 각도와 거리를 조절했다.
1층에는 실내 뿐 아니라 실외에도
주차할 수 있도록 공간을 마련했다.
주차장은 폴딩도어로 시공해 개폐가
편리하다.

주방과 데크 사이에 선룸을 두었다. 거실이 없는 집에선 선룸이 그 역할을 대신한다. 선룸은 양쪽 통로 모두 폴딩도어로 연결해 때로는 실내 공간의 확장으로, 때로는 외부 공간과의 연계로 유연하게 공간을 활용할 수 있다. 외장재와 마찬가지로 외부 공간 역시 관리가 쉬운 석재 블록과 데크로 바닥을 꾸몄다.

빌트인 수납으로 최대한 미니멀한 실내를 유지하도록 주방 가구를 계획했다. 아일랜드를 벽에 붙이지 않고 띄워 동선의 자유도를 높였다. 특히 여름에만 쓰는 에어컨이나 주방 가구와 톤을 맞추기 쉽지 않은 냉장고는 모두 빌트인으로 가려 인테리어 통일성을 꾀했다.

드레스룸-파우더룸-욕실을 일직선으로 배치하고 분리했다. 특히 집합수납의 개념을 적용해 각 실의 잡동사니를 보관할 수 있도록 드레스룸은 넉넉히 면적을 잡고 방의 크기를 조정했다.

계단 하부와 사이 공간을 적극 활용해 수납공간으로 사용하고 있다. 계단으로 이어지는 층과 층 사이 벽면까지도 책장이나 장식장으로 활용하면 효율적이다.

복층으로 구성된 2층 안방. 원목 사다리로 이어지는 복층은 취미실로 활용하고 있다.
다락과 안방의 복층은 작은 창을 통해 시각적으로 연결돼 유니크한 공간이 완성됐다.

✚ 평면계획

무엇보다 주인세대와 임대세대가 좌우로 나란히 붙어있는 듀플렉스 구조로 벽간 소음 방지가 중요했다. 두 세대가 인접한 곳에는 현관과 선룸 등 완충 공간을 배치하고, 공법상 이중벽 구조와 장선 및 지붕 분리 등으로 진동 전달을 차단했다. 주인세대의 1층은 가족들이 모이는 공간으로 주방과 다이닝룸이 메인으로 자리한다. 특히 1층에 TV 중심의 거실을 과감히 없애고 데크와 연계한 서재 겸 선룸을 둔 것이 특징이다. 2개의 방으로 구성된 2층 공간은 욕실과 파우더룸, 드레스룸을 일직선상에 배치해 동선이 효율적이다.

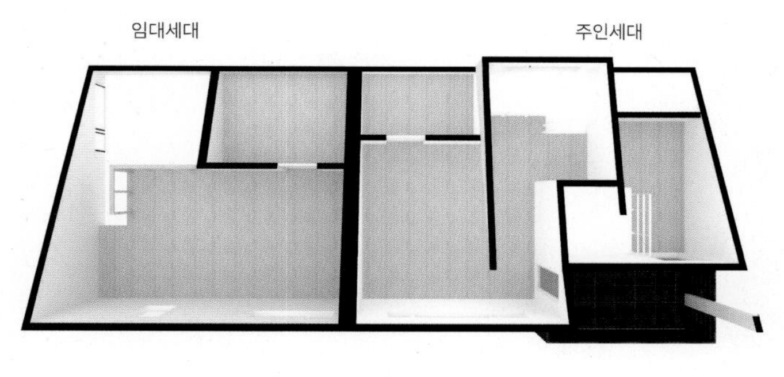

ATTIC

2F - $39.1m^2 + 52.6m^2$

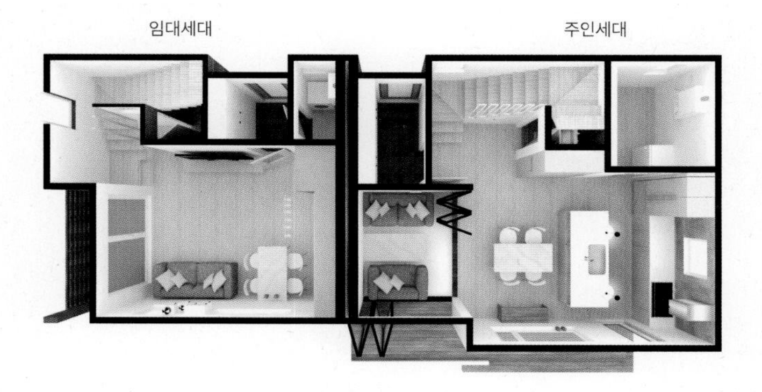

1F - $33.4m^2 + 50.3m^2$

전운전하십시오
30
해 제

수익과 프라이버시를 모두 충족시킨
용인 서천 다가구주택

서천 다가구주택은 언뜻 보면 하나인 듯 보이지만, 둘로 나눠진 구조다. 한 동은 건축주가 한 동은 임대세대가 사는 구조, 임대세대를 둔 건 건축비를 충당하는 동시에 추후 구성원에 변화가 생긴다면 공간을 효율적으로 사용하기 위해서다. 일반적으로 두 공간이 맞붙은 상태로 설계되는 듀플렉스 주택의 경우 다른 가구와의 세대 간섭이나 벽을 통한 소음 등이 우려되곤 하는데 이 주택의 경우 하나를 둘로 쪼갠 듯, 공간을 떼어놓아 완벽한 동선 분리가 가능하다. 임대세대를 별동으로 두어 대지 가치를 높인 사례. 넉넉하고 편리한 공간 배치를 위해 주택은 두 동 모두 3층으로 설계되었다. 초기에는 지하주차장을 고민했으나 대지 경사가 크지 않아 주차장은 각 세대별 마당 옆으로 배치했다. 덕분에 마당이 다소 좁아졌지만, 지하층을 선큰으로 설계해 아쉬움을 덜었다.

HOUSE PLAN

대지위치 용인시 서천동 | **대지면적** 206.10㎡ | **건물용도** 단독주택 | **건물규모** 지하 1층, 지상 3층 | **건축면적** 81.98㎡ | **연면적** 204.04㎡(1F:64.66㎡ / 2F:69.57㎡ / 3F:69.81㎡) | **건폐율** 39.78% | **용적률** 99.00% | **구조** 철근콘크리트 구조, 일반목구조 | **창호재** 독일식 시스템창호 | **단열재** 네오폴 | **외벽마감재** 스타코, 청고벽돌 | **내벽마감재** 벽-친환경 벽지 / 바닥-강마루 | **지붕재** 리얼징크 | **설계** 홈플랜건축사사무소 | **시공** 일건축

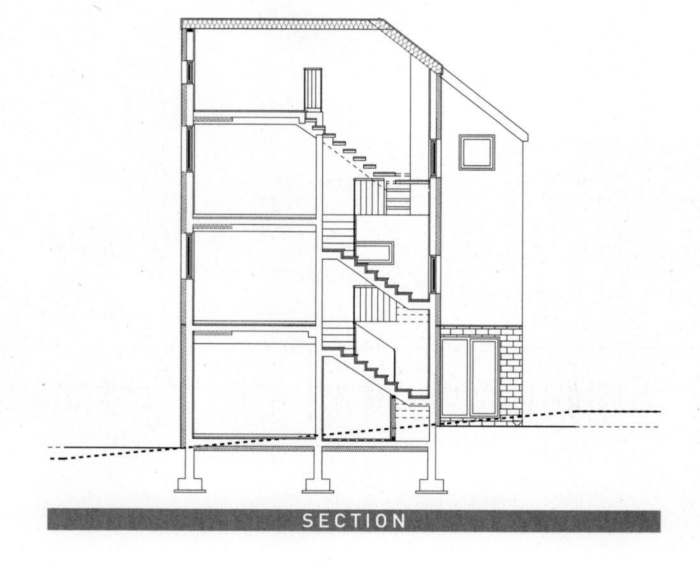

SECTION

배치계획

하나의 대지에 주인세대와 임대세대가 두 동으로 분리되어 지어진 단독주택. 서남향 대지로 초등학교 운동장이 서쪽 대지에 위치하고 남쪽으로 교차로가 있어 채광이 아주 좋은 편이다. 주인세대는 도로에 두어 채광과 환기에 유리하게 배치하고 주출입구와 주차공간은 각 세대별로 분리, 서로 간섭이 없도록 했다. 주택 대지가 연약지반이었던 탓에 지질조사 동반 후 팽이기초와 파일기초 공법 중 현장 여건에 맞춰 SIP 공법을 선택했다.

입면계획

2개의 동이 분리된 구조로, 외피면적이 늘어 합리적인 외장재인 스타코와 청고벽돌로 마감했다. 주변 주택들과의 통일성을 위해 무난한 컬러와 입면을 선택하는 대신, 지붕선을 다채롭게 설계해 보는 위치에 따라 변화가 느껴지도록 했다. 건축선에 여유가 없어 지붕처마를 내지 않고 모던한 스타일로 연출한 것이 특징이다.

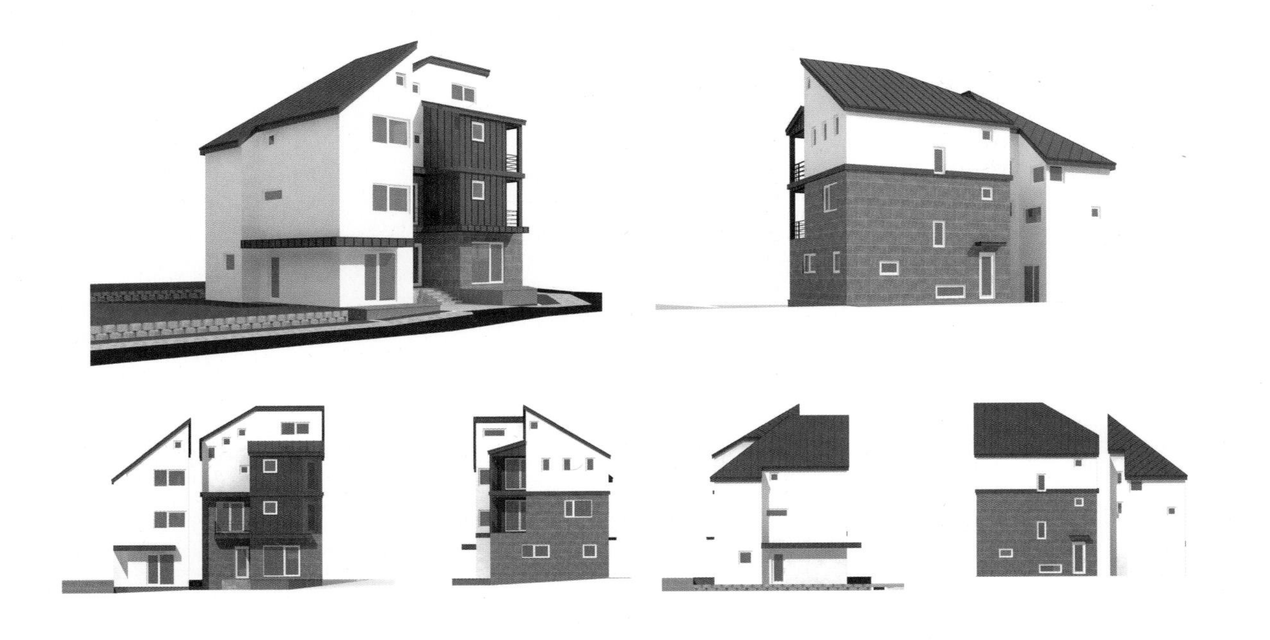

스타코와 청고벽돌로 마감한 주택. 도로를 따라 한 줄로 늘어선 주택들을 고려해 무난한 컬러와 입면을 선택했지만, 다채로운 지붕선의 변화는 보는 각도에 따라 새롭게 느껴진다. 주인세대와 임대세대가 살짝 떨어진 구조로 주차장과 출입구 역시 철저하게 분리, 서로 간섭이 없다.

하나의 대지에 두 개의 주택을 두어야 했기에 외부 공간이 아쉬울 수밖에 없다. 대신 지하에 채광과 환기를 모두 충족시키는 선큰을 설치해, 기능적 공간으로서 역할을 하기에 충분하다.

화이트 컬러의 친환경 벽지로 시공한 내부. 1층은 거실과 주방만으로 아담하게 설계됐다. 공간을 최대한 활용하기 위해 수납가구와 소파를 제작하고 벽과 바닥을 모두 밝은 컬러로 시공해 공간을 쾌적하고 넓어보이도록 했다.

1층의 메인 컬러는 화이트로 하되, 포인트는 그레이로 선택해 차분한 공간으로 완성했다. 공간을 최대한 넓게 쓰기 위해 주방 역시 군더더기는 없애고, 천장에 면 조명을 설치해 미니멀한 공간이 완성됐다. 계단 입구의 슬라이딩 도어 또한 공간의 활용도를 높이기 위한 좋은 아이디어다.

2층에는 욕실과 세면대 옆으로 세탁실을 배치, 씻은 후 탈의한 옷을 바로 세탁실로 가져갈 수 있어 편리하다. 3층은 안전과 편리함을 위해 다운 욕조가 시공됐다. 다운 욕조는 높은 턱을 넘을 필요가 없어서 아이들이나 노인들에게 특히 편리하다.

안방과 손님방이 있는 3층에는 중앙에 간이 주방이 있어 간단한 조리가 가능하다.
다락의 경우 경사 지붕을 활용해 공간을 설계하고 오픈형 계단으로 연계한 덕에 내부가
한층 넓고 환하게 느껴진다.

✚ 평면계획

두 세대가 한 대지에 들어서게 되면서 좁아진 마당을 대체하기 위해, 주인세대의 경우 지하에 선큰을 설계, 채광과 환기를 모두 해결했다. 주인세대는 3개의 층과 다락이 있는 구조로 각 층마다 화장실을 둬 사용이 편리하며, 1층은 거실과 주방 등 공용공간으로 2층은 침실과 세탁실 등의 개인공간으로 배치했다. 3층에는 안방과 손님방을 배치하고 가족실에 간이 주방을 둬 1층에 내려가지 않아도 간단한 조리가 가능하도록 했다. 임대세대의 1층은 현관을 중심으로 주방과 거실영역으로 분리, 주방에서 외부로 나갈 수 있는 문이 있어 작은 뒷마당 사용이 가능하다. 2층에는 침실과 세탁실, 가족실이 있으며 3층에는 2개의 침실과 가족실 그리고 아늑한 다락이 연결되어 있다.

임대세대 주인세대

3F - 69.81m^2

임대세대 주인세대

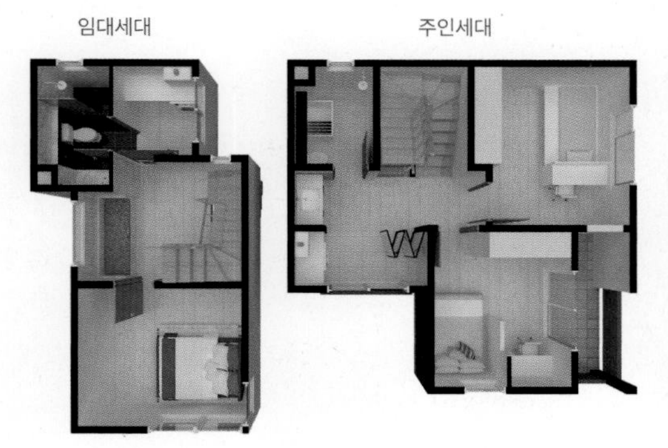

2F - 69.57m^2

임대세대 주인세대

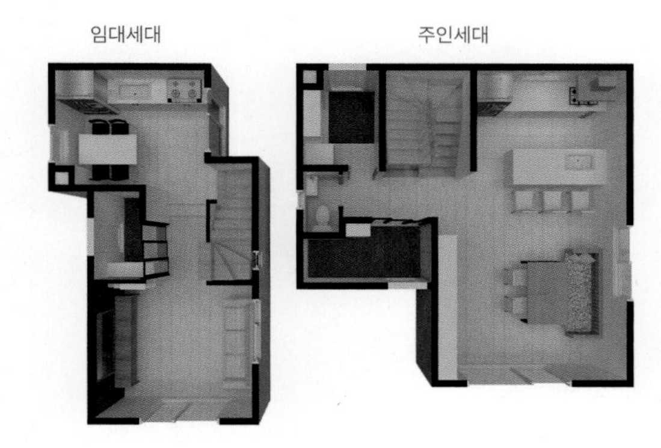

1F - 64.66m^2

따스한 감성의 친환경 주택
경기 광주 거북이네

집을 지어야겠다는 생각으로 덜컥 땅을 사놓긴 했지만 엄두를 못 냈던 건축주, 3년이 흘러 설계사무소를 방문한 건축주는 단순하고 소박한 32평 규모의 주택을 원했다. 조용한 시골마을, 눈에 띄기 보다는 마을에 자연스럽게 어우러지길 원했다. 이 주택을 설계함에 있어서 가장 중요하게 생각했던 것은 주변과의 자연스러운 관계 맺기였다. 트렌디하고 모던한 주택으로 눈길을 끌기 보다는 녹아드는 방법을 선택했다. 내부 역시 새 것 티를 내지 않는 편안하고 효율적인 공간으로 초점을 맞췄다. 환기와 채광 역시 빠질 수 없는 요소. 실내는 평수 대비 넓어 보이도록 복도 면적을 최소한으로 하되, 모든 공간에는 바람과 빛이 잘 통하도록 고려했다. 프리컷 중목구조를 선택하면서 모듈에 맞춰 모든 치수가 변경되었는데, 오히려 각 방의 크기가 고르게 배치되고 주방이 넓어져 만족도는 커졌다.

HOUSE PLAN

대지위치 경기도 광주시 초월읍 | **대지면적** 601.00㎡ | **건물용도** 단독주택 | **건물규모** 지상 2층 | **건축면적** 82.60㎡ | **연면적** 132.12㎡(1F:79.91㎡ / 2F:37.67㎡) | **건폐율** 13.74% | **용적률** 19.56% | **구조** 중목구조 | **창호재** YKK 시스템창호 | **단열재** 그라스울, 외단열 | **외벽마감재** 스타코 | **내벽마감재** 벽-친환경 벽지 / 바닥-강마루 | **지붕재** 리얼징크 | **설계** 홈플랜건축사사무소 | **시공** 우드선

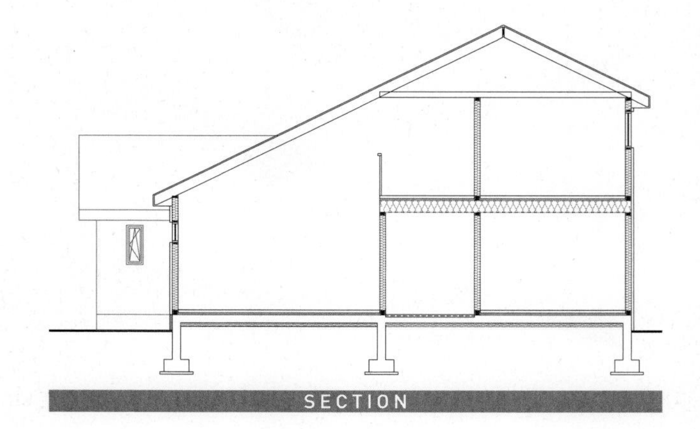

SECTION

배치계획

부정형의 대지로 건축물은 남서향으로 배치했다. 주택의 전면으로 마당을 충분히 둔 덕분에 채광과 통풍, 소음 그리고 프라이버시 확보 면에서도 손색이 없다. 거실과 주방, 침실 등 주요 공간을 남향과 남서향으로 설계해 거주의 쾌적함을 높였으며 각 방으로 통하는 동선을 명확하고 간결하게 계획해 편리한 주거생활이 가능하도록 했다.

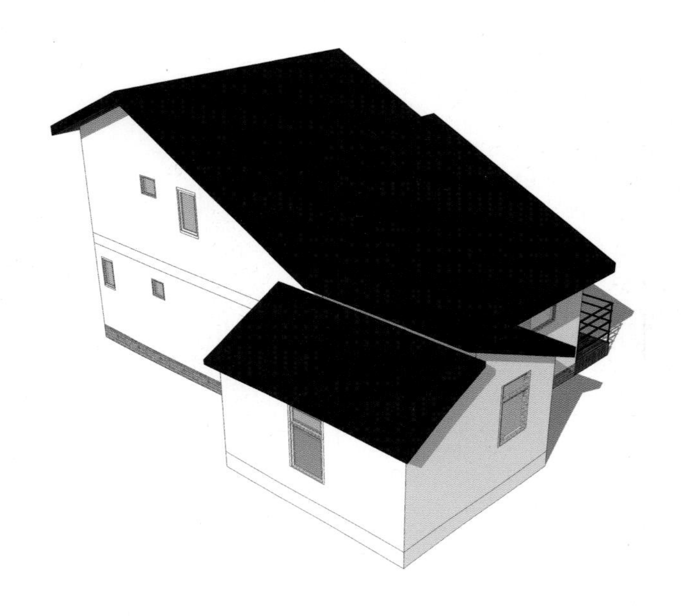

입면계획

주택 외부는 단열을 위해 스타코 외단열시스템으로 마감하되, 원목과 메탈 프레임으로 포인트를 주어 내추럴하면서도 세련된 감각을 더했다. 주변 경관에 잘 어우러지도록 도드라지는 입면보다는 심플함이 느껴지는 디자인으로 설계되었다. 주변의 산새를 꼭 닮은 지붕선 역시 그러한 이유다. 넓은 마당을 고스란히 누릴 수 있도록 주택 전면으로 발코니와 데크를 설계해 외부와의 연계를 이끌어냈다.

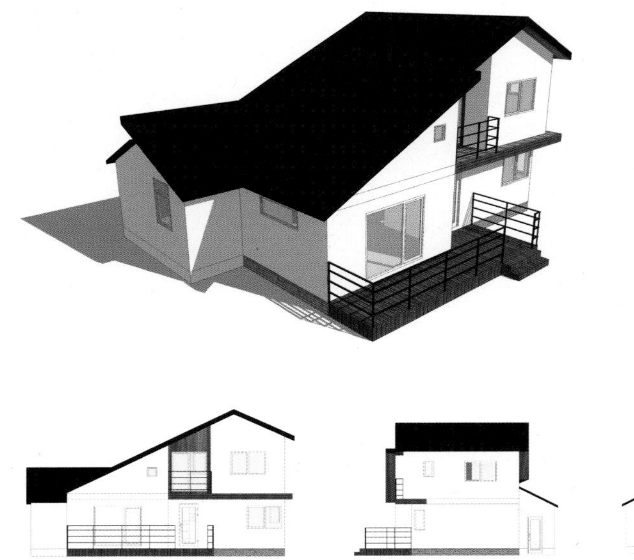

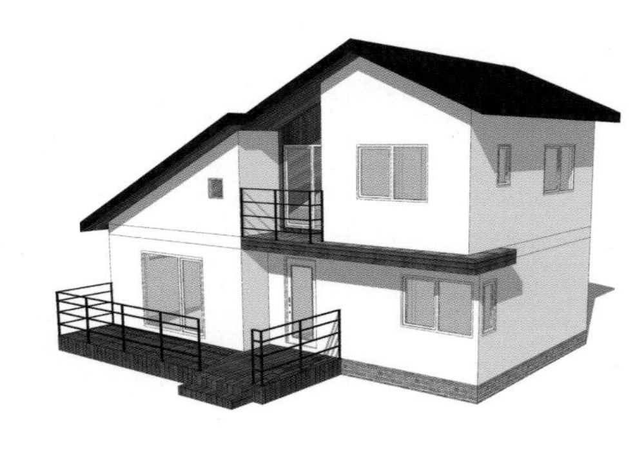

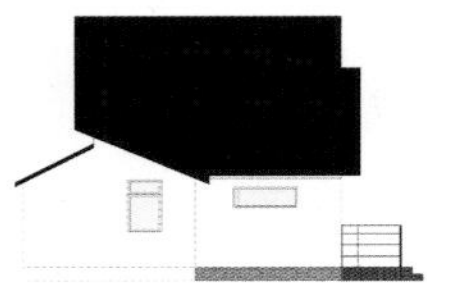

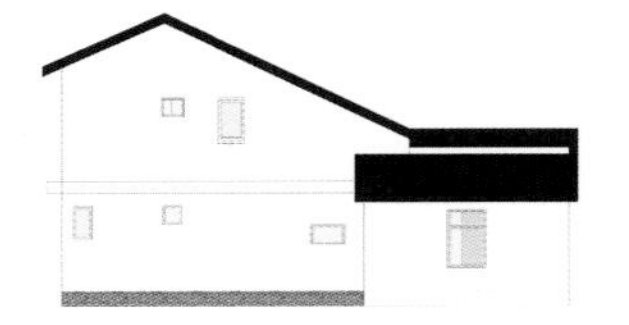

화이트 컬러의 스타코와 원목 사이딩으로 마감한 주택. 산의 모양을 본뜬 듯한 지붕선이 인상적이다.
익숙하고 정감 가는 분위기 덕에 주위를 둘러싸고 있는 주택들과 위화감 없이 잘 어우러진다.

따스한 감성이 느껴지는
목조주택이지만, 창문과 테라스 곳곳에
메탈 소재를 접목시켜 현대적인
디자인을 가미했다. 메탈 소재의
특성상 크게 변형되거나 손상되지
않아 관리가 용이하다. 날씨가 좋은
날에는 쉽게 드나들 수 있도록 거실 창
앞으로 실내외를 연결해주는 공간이
마련되어 있다. 벽돌을 평평하게
깔아두었기 때문에 마당의 흙이 튀거나
지저분해지는 것을 방지, 손쉽게
깔끔함을 유지할 수 있다.

내부에는 목조 주택의 따스함을
고스란히 담아냈다. 2층으로 이어지는
계단과 방문 그리고 천장 지지대와
모서리 등 공간 곳곳에 구조재를
노출한 덕분에 실내에서도 눈과 마음이
편안하다.

구조재가 노출되어 자연스러움이 묻어나는 거실과 주방. 화이트 벽면에 우드로 채운 공간은 시간이 흘러도 그 매력을 고스란히 간직한다. 지붕 경사를 이용해 오픈 천장으로 설계된 거실 천장은 2층 가족실과 연결돼 답답함이 없도록 했다. 과감한 무늬가 들어간 블랙 컬러의 타일과 메탈 프레임의 조명이 단조로움을 상쇄시킨다.

모든 공간의 천장에 원목 구조재가 드러나 별다른 인테리어 없이도 매력을 느끼기에 충분하다. 전원주택에서 채광과 환기는 반드시 누려야 할 요소다. 빛의 유입과 원활한 통풍을 위해 작은 창을 곳곳에 설계했다.

✚ 평면계획

넓지 않은 공간이니만큼 실내는 평수 대비 넓어 보이도록 복도면적을 최소한으로 하되, 환기와 채광에 중점을 뒀다. 1층은 현관을 중심으로 안방 영역과 거실 주방 영역으로 나뉜다. 거실과 주방은 대면형으로 넓어보이게끔 배치하되, 천장 디자인에 변화를 줘 시각적으로 공간을 분리하는 방법을 택했다. 거실은 오픈 천장으로 설계해 답답함이 없으며, 주방은 보조주방으로 사용하는 다용도실과 창고까지 마련되어 있어 넉넉한 수납이 가능하다. 2층은 가족실과 2개의 침실 그리고 욕실이 배치되어 있다. 가족실 앞으로는 발코니를 두어 외부로의 영역을 확장하고, 거실 쪽 벽면을 오픈형으로 설계해 개방감이 느껴진다.

2F - 37.67m²

1F - 79.91m²

원목으로 완성한 선과 면
운서 하이브리드 중목구조 주택

운서동 하이브리드 주택은 경량목구조와 중목구조를 결합한 주택이다. 처음에는 경골목구조로 진행될 예정이었으나, 시공사 선정 후 하이브리드 중목구조로 변경되었다. 원목 특유의 따스함을 선호하는 건축주가 우연히 접한 중목구조에 반해 버린 것. 중목구조 특유의 노출 방식은 너무나 매력적이었고, 결국 구조 변경으로 이어졌다. 원목 특유의 따스함을 선호하는 건축주는 최대한의 목재 노출을 원했고, 그에 따라 공간이 설계됐다. 택지 지구 끝에 위치한 대지는 모퉁이 한 부분이 둥근 형태를 지니고 있었는데, 이를 살리기 위해 곡선과 직선의 조화가 돋보이는 주택이 탄생했다. 멀리서도 눈길을 끄는 경사형 지붕은 여름철 태양 복사를 최소화하기 위해 단열재가 내장된 니치하 갈바륨을 적용했다.

HOUSE PLAN

대지위치 인천광역시 중구 운서동 | **대지면적** 234.70㎡ | **건물용도** 단독주택 | **건물규모** 지상 2층 | **건축면적** 76.98㎡ | **연면적** 136.51㎡(1F:76.98㎡ / 2F:59.53㎡) | **건폐율** 32.80% | **용적률** 58.16% | **구조** 경골목구조, 하이브리드 중목구조 | **창호재** YKK 시스템창호 | **단열재** 수성연질폼 | **외벽마감재** 16㎜ 니치하 세라믹사이딩 | **내벽마감재** 천장-중목 노출, 신한 실크벽지 / 내벽-신한 실크벽지, 히노끼 루버 / 바닥-동화자연마루 나프강마루 / 계단실 디딤판-라지에타파인수 | **지붕재** 니치하 갈바륨 | **설계** 홈플랜건축사사무소 | **시공** 우드선

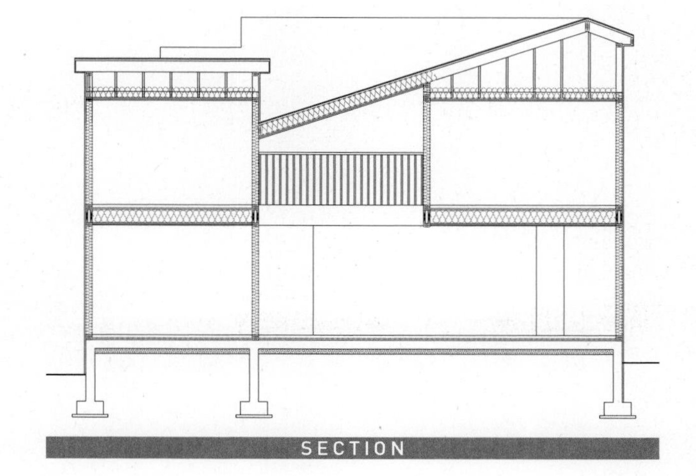
SECTION

배치계획

도로가 2면으로 둘러져 있는 남동향 대지에 주차 진출입로 위치 지정으로 건축물의 배치가 제한된 상황이었다. 북서쪽에 위치한 주차장 옆으로 현관을 배치하고, 남쪽 마당을 최대한 확보하기 위해 도로면을 따라 건물을 배치했다. 특히 가족이 주로 생활하는 거실을 동남쪽으로 설계해 채광이 오래 머물도록 했다. 북서쪽과 북동쪽은 도로 겸 숲에 접해있어 외부 간섭을 거의 받지 않는다.

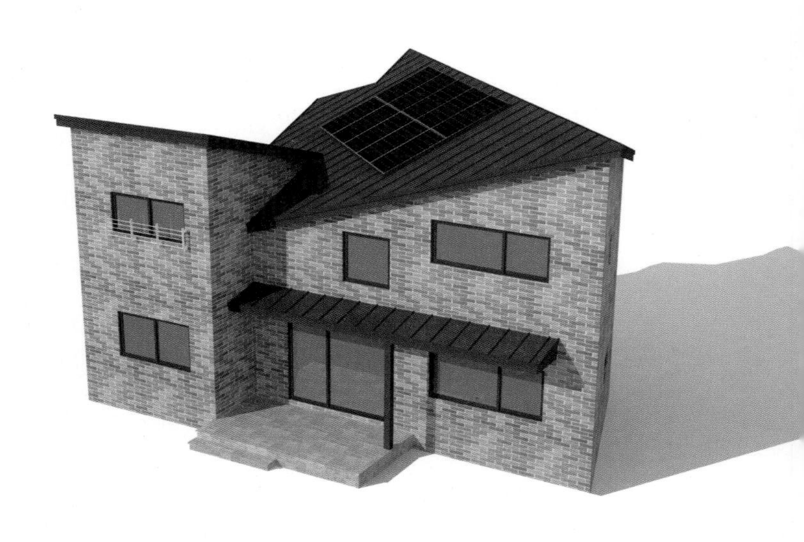

입면계획

계획 초반에는 고벽돌의 고풍스러운 외관과 코너 부지의 개성 있는 디자인을 계획하였으나, 시공사의 요청으로 세라믹사이딩과 금속기와를 적용하게 됐다. 입면은 곡선과 직선이 어우러진 모던 스타일로 하늘로 솟은 듯한 메인 지붕이 시선을 잡아끈다. 대지의 둥근 모퉁이를 그대로 살려 주택을 앉힌 덕분에 대지 면적을 최대한 사용하고, 외관상으로도 부드러운 인상을 풍긴다.

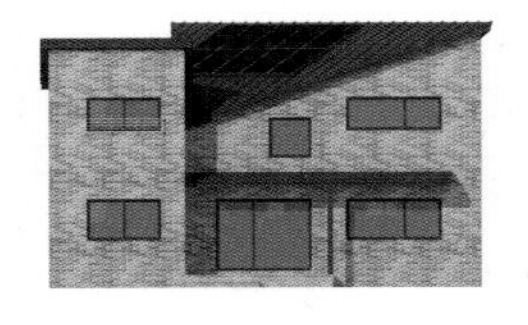

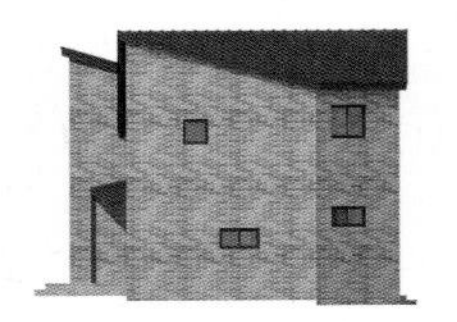

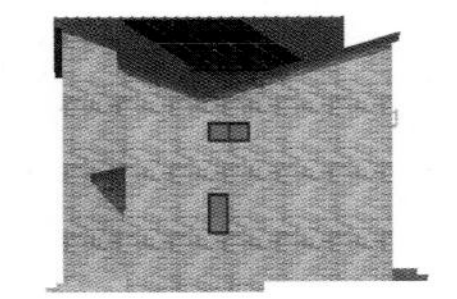

주택은 택지 지구 코너 부분에
위치해 있다. 모퉁이의 둥근 형태를
고스란히 살리기 위해 곡선과 직선의
조합이 요구되었는데, 이 덕분에
조형미가 돋보이는 주택이 완성됐다.
세라믹사이딩 마감과 금속기와를
시공해 심플하면서도 모던한
분위기를 띈다.

1층은 화이트 컬러와 우드의 조화가
돋보이는 심플한 공간으로 연출했다.
노출된 구조재를 고려해 계단과
문에 목재를 사용, 일체감을 주었고,
편안함을 더했다. 거실과 주방을
오픈형으로 설계해 개방감이 돋보이며,
공간을 더욱 넓어 보이게 하는
효과까지 이끌어 냈다.

주방은 사용자의 동선에 따라 ㄱ자로 배치해 편리하면서도 군더더기 없이 심플하다. 주방 가구와 타일 모두 벽지와 같은 화이트로 꾸며 전체적으로 통일감을 주었다. 천장의 심플한 디자인의 매립형 조명 역시 군더더기 없이 깔끔한 공간에 힘을 더한다.

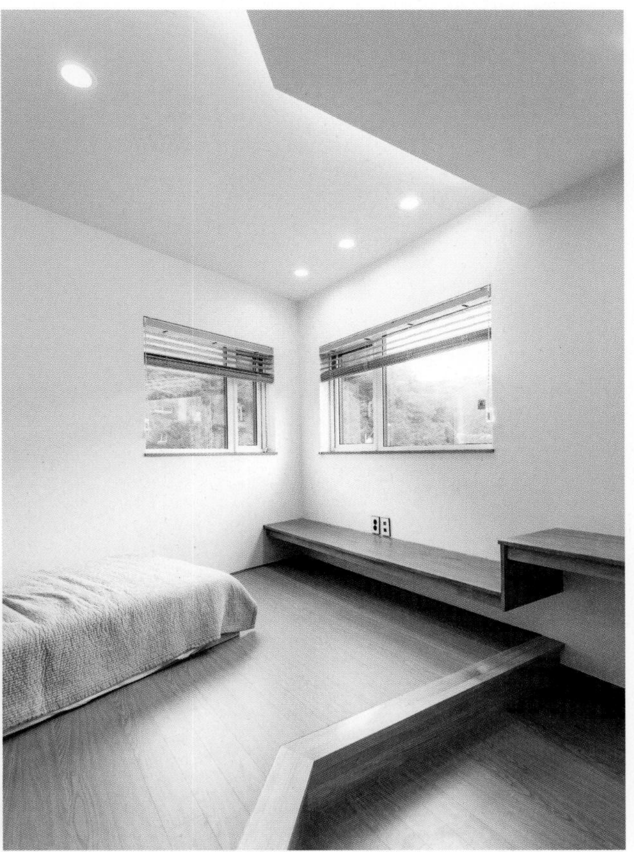

2층은 가족실을 중심으로 3개의 방이 배치되어 있는 구조. 가족실과 침실에는 가족들의 취향을 고려해 원목으로 수제 가구 및 선반을 적용했다. 높낮이의 변화를 준 벽면과 바닥, 단조로움이 돋보이는 선반 그리고 화이트와 우드의 조합에서 모던하면서도 따스한 감각이 느껴진다.

계단 아래 공간을 최대한 활용하기 위해 독특한 구조로 설계된 욕실. 네모반듯한 공간은 아니지만, 덕분에 근사한 건식 욕실이 완성됐다. 입구 쪽으로는 세면대를 배치하고 그 안으로 변기를, 가장 안쪽으로는 샤워부스를 설치했다. 좁은 공간을 효율적으로 사용하기 위해 부스에는 폴딩도어를 달았다. 2층 침실 역시 대지 형태의 영향을 받아 반듯한 구조가 아니지만, 제작가구를 이용해 공간을 최대한 활용하도록 했다.

✚ 평면계획

1층은 거실과 주방, 욕실 그리고 손님방으로 구성된다. 현관으로 들어서면 거실과 주방이 하나의 공간처럼 이어져 있지만, 거실 상부의 높이 차로 두 공간이 자연스레 분리되도록 설계했다. 또한 공간을 최대한 활용하기 위해 2층 계단층 아래에 욕실을 배치했다.
2층은 가족들만의 공간으로, 가족실을 중심으로 안방을 포함해 총 3개의 방과 욕실로 구성된다. 중앙의 가족실은 공용 공간이자 복도의 역할을 한다. 가족실 좌측에 놓인 안방은 파우더룸과 드레스룸이 일렬로 배치된 독립적인 공간으로 꾸며졌다. 우측으로는 침실 2개와 공용 욕실이 놓여있는 형태. 침실은 대지 형태에 영향을 받아 다각형의 형태로 존재하지만, 가구와 창문 내부단차 등의 적절한 배치로 동선의 흐름이 자연스럽다.

2F - 59.53m²

1F - 76.98m²

머물수록 편리한 세심한 내부설계
보정동 튼튼하우스

아주 넓지는 않더라도 꼭 필요한 면적만큼의 마당에서 가족과 함께하고 이웃과 소통하는 삶을 선물하고 싶었다. 그렇게 해서 완성된, 2층 목조주택. 관리가 쉬운 홍고벽돌을 사용해 빈티지하면서도 품위가 느껴진다. 여름방학이 시작 될 무렵 만난 건축주 부부는 추석 전후로 착공을 하고 싶어 했다. 일정이 여유롭지 않은 터라, 이틀에 한 번 꼴로 건축주를 만나 의견을 조율하며 빠른 시일 안에 설계를 마무리했다. 건축주는 복잡한 디테일이 많지 않은 집, 삶을 편리하게 해줄 집을 원했다. 그리하여 겉보기에는 단순해 보이는 입면이지만, 내부를 들여다보면 군더더기 없는 동선과 빈틈없는 공간 활용이 돋보이는 튼튼하우스가 탄생했다.

HOUSE PLAN

대지위치 경기도 용인시 기흥구 보정동 | **대지면적** 165.30㎡ | **건물용도** 단독주택 | **건물규모** 지하 1층, 지상 2층 | **건축면적** 82.21㎡ | **연면적** 198.77㎡(B1F:50.28㎡ / 1F:71.75㎡ / 2F:76.74㎡) | **건폐율** 49.73% | **용적률** 89.83% | **구조** 일반목구조 | **창호재** 독일식 시스템창호 | **단열재** 수성연질폼 | **외벽마감재** 홍고벽돌 | **내벽마감재** 벽-친환경 벽지 / 바닥-강마루 | **지붕재** 세라믹 기와 | **설계** 홈플랜건축사사무소 | **시공** 브랜드하우징

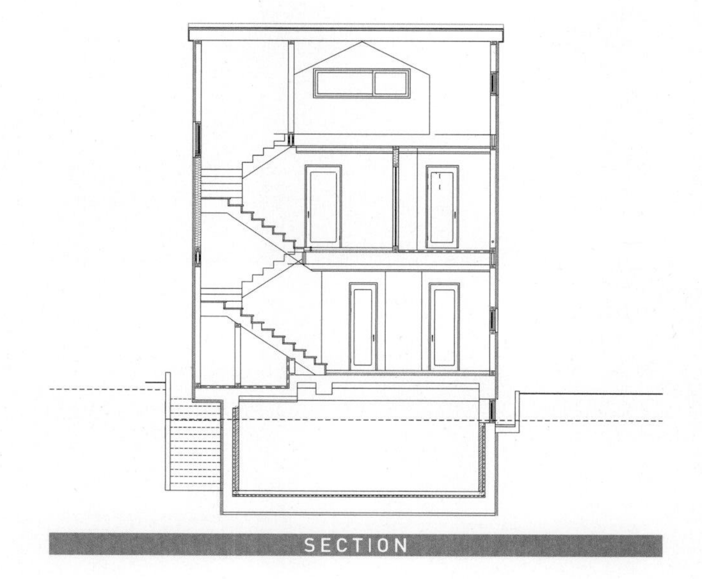

SECTION

배치계획

대지 앞뒤로 단차가 있는 도로가 있어, 단차를 줄이고 성토 지반의 안전을 위해 북쪽 주택 하부에 지하주차장을 설치했다. 주차장 입구는 주차 동선과 보행자 동선을 고려해 도로에서 약 1m 가량 안으로 설계했다. 차고문의 경우 하중으로 인한 하자 발생이 잦은 편으로, 최대한 입구를 평평하게 만들어야 기밀한 시공이 가능하다. 채광을 고려해 남쪽으로는 마당을 비롯, 주요 생활공간을 배치했다.

입면계획

보이는 부분과 보이지 않는 부분을 분리해 입면을 계획했다. 4면 중 보이지 않는 측면의 경우 경제적인 스타코로 설계하되, 노출되어 있는 정면과 배면은 고벽돌로 시공해 디자인적인 요소를 가미했다. 지붕은 태양광이 설치될 위치와 너비를 고려해 설계했으며, 주변의 건물로 인해 부족한 채광은 천창을 통해 해결했다.

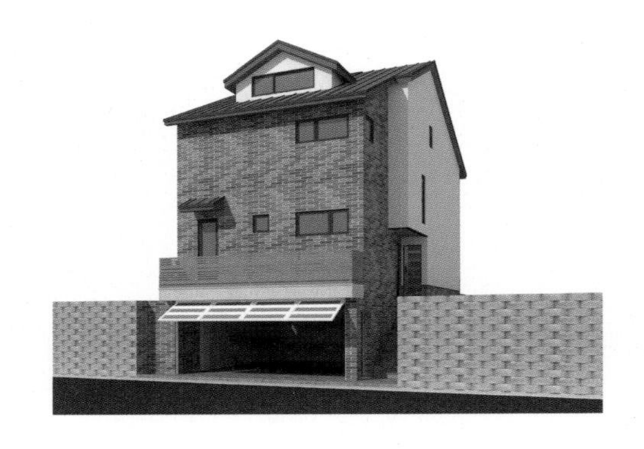

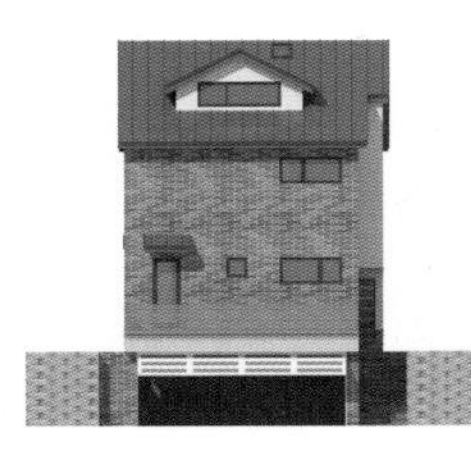

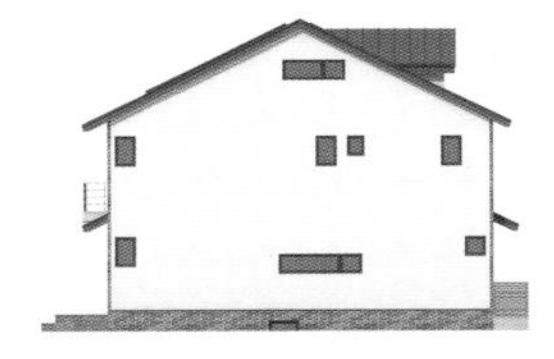

주택의 북쪽으로는 주차장을 두었다. 주차장 입구를 도로에서 약 1m 가량 안으로 설계한 덕에, 주차 동선과 보행자 동선이 여유롭다. 남쪽으로는 마당을 두고, 거실과 다이닝룸을 연계해 언제라도 따스한 햇살을 받으며 외부활동이 가능하다.

1층 현관으로 들어서면, 식당 겸
주방을 만나게 된다. 복도를 두는
대신 그 공간에 주방을 둬 최대한
버려지는 공간이 없게끔 했다.
안쪽으로 들어서면 따스한 햇살이 가득
들어오는 거실과 다이닝룸이 자리한다.
가족실로도 사용하는 다이닝룸은
필요에 따라 외부로 확장될 수 있도록
폴딩도어를 설치했다.

계단을 통해 2층으로 오르면 중앙 홀에 세탁실이 자리해있고, 그 옆으로 욕실이 배치되어 있어 동선이 편리하다. 안방에는 세로로 길고 좁은 공간에 드레스룸을 둬 공간 효율을 높였다. 복층으로 설계된 아이방에는 천창을 설치해 낮에는 해가 들어 책 보기 좋은 곳으로, 밤에는 누워서 밤하늘을 보는 낭만적인 공간이 된다.

주택의 계단은 다락까지 이어진다. 다락은 주택의 지붕 공간을 최대한 활용해 설계됐다. 비록 높이가 낮은 공간이지만, 답답하지 않도록 벽면에 여러 개의 창을 내고 천창을 둬 가족들의 취미 공간으로 활용한다.

✚ 평면계획

주택은 지하주차장과 1, 2층 그리고 다락으로 설계됐다. 주차장은 3개의 면이 모두 막힌 상태로 통풍과 환기를 위해 창문을 설치했다. 북쪽 주출입구는 주차장에서 집안으로 들어오는 계단을 공유한다. 1층은 남쪽으로는 거실과 다이닝룸을 배치하고 북쪽으로는 서재와 창고를 두고 있다. 거실과 다이닝룸은 마당의 데크와 연계되어 있으며, 다이닝룸의 경우 독립적인 공간으로도 활용할 수 있도록 폴딩도어로 시공했다. 계단 아래 공간에 현관을 배치해 데드 스페이스를 최소한으로 하고, 현관 앞 복도를 주방으로 활용해 좀 더 넓은 공간을 만들어냈다. 2층은 복도를 없애고 홀을 중심으로 공간을 배치해 넓은 침실을 확보한 것이 특징. 세탁실이 중앙에 있어 동선이 편리하다. 다락은 천장의 공간을 최대한 활용해 설계했다.

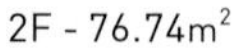

2F - 76.74m^2

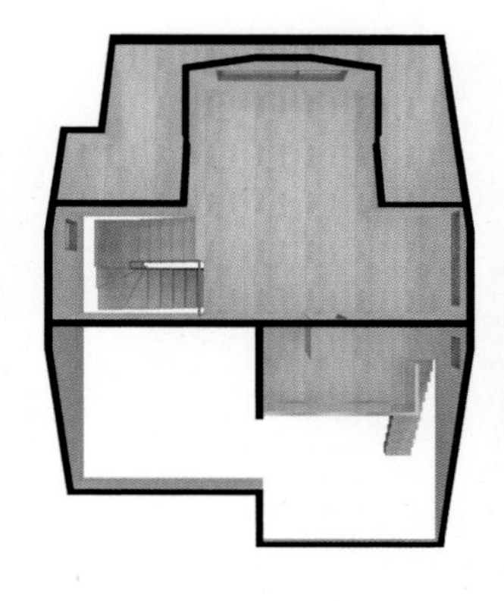

ATTIC

B1F - 50.28m^2

1F - 71.75m^2

스킵플로어로 새로운 공간을 풀어내다
김포 운양 제이하우스

"J. House는 아이들의 이니셜을 딴 집 이름입니다. 30년 전 부모님이 집을 지으셨는데, 제가 이렇게 짓고 있다니 꿈만 같습니다." 김포 운양지구 단독주택 택지, 1필지 2가구의 타운하우스가 되어버린 마을이지만 건축주는 1필지 1가구로 최대한 넓은 공간을 원했다. 또한 일반적인 주택과는 차별화된 다양한 공간이 곳곳에 자리한 집을 꿈꾸고 있었다. 심플하고 단정한 외관과는 달리 제이하우스의 내부는 특별하다. 대지가 50㎝ 정도 성토된 점을 활용, 차고와 거실의 단차를 1m 정도 확보하였고 대지의 고저차를 이용한 스킵플로어 형태로 다양한 공간의 연출을 계획에 반영했다. 스킵플로어는 각 층이 겹치는 부분 없이 대각선에 위치해 시각적 개방성이 확보되며, 어떤 층에 있든 반대편 위·아래층이 한 눈에 들어와 층간 소통이 탁월하다. 이런 스킵플로어는 각 층을 하나의 룸처럼 사용하는 것이 가능하며, 제이하우스 역시 이 점을 활용해 가족실과 놀이실로 공간을 효율적으로 활용한다.

HOUSE PLAN

대지위치 경기도 김포시 운양지구 | **대지면적** 299.6㎡ | **건물용도** 단독주택 | **건물규모** 지상 2층 | **건축면적** 131.61㎡ | **연면적** 198.25㎡ (1F:106.53㎡ / 2F:91.72㎡) | **건폐율** 43.93 % | **용적률** 66.17% | **구조** 일반목구조 | **창호재** 독일식 시스템창호 | **단열재** 인슐레이션, 스카이텍 | **외벽마감재** 세라믹 사이딩 | **내벽마감재** 벽-친환경 벽지 / 바닥-강마루 | **지붕재** 리얼징크 | **설계** 홈플랜건축사사무소 | **시공** HNH건설

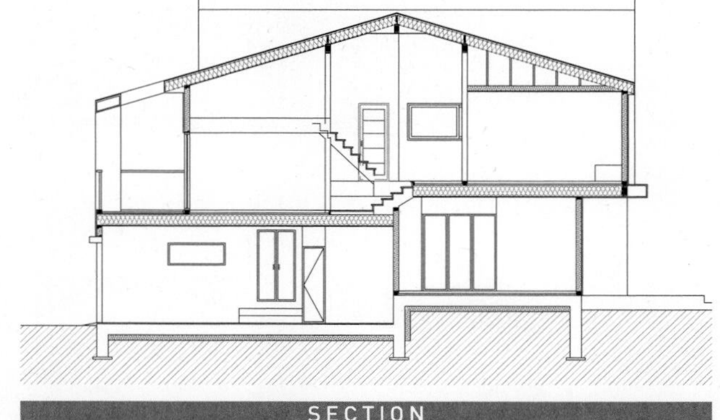

SECTION

배치계획

마당은 외부로 오픈되지 않고 건물을 통해 나갈 수 있는 구조로 배치했다. 대지가 북측도로에 접해있어 넓은 차고를 계획하기 수월하였고, 주택의 입구에도 조경을 두어 여유롭다. 남향에는 거실과 주방, 침실과 같은 주요 생활공간을 배치, 북향에는 드레스룸, 욕실, 서재 등 일조의 영향을 덜 받는 공간을 배치했다.

입면계획

스킵플로어 형식으로 다소 복잡한 내부와는 대조적으로 외관은 심플하게 설계됐다. 주택의 지붕은 태양광 설치를 고려해 효율이 좋은 디자인을 선택, 박공지붕과 경사지붕이 안정적으로 교차되도록 했다. 스킵플로어의 다양한 층들 사이에 배치되는 각각 다른 높이의 창들을 통해 입면의 재미를 더했다.

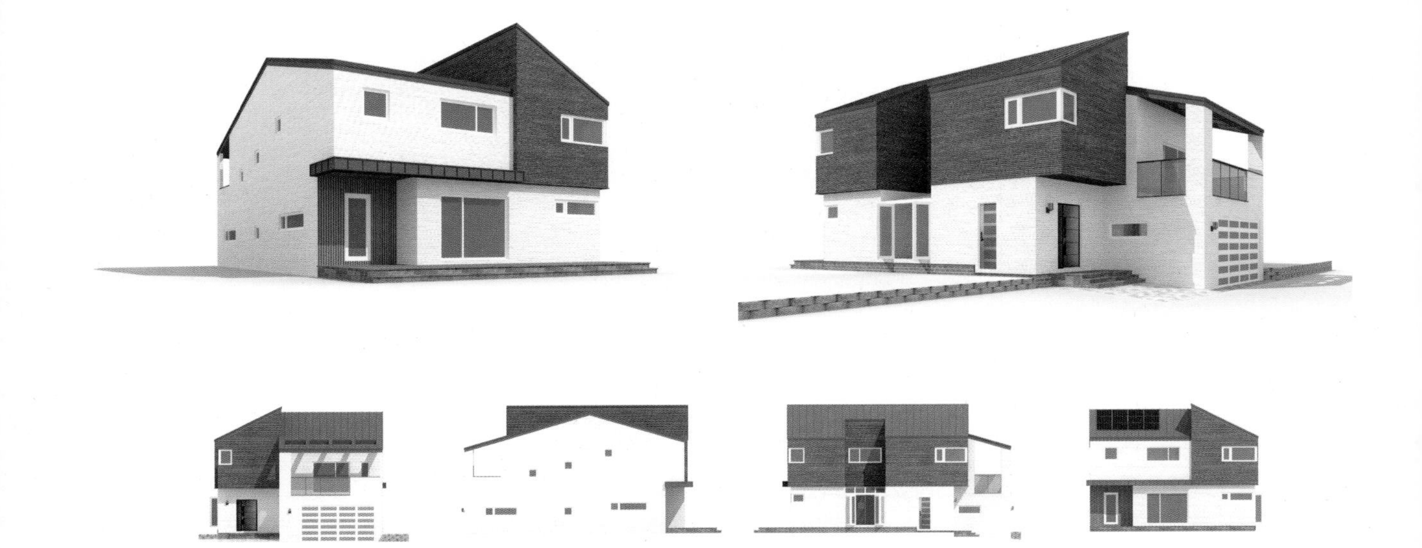

관리가 용이한 세라믹사이딩으로 마감한 주택 외관. 화이트와 그레이 투톤으로 마감한 복잡하지 않은 디자인이지만, 경사지붕과 테라스를 이용해 다채로운 입면을 시도했다. 도로가 있는 북측으로 넓은 주차장과 현관을 배치하고, 창문을 최소화해 외부의 시선을 자연스레 차단했다.

남향 배치로 채광이 좋은 주택의 후면. 모든 주요 공간을 남향으로 두고 있어 마당과의 연계 또한 자연스럽다. 외부에는 이노블럭 데크를 설치해 관리가 용이하다.

주차장과 현관 모두 화사하고 밝은 컬러로 마감해 환하고 넓어 보인다.
주차장은 현관을 비롯해 주방과도 이어져 있어 동선이 편리하다. 실내로 들어오면
자작나무 발판에 화이트 컬러로 도장한 계단이 눈길을 끈다.

거실을 중심으로 주방, 스파룸, 서재 등의 모든 공간이 이어진다. 주방 안으로는 넉넉한 팬트리가 마련되어 있으며, 이 공간을 통해 주차장이 연결되어 있다. 폴딩도어를 설치해 노천탕과 같은 효과를 노릴 수 있는 스파룸은 그 옆으로 탈의실과 욕실을 배치해 편리하다.

스킵플로어 구조로 재미를 더한 내부. 1층에서 2층 침실로 가는 동선 안에는 가족실과 테라스를 배치했다.

2층은 작은 홀을 중심으로 3개의 침실과 복층형 다락이 마련되어 있다. 층과 층 사이,
새로운 공간이 만들어지는 스킵플로어 구조 덕분에 내부 곳곳이 흥미로운 놀이터가 된다.

✚ 평면계획

주택의 1층은 거실과 주방, 스파룸, 서재 등 기능적으로 다양한 요소들이 배치되어 있는 구조로, 가족이 일상생활을 비롯해 여가 시간을 보내는 데 부족함이 없도록 했다. 거실을 중심으로 모든 공간이 유기적으로 이어져 있으며, 특히 거실과 주방이 서로 이어진 대면형 구조로 개방감을 주었다. 1층과 2층 사이에는 스킵플로어 구조를 이용해 넓은 가족실을 설계, 취미실로 활용할 수 있도록 했다. 이 가족실을 지나 2층으로 오르면 중앙의 홀을 중심으로 개인 공간인 침실과 욕실이 배치된다.

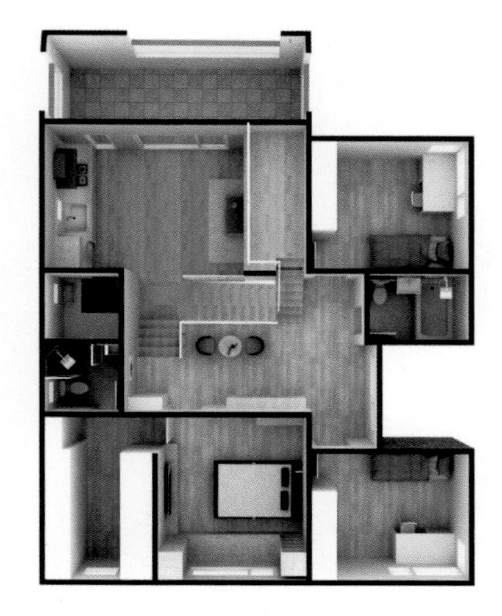

2F - 91.72m^2

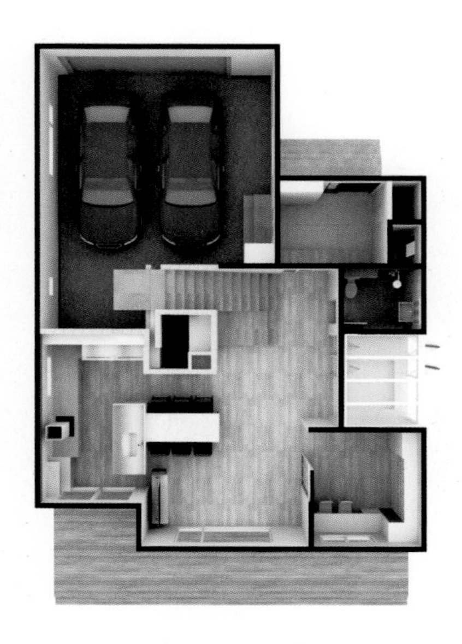

1F - 106.53m^2

로맨틱한 낭만이 깃든 다가구주택
용인 흥덕 토토로 하우스

영화 속 도토리나무의 요정이 살 것 같은 토토로하우스. 새로운 집, 새로운 환경에 대한 호기심으로 가득한 가족들의 집을 콘셉트로 잡았다. 텐트 속에 누워 밤하늘의 별을 헤아려보는 낭만이 실현되는 아담한 옥상이 있고, 각 세대별 넓은 테라스 정원을 둬 독립성을 부여한 곳. 이곳에서는 모두가 로맨틱한 꿈을 꿀 수 있을 듯하다. 겉으로 보기엔 낭만적인 전원주택인 양 보이지만, 내부를 들여다보면 반전이 기다린다. 1층은 주인세대가 거주하고 2층은 임대용으로 2세대가 거주할 수 있도록 복층으로 설계된 다가구주택인 것. 다가구주택이라고 하면 실용적인 디자인으로 설계되는 것이 통상적이지만, 임대라는 특성에 초점을 맞추기 보다는 각 세대의 거주 공간에 초점을 맞췄다. 프로방스풍을 선호하는 건축주를 위해 기존 다가구주택의 이미지를 탈피, 인간미가 물씬 풍기는 디자인을 제시한 것도 그러한 이유에서다.

HOUSE PLAN

대지위치 경기도 용인시 기흥구 영덕동 | **대지면적** 360.40㎡ | **건물용도** 단독주택 | **건물규모** 지하 1층, 지상 3층 | **건축면적** 172.90㎡ | **연면적** 306.84㎡(B1F:89.5㎡ / 1F:136.03㎡ / 2F:131.55㎡ / 3F:39.26㎡) | **건폐율** 47.97% | **용적률** 85.14% | **구조** 철근콘크리트 구조 | **창호재** LG 시스템창호 | **단열재** 네오폴 | **외벽마감재** 스타코, 고벽돌 | **내벽마감재** 벽-친환경 벽지 / 바닥-강화마루 | **지붕재** 스페니쉬 기와 | **설계** 홈플랜건축사사무소 | **시공** 리오건설

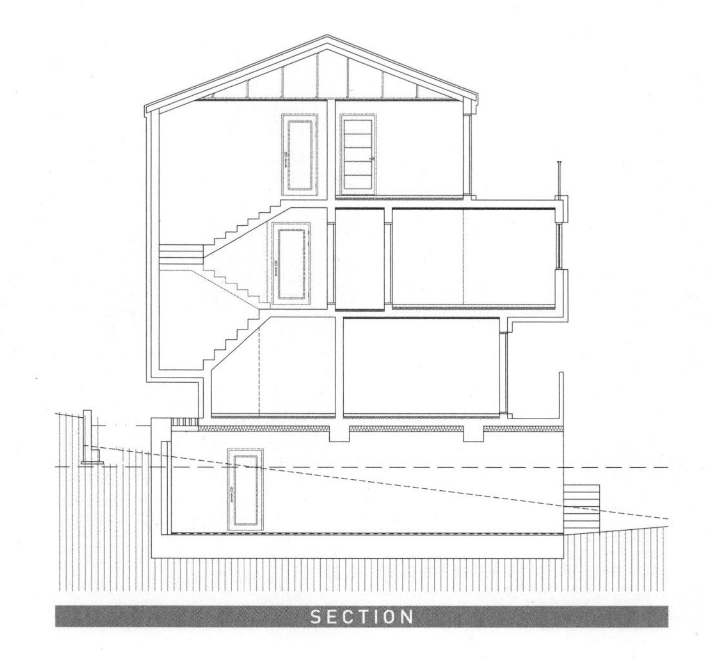

SECTION

배치계획

지하층 가중높이 범위를 고려, 높이 2m 단차의 경사부지에 토목공사 대신 지하주차장 구조벽체를 옹벽으로 지지한 건축공사로 경제성을 살렸다. 프라이버시를 고려해 주인세대와 임대세대 출입구를 별도로 배치하는 한편, 계단식 테라스 공간을 마련해 이웃 간의 자연스러운 소통이 가능하다.

입면계획

기단부에는 고벽돌을 사용해 중후한 느낌을 주고, 2·3층 외벽은 스타코에 에어링페인트를 이용해 고풍스러운 프로방스 스타일을 완성했다. 스페니쉬 기와로 완성한 지붕이 이국적인 분위기를 물씬 풍기는 반면, 외쪽지붕 설계로 현대적인 감각도 살렸다.

고벽돌과 스타코 외장재 덕분에 이국적인 분위기가 감돌지만, 심플한 스타일로 현대적인 감각까지 살린
도심 속 프로방스 주택. 각 세대별 테라스의 방향과 높낮이가 달라 독립적인 외부 공간이 완성됐다.

이국적인 주택의 외관을 완성하기 위해 집을 둘러싸고 있는 조경에도 신경을 썼다. 임대를 겸하는 다가구주택이지만, 마치 전원생활을 하듯 푸른 잔디와 나무 데크 공간을 마련하는 것도 잊지 않았다. 내부 역시 화사하고 밝은 분위기로 연출하되, 가족 구성원의 취향을 고스란히 반영해 평면을 배치했다.

✚ 평면계획

지하층에는 주차장과 창고를 배치하고, 1층에는 마당을 조성할 수 있도록 스킵플로어 형식을 반영했다. 주인세대가 사용하는 1층은 거실과 주방을 한 공간에 배치해 개방감을 살리고, 가족실을 스킵플로어 구조로 설계해 비록 단층이지만 다채로운 공간의 변화를 느낄 수 있다. 임대 2세대가 생활할 2층은 북측으로 독립적인 계단실을 두고, 남향으로는 거실을 비롯한 공용 공간을 넓게 배치했다. 3층에는 임대세대가 사용할 복층 공간과 주인세대만의 옥상 공간이 마련되어 있다.

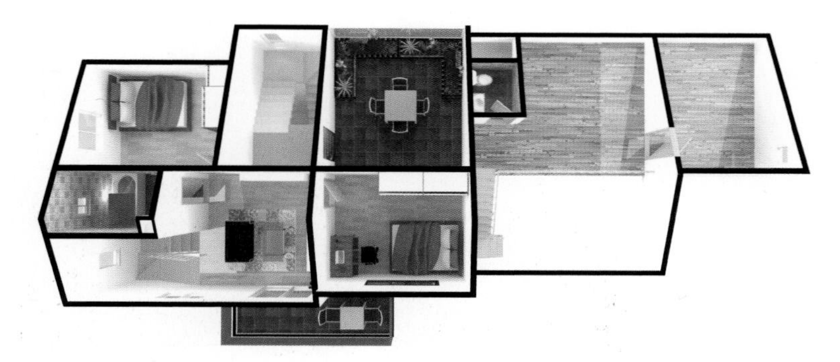

3F - 39.26m^2

2F - 131.55m^2

1F - 136.03m^2

이국적인 정취 담은 남프랑스풍 주택
용인 동천동 아라비카

흑색 다가구주택들 사이에 들어선 프로방스풍의 주택. 화사하고 밝은 외관과 앙증맞게 낸 작은 처마에서 이국적인 분위기가 물씬 풍기지만, 심플한 디자인으로 현대적인 감각까지 살렸다. 주택은 프랑스 남부 시골 언덕에 위치한 프로방스 주택의 느낌을 살리고, 기능적인 부분은 모던하게 재해석하는 방식으로 진행됐다. 우선 경사진 대지를 활용해 주차공간과 더불어 넓은 마당을 확보하고 이국적인 정취를 담은 외부 디자인으로 마무리했다. 지중해풍에서 빠질 수 없는 아치형의 구조와 스페니쉬풍의 붉은 기와 그리고 아이보리 톤의 벽과 인조석 포인트가 주택을 돋보이게 한다.

HOUSE PLAN

대지위치 용인 수지구 동천동 | **대지면적** 253.00㎡ | **건물용도** 단독주택 | **건물규모** 지하 1층, 지상 3층 | **건축면적** 50.12㎡ | **연면적** 193.67㎡ (B1F:46.61㎡ / 1F:50.12㎡ / 2F:50.12㎡ / 3F:46.82㎡) | **건폐율** 19.81% | **용적률** 58.13% | **구조** 경량목구조 | **창호재** YKK 시스템창호 | **단열재** 인슐레이션 | **외벽마감재** 스타코 | **내벽마감재** 벽-친환경 벽지 / 바닥-강마루, 타일 | **지붕재** 스페니쉬 기와 | **설계** 홈플랜건축사사무소 | **시공** 브랜드하우징

SECTION

배치계획

경사지에 위치한 남동향의 대지로 주차장은 단차를 이용해 지하주차장으로 계획했다. 도로에서 주차장 진입이 용이하도록 입구를 넓게 두고, 내부 역시 넓은 공간 확보는 물론 여유로운 창고까지 배치했다. 자연녹지지역의 건폐율 제약으로 필요공간이 수평에서 수직으로 확장되어 3층으로 계획되었다.

입면계획

외부 마감은 스타코와 스페니쉬 기와를 선택하되, 주차박스에는 인조석을 시공해 따뜻하면서도 단단한 이미지를 살렸다. 아치형의 테라스 포치와 창틀이 얇은 YKK창호로 이국적인 정취를 담아냈다.

건폐율 제약으로 수직으로 높게 설계된 주택. 남동향의 대지로 채광이 좋아 화사하게 마감한 스타코 외관이 더욱 따스하게 느껴진다. 경사진 대지를 활용해 만든 주차박스는 차를 주차하는 용도로도 훌륭하지만, 차량 물품이나 공구 등을 수납할 수 있는 창고도 갖추고 있어 효율적이다.

군더더기 없이 필요한 요소로만 꾸며진 현관. 심플한 디자인의 처마가 사랑스럽다. 거실 앞 넓은 잔디 마당에는 파라솔을 설치하고 디딤돌을 시공해 편안하게 자연을 만끽하기에 충분하다.

✚ 평면계획

1층은 공용 공간으로만 구성, 거실과 주방 그리고 공용욕실로 분리된다. 거실과 주방을 일렬로 배치해 답답함을 줄이는 대신, 천장 높이와 바닥재를 달리해 시각적으로 공간을 분리했다. 일부 개방된 계단을 통해 2층으로 오르면 가족실을 중심으로 방 2개가 배치된다. 가족실은 방 하나 정도의 크기로 여러 용도로 사용할 수 있으며, 2개의 방에는 수납장을 넣는 대신 공동으로 사용할 수 있는 팬트리를 두어 큰 부피의 물건 수납이 용이하다. 3층에는 안방과 넓은 드레스룸을 두고 상부를 오픈해 개방감을 높인 서재가 배치되어 있다.

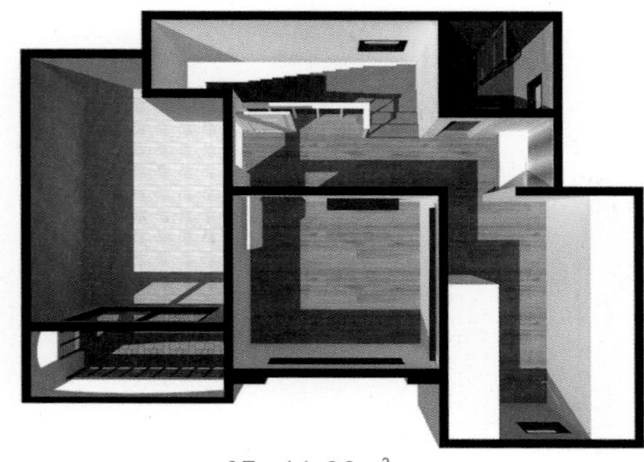

3F - 46.82m²

2F - 50.12m²

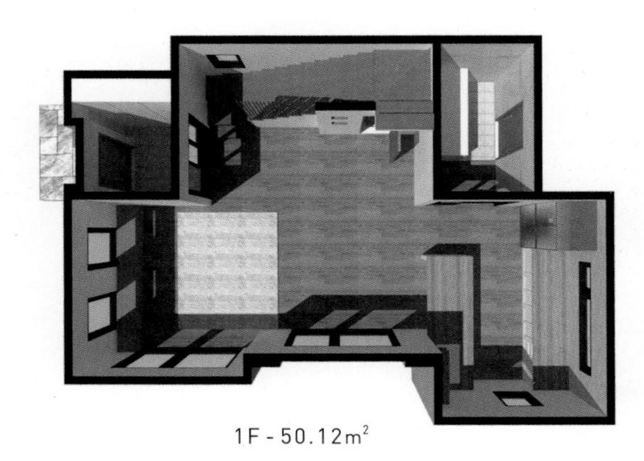

1F - 50.12m²

하나의 공간, 3대의 이야기를 담다
용인 흥덕 알밤토리네

부모와 아들 내외가 함께 살고 있는 곳, 알밤토리네. 한 공간에 취향과 활동시간이 다른 세대가 공존하는 것은 그리 쉬운 일이 아니다. 주택 설계 전, 이미 구도심의 노후주택에서 3대가 함께 생활을 했던 터라, 건축주는 어떤 점이 불편하고 또 필요한지를 명확하게 알고 있었다. 서로의 라이프스타일을 존중하면서 편리한 생활을 함께 할 수 있는 곳을 위해 따로 또 같이 프로젝트가 진행됐다. 처음엔 듀플렉스처럼 세대 분리 방식을 추천했으나, 한 집처럼 쓰고 싶다는 말에 출입구를 중심으로 1, 2층이 분리되도록 해 단독, 다가구 각각의 장점만을 살려 설계했다. 프리컷 방식의 중목구조를 반영하여 구조적으로 튼튼하며, 목재를 노출한 인테리어도 독특하다.

HOUSE PLAN

대지위치 경기 용인시 기흥구 | **대지면적** 402.0㎡ | **건물용도** 단독주택 | **건물규모** 지상 3층 | **건축면적** 152.75㎡ | **연면적** 338.79㎡(1F:112.53㎡ / 2F:114.14㎡ / 3F:112.12㎡) | **건폐율** 37.40% | **용적률** 60.49% | **구조** 철근콘크리트 구조, 중목구조 | **창호재** 독일식 시스템창호 | **외벽마감재** 스타코, 고벽돌 | **내벽마감재** 벽-친환경 벽지 / 바닥-강마루 | **지붕재** 스페니쉬 기와 | **설계** 홈플랜건축사사무소 | **시공** 창조하우징

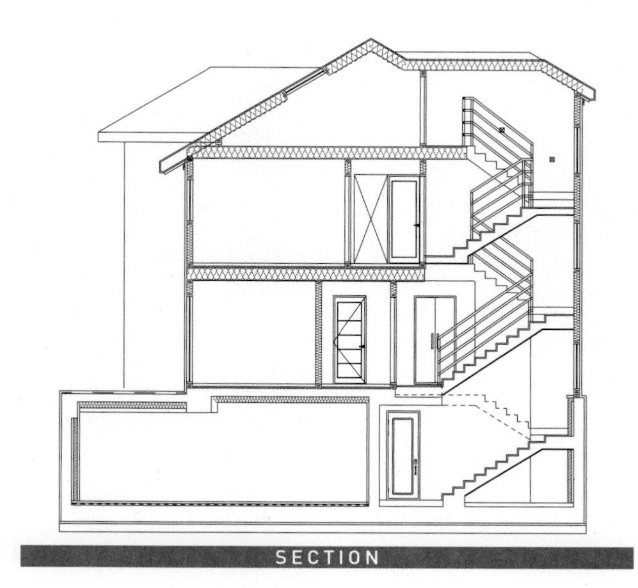

SECTION

배치계획

하나의 대지에 1층 부모세대와 2층 자녀세대가 거주하는 남향의 단독주택. 북쪽 진입로가 낮고 남쪽으로 단차가 있는 도로와 공지가 있어, 사생활 보호에 유리하도록 남향으로 마당을 배치했다. 주차장은 도로에서 차량진입이 용이하도록 1층으로 계획했다.

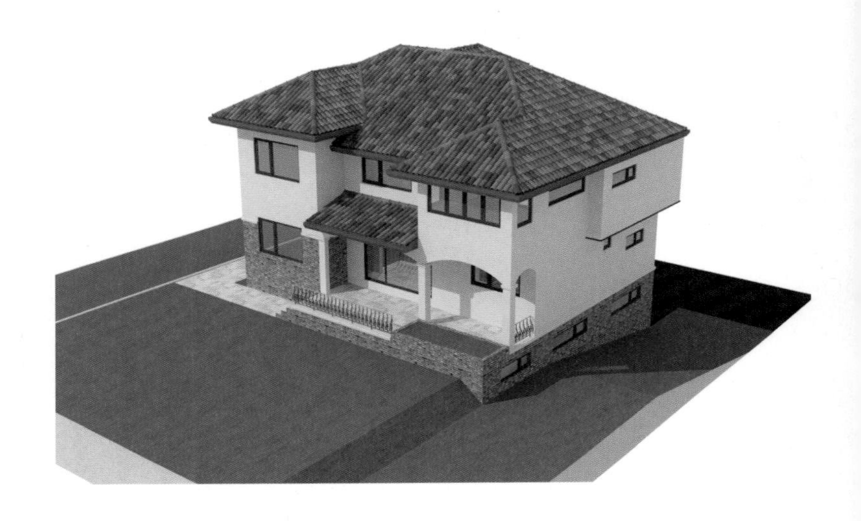

입면계획

주택의 외부 마감은 수직적으로 분리된다. 콘크리트 부분은 고벽돌, 중목구조 부분은 스타코, 지붕은 스페니쉬 기와로 이국적으로 연출했다. 주차장과 마당의 레벨차로 인해 자연스레 1층에 넓고 독립적인 테라스 공간이 만들어졌다.

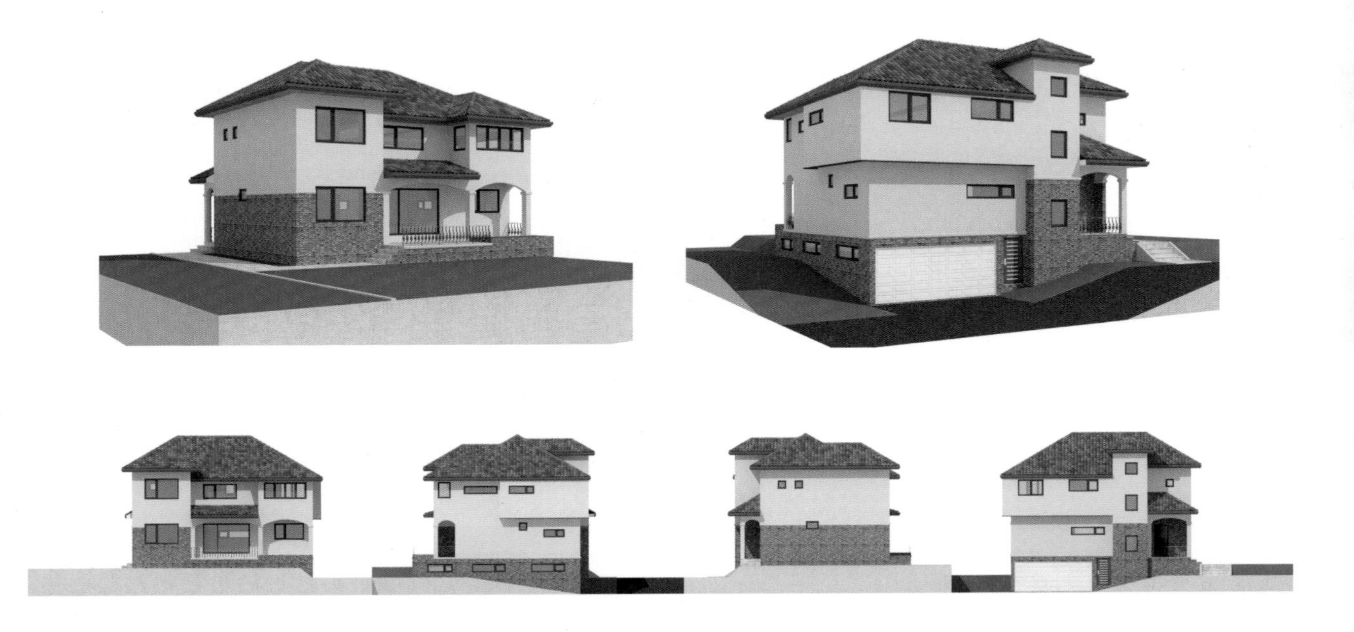

지중해풍에서 빠질 수 없는 아치형 포치와 아이보리 톤의 외벽이 돋보인다.
다소 길게 낸 지붕의 처마는 빗물이 들이치거나 한낮의 강한 빛이 내부로 들어오는 것을 막아준다.

현관의 포치는 시원한 그늘막이 되어주고 비바람을 막아주는 유용한 공간이다.
주택 안쪽으로 들어서면 넓은 마당이 펼쳐지는데, 주차장과 마당의 레벨차로 인해
마당과는 별개로 독립적인 테라스 공간이 생겼다.

✚ 평면계획

경사지를 이용해 1층에는 주차장을 넓게 배치하고, 2층은 부모세대가 3층은 자녀세대가 독립적으로 사용하는 구조로 설계됐다. 넉넉한 면적의 현관은 공용으로 사용하되, 3층으로 이어지는 계단을 설치해 2층을 통하지 않고도 3층으로 올라갈 수 있다. 2층은 거실과 주방, 방 2개로 구성되며, 거실과 마당 사이에 테라스를 두고 차양과 처마를 길게 내 활용도를 높였다. 3층은 거실과 주방, 방 3개와 욕실, 다락방으로 구성된다. 특히 욕실의 경우 조금 독특한 구조로, 분주한 아침시간을 고려해 변기를 둔 욕실 1과 욕조와 샤워박스, 변기를 둔 욕실 2로 설계했다.

2F - 114.14m²

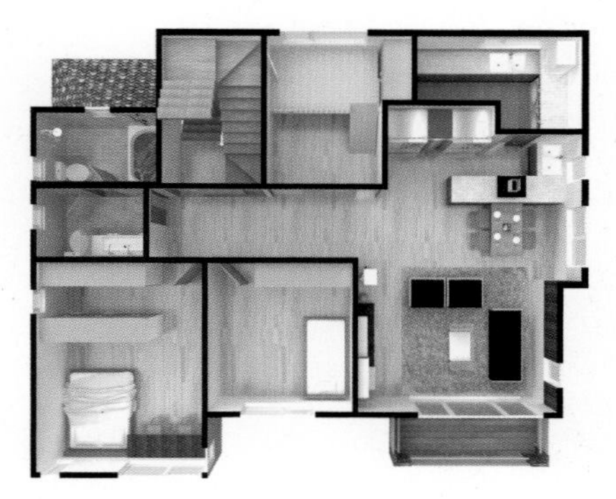

3F - 112.12m²

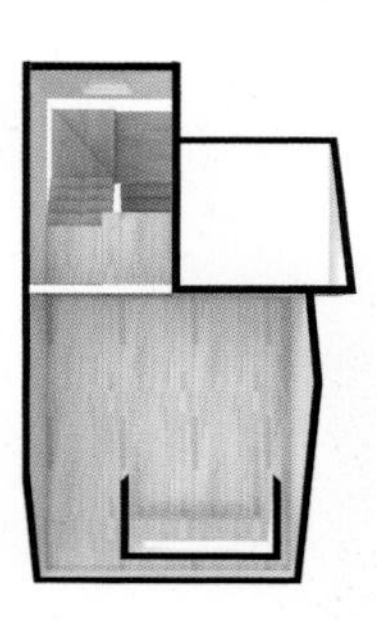

ATTIC

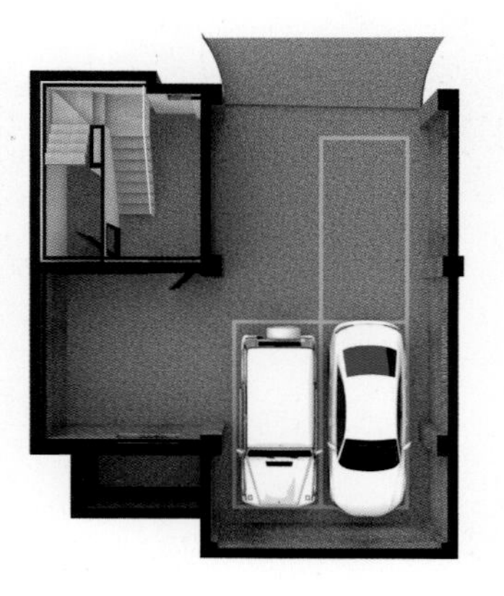

1F - 112.53m²

20-5

구조적인 안전 위에 효율성을 더하다
용인 서천 단독주택

용인 서천지구에 위치한 블록형 단독주택 단지. 분양 시 시공사가 단지 전체를 설계 및 시공하기로 하였으나, 토목완료 시점에 건축공사가 개별적으로 분리되면서 설계를 맡게 된 프로젝트다. 단지 내에서도 눈에 잘 띄는 초입에 위치해 있어, 건축주는 무엇보다 독창적이고 근사한 주택이길 원했다. 너무 튀지 않으면서 흔하지 않은 디자인을 위해 전체적으로 모던한 느낌을 살리되, 창과 지붕선의 변화로 독특한 디자인을 완성했다. 구조적인 안전 또한 중요했기에 성토된 좌측으로는 마당을 두고 건물을 대지 안쪽으로 배치, ㄱ자 형태의 평면으로 튼튼하고 안전하게 설계했다.

HOUSE PLAN

대지위치 경기도 용인시 서천동 | **대지면적** 223.6㎡ | **건물용도** 단독주택 | **건물규모** 지상 2층 | **건축면적** 83.67㎡ | **연면적** 147.82㎡(1F:83.47㎡ / 2F:64.35㎡) | **건폐율** 37.42% | **용적률** 66.11% | **구조** 일반목구조 | **창호재** 독일식 시스템창호 | **단열재** 이소바 그라스울, 스카이텍 | **외벽마감재** 세라믹사이딩 | **내벽마감재** 벽-친환경 벽지 / 바닥-강마루, 타일 | **지붕재** 리얼징크 | **설계** 홈플랜건축사사무소 | **시공** 브랜드하우징

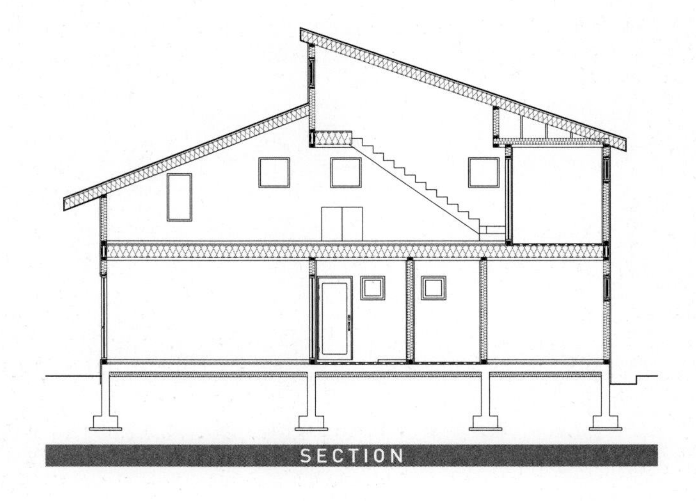

SECTION

배치계획

단지 진입로에 위치한 동서로 긴 대지. 남향으로 진입 도로가 위치해 있지만, 도로와 대지의 단차가 꽤 큰 편이라 조경을 적절히 배치해 외부 시선을 차단했다. 안전을 위해 성토가 많은 서쪽으로 마당을 두고 건물을 단지 안쪽으로 배치하여 마당을 완충 공간으로 계획했다.

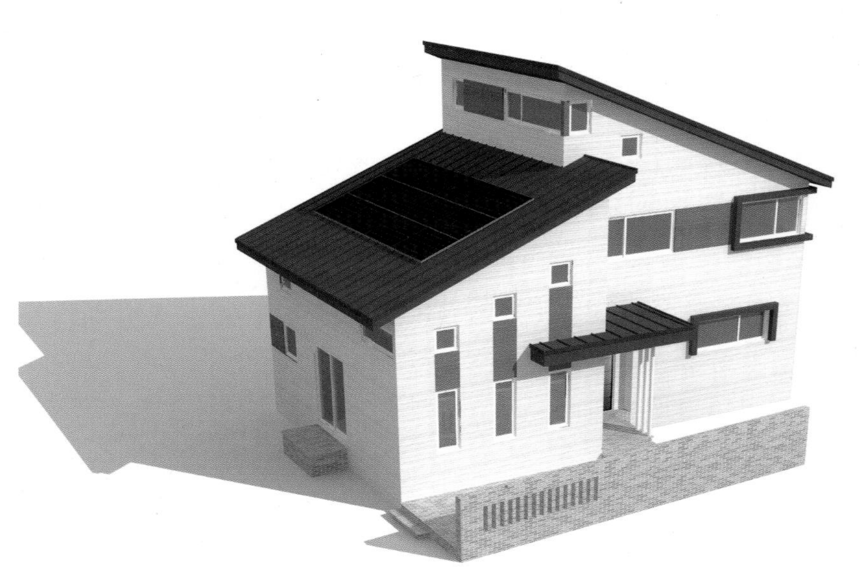

입면계획

대지가 높은 언덕을 깎아 만든 경사지임을 고려해 지붕선 역시 지형을 따라 설계했다. 엇갈린듯 비스듬히 설계된 지붕선 덕분에 가파른 경사에도 주택에 안정감이 느껴진다. 주택의 외장재는 별다른 관리 없이도 깨끗함이 오래 유지되는 세라믹사이딩으로 결정했다.

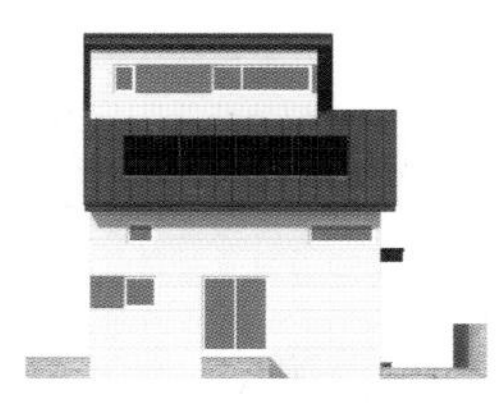

가로와 세로로 창을 배치해 개성이 느껴지는 외관. 전체적으로 밝은 컬러의 세라믹사이딩으로 마감해
깔끔한 디자인이 인상적이다. 성토한 좌측 부근에는 마당을 둬 건물의 안전성을 확보했다.
화단과 휴식공간이 마련되어 있는 넉넉한 마당은 대지가 높아 외부의 시선에서 자유롭다.

대문에서부터 이어지는 디딤석은
안쪽 정원까지 연결된다. 남향의 창에
시공된 창문 처마는 비오는 날에는
비가 들이치지 않도록 하고, 한 여름
뜨거운 열기를 막아주는 역할을 한다.

✚ 평면계획

1층은 현관을 중심으로 공용 공간과 안방 영역으로 분리된다. 거실과 주방으로 구성된 공용 공간은 오픈 천장으로 개방감을 최대한 살리고, 상부에도 창을 달아 내부에서 가장 밝고 쾌적한 공간이 되도록 계획했다. 2층은 자녀들의 공간으로 간이 주방이 설치된 가족실과 침실로 구성된다. 침실은 모두 남향으로 일렬로 배치하고 군더더기 없이 딱 필요한 면적만 할애했다. 2층 계단을 통해 이어지는 다락에는 지붕 경사를 이용한 수납공간을 마련해 공간의 활용도를 높였다.

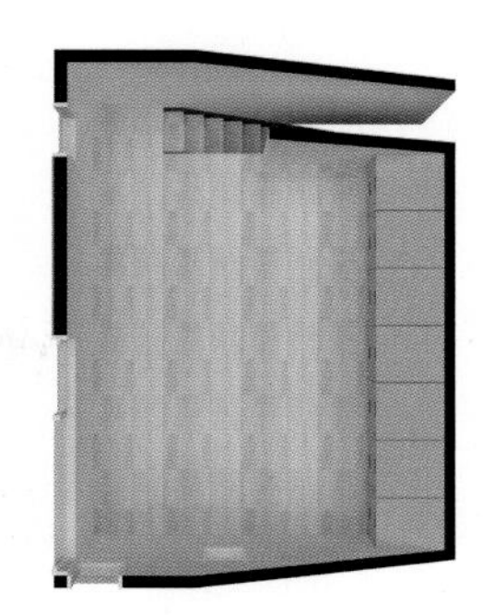

ATTIC

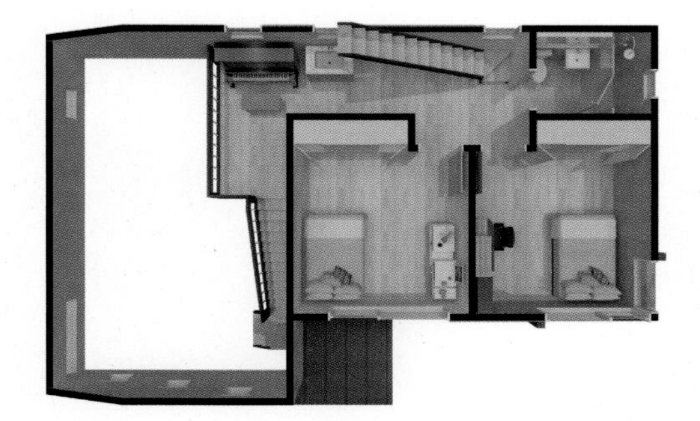

2F - 64.35m²

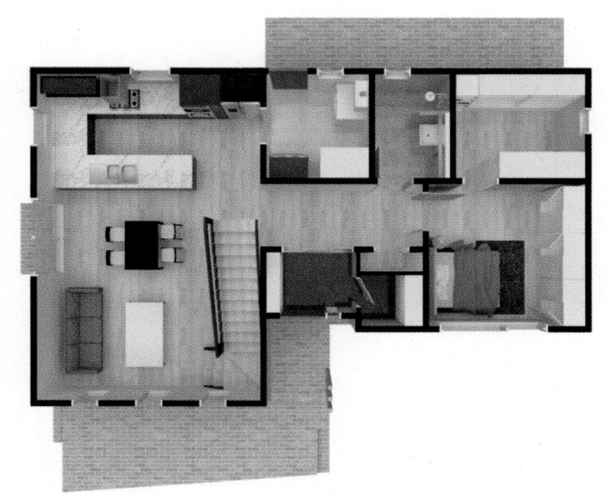

1F - 83.47m²

LG
LG

유럽의 빈티지 주택을 본뜨다
배곧신도시 행복한가

배곧신도시에 도로와 공원 등의 기반시설들만 들어설 무렵, 이곳의 설계를 시작했다. 건축주와 함께 빈 택지를 바라보며 설계의 방향을 튼튼한 집, 행복한 집, 따뜻한 집으로 정하고 나니, 고벽돌과 박공지붕이 어우러진 주택의 큰 밑그림이 드러났다. 초반에는 시각적으로 넓어보이도록 ㄱ자형 및 ㅡ자형을 제시, 필로티 타입의 주차장을 검토했지만 건폐율 30% 지역으로 면적 제한이 커 반영하지는 못했다. 가족 구성원은 세 명. 많지 않은 가족 수만큼 주택 면적 또한 넓지 않았지만, 최대한 버려지는 공간 없이 내외부를 구상했다. 그리하여 겉보기에는 튼튼한 벽돌집이지만 내부는 아늑하고 포근하며, 가족 모두가 만족하는 행복한 집이 탄생하게 되었다.

HOUSE PLAN

대지위치 경기도 시흥시 배곧신도시 | **대지면적** 242.00㎡ | **건물용도** 단독주택 | **건물규모** 지상 2층 | **건축면적** 72.46㎡ | **연면적** 134.22㎡(1F:72.46㎡ / 2F:61.76㎡) | **건폐율** 29.94% | **용적률** 55.46% | **구조** 일반목구조 | **창호재** 독일식 시스템창호 | **단열재** 셀룰로오스 | **외벽마감재** 홍고벽돌 | **내벽마감재** 벽-에덴바이오 벽지 / 바닥-강마루 | **지붕재** 리얼징크 | **설계** 홈플랜 건축사사무소 | **시공** HNH건설

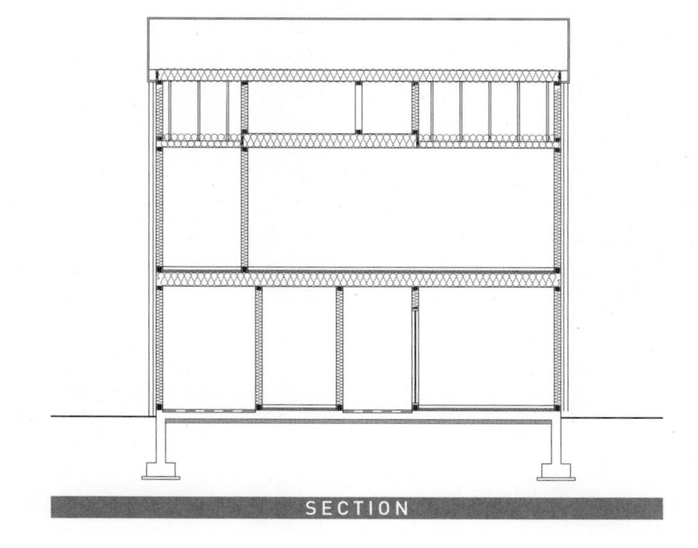

SECTION

배치계획

남서쪽으로 완충 녹지가 있는 대지. 법정 조경은 완충 녹지와 연접해야 하므로 마당을 완충 녹지 쪽으로 두고, 건물은 단지 내 도로를 따라 길게 배치했다. 마당은 낮은 언덕과 녹지로 인해 큰 고민 없이 프라이버시를 확보, 심리적으로 편안한 공간으로 완성됐다.

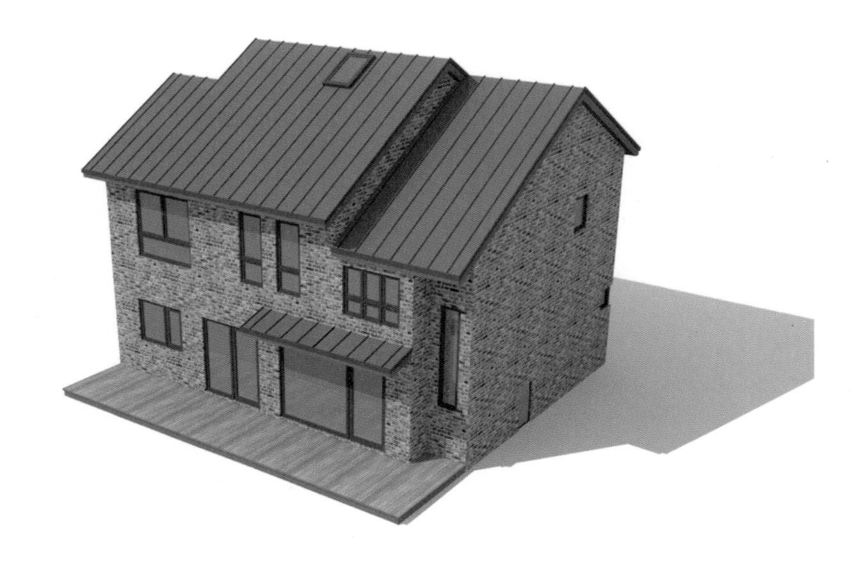

입면계획

외부 마감재로 단단하면서도 고풍스러운 이미지의 홍고벽돌을 선택하고 환기를 원활하게 하는 시스템 창호를 반영했다. 프라이버시를 위해 인접 대지인 동향과 서향으로는 꼭 필요한 창만 둔 반면, 남향으로는 크고 넓은 창을 배치해 채광과 통풍을 해결했다.

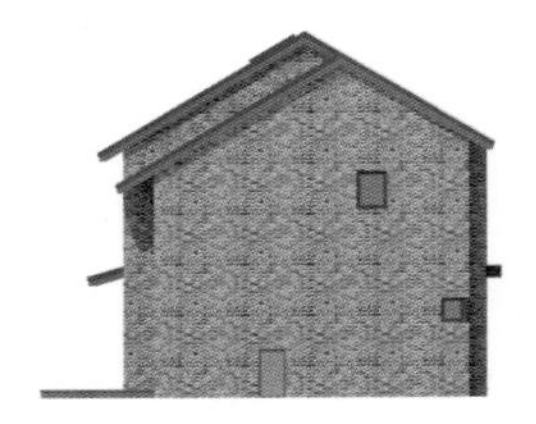

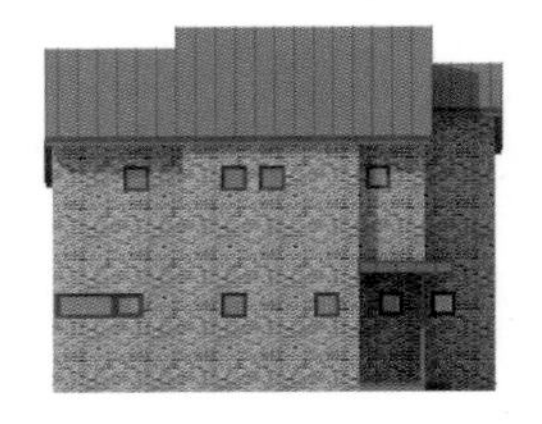

중후한 분위기의 홍고벽돌 주택. 도로와 인접해 있어 주차공간과 현관을 도로 쪽으로 두고 거실과 안방 등 프라이버시가 요구되는 공간은 대지 안쪽으로 배치했다. 현관 앞에 설치한 파티션이 시야를 가리지 않으면서 적절하게 외부 시선을 차단해 준다.

주택 안쪽에 놓인 마당은 전면의 녹지로 인해 자연스럽게 외부 시선이 차단된다.
이 프라이빗한 마당에서 단연코 눈에 띄는 것은 파고라다. 푸른 잔디 위로 설치한
원목 파고라 덕분에 더욱 이국적인 분위기가 연출된다.

✚ 평면계획

1층은 거실과 주방 그리고 서재로 구성된다. 주방과 이어져 있는 다용도실은 주차장과도 연결되는데, 주차장에서 짐을 들고 올 때를 고려해 편의성을 높였다. 1층 서재에는 슬라이딩 도어를 설치해 평상시에는 개방해 사용하고, 게스트룸으로도 변신이 가능하다. 거실의 일부 구간은 천장을 높게 해 오픈형 계단을 설치했으며, 실링팬을 달아 공기 순환을 좋게 했다. 2층은 가족의 편의에 맞춰 구성된다. 가족실에는 수납을 위해 드레스룸이 별도로 마련되어 있으며, 욕실 또한 조금 특별하다. 보통 하나의 문이 달린 일반적인 욕실과는 달리 문이 두 개인데, 하나는 가족실과 하나는 안방의 드레스룸과 이어진다. 아이방은 상부를 오픈, 계단을 통해 다락을 이용할 수 있도록 했다.

ATTIC

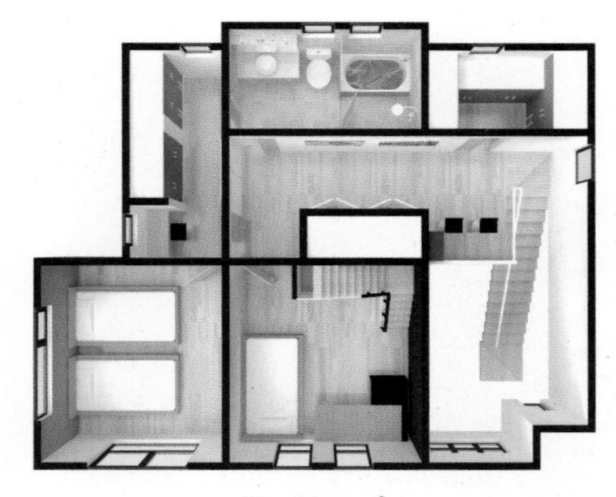

2F - 61.76m²

1F - 72.46m²

POST

프라이버시를 확보한 길모퉁이 집
배곧 효창주택

단지 내 모서리 땅에 자리를 잡은 주택. 설계 의뢰를 받을 당시 대지의 위치부터 심상치 않았다. 건축법에 따르면 일정한 폭을 넘는 두 도로와 만나는 모퉁이 땅은 도로가 교차하는 모서리를 오려내야 한다. 이러한 가각전제로 인해 이 곳 역시 모퉁이가 둥글게 처리되어 있었다. 그런데 한 군데도 아니고 두 군데였다. 세 개의 면이 도로로 둘러싸인 데다 도로 가각이 2개소인 대지 조건을 반영해 건물의 형태를 결정했다. 우선 배치 평면부터 개성 있는 구성이 되었다. 외부 시선을 고려해야 하는 코너 부지인 점을 고려해 중정형의 평면배치로 프라이버시를 확보하고, 깔끔한 세라믹사이딩 마감으로 외관을 완성했다.

HOUSE PLAN

대지위치 경기도 시흥시 배곧 신도시 | **대지면적** 275.00㎡ | **건물용도** 단독주택 | **건물규모** 지상 2층 | **건축면적** 81.32㎡ | **연면적** 132.12㎡(1F:76.64㎡ / 2F:55.48㎡) | **건폐율** 29.57% | **용적률** 48.04% | **구조** 일반목구조 | **창호재** 독일식 시스템창호 | **단열재** 셀룰로오스, 스카이텍 | **외벽마감재** 세라믹사이딩 | **내벽마감재** 벽-친환경 벽지 / 바닥-강마루 | **지붕재** 리얼징크 | **설계** 홈플랜건축사사무소 | **시공** HNH건설

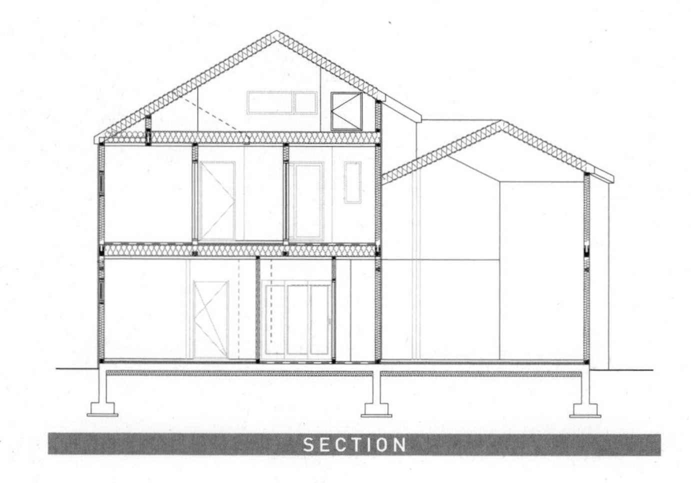

SECTION

배치계획

3개의 도로에 접해있어 건물 배치와 사생활 보호가 쉽지 않은 남서향의 대지. 대지의 조건에 대응해 도로 쪽 창의 크기를 조절하여 외부로의 시선을 차단하고 마당을 향해 열린 집으로 계획하였다. 남향으로 부채꼴 형태로 건물을 배치하고, 거실과 안방 사이에 데크를 두어 공간 분할과 프라이버시를 동시에 확보했다.

입면계획

설계가 복잡해지기 쉬운 코너 부지인 점을 고려해 외관 디자인은 최대한 간결하고 심플한 디자인을 적용했다. 외기에 노출되는 부분이 많아 세라믹사이딩과 고벽돌을 추천, 최종적으로는 케뮤세라믹 사이딩으로 시공되었다. 주택은 가운데를 중심으로 양쪽으로 매스를 하나씩 덧붙여 입체감을 살려냈다.

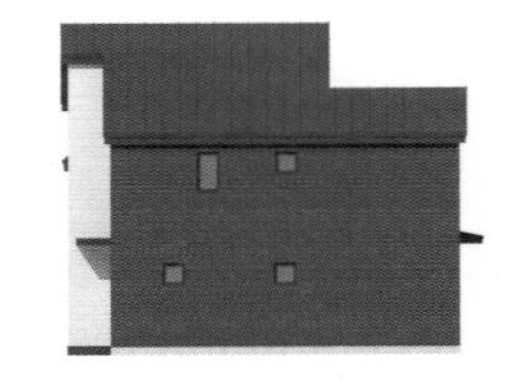

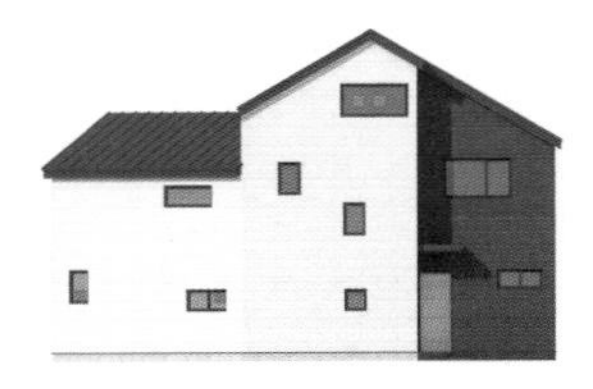

2개의 모서리 가각이 있는 대지로 단점도 있지만, 오히려 그로 인해 개성 있는 입면과 평면을 얻게 되었다.
창의 크기와 배치는 모던하게 디자인되었으며, 특히 코너 부분은 가로로 긴 창을 최소한으로 설계해
프라이버시와 채광을 동시에 해결했다.

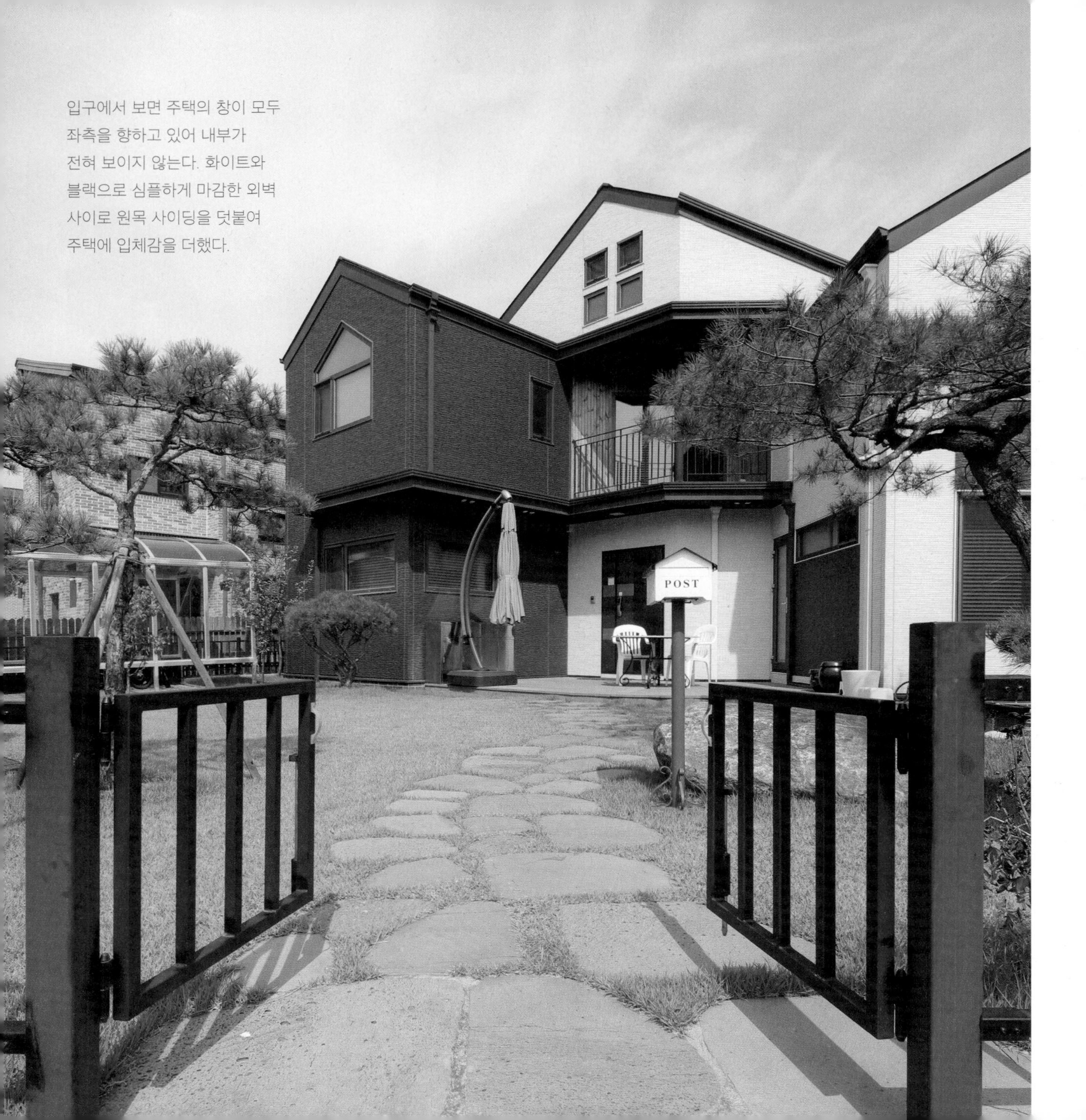

입구에서 보면 주택의 창이 모두
좌측을 향하고 있어 내부가
전혀 보이지 않는다. 화이트와
블랙으로 심플하게 마감한 외벽
사이로 원목 사이딩을 덧붙여
주택에 입체감을 더했다.

✚ 평면계획

1층은 현관을 중심으로 공용 공간인 거실과 주방, 안방 영역으로 분리된다. 공간이 분리되는 만큼 답답하지 않도록 거실과 주방을 일렬로 배치하고 거실 천장을 오픈시켜 개방감을 주었다. 또 세 개의 면이 도로에 인접해 있어 거실 공간을 대각선으로 배치, 외부의 시선을 최대한 차단했다. 2층 역시 공용 공간과 개인 공간으로 나눠져 있다. 전체적으로 보면 이 두 공간이 수직적으로 분리되어 있으며, 2층 가족실은 1층 거실과 연계해 시각적으로 확장되도록 했다. 다락은 지붕선을 그대로 살려 꽤 넓은 면적을 확보, 앞뒤로 창을 내 활용도가 높은 공간으로 설계되었다.

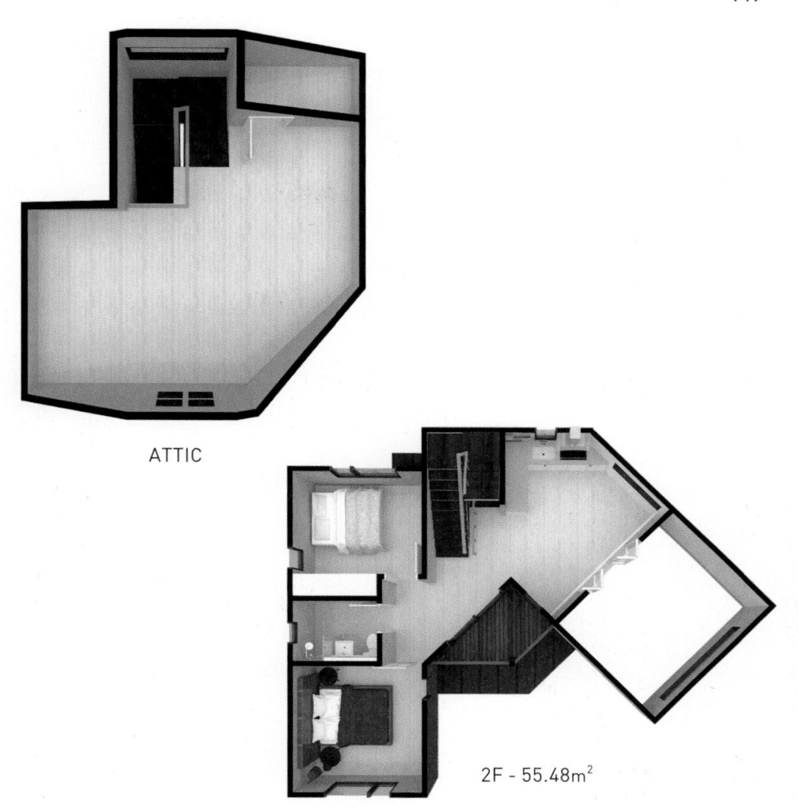

ATTIC

2F - 55.48m^2

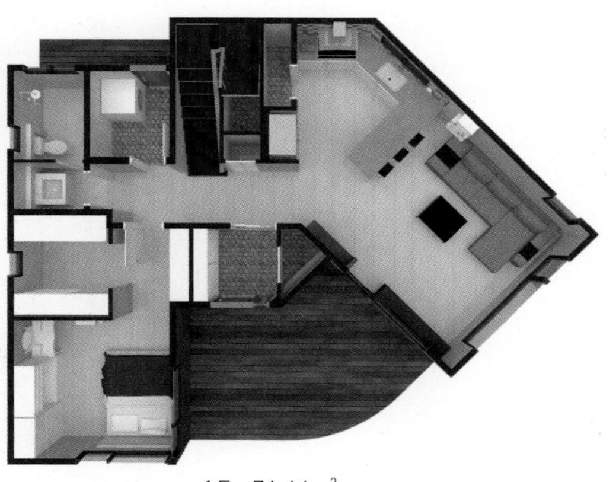

1F - 76.64m^2

지붕에서의 사색을 꿈꾸다
이천 죽당리 가가호호

해질녘 옥상 정원에 앉아, 지붕에서의 사색을 꿈꿔왔던 건축주. 하지만 목조주택을 선택하고 나니, 평지붕 설계에 어려움이 따랐다. 목조주택의 경우 평지붕 시공 시 누수 등의 하자 발생으로 이어질 수 있기 때문이다. 원하는 요소를 모두 만족시키기 위한 설계가 관건이었다. 우선 외쪽 경사지붕을 이용해 박스형의 모던한 주택으로 디자인하고, 주차장 지붕을 평지붕으로 시공하는 방법을 고안해냈다. 이 평지붕은 마당 뿐 아니라 내부 계단과도 이어져 있어, 자유롭게 오가며 옥상정원으로 이용하기에 제격이다. 실내에도 건축주의 요구가 반영되었다. 특히 캠핑과 스킨스쿠버, 골프 등의 다양한 여가활동을 즐기는 가족들을 위해 계단실 아래를 넓게 계획, 다양한 용품을 보관할 수 있도록 넉넉한 수납장을 설계했다.

HOUSE PLAN

대지위치 경기도 이천시 부발읍 죽당리 | **대지면적** 511.00㎡ | **건물용도** 단독주택 | **건물규모** 지상 2층 | **건축면적** 95.09㎡ | **연면적** 146.64㎡ (1F:85.71㎡ / 2F:60.93㎡) | **건폐율** 18.61% | **용적률** 28.70% | **구조** 일반목구조 | **창호재** 독일식 시스템창호 | **단열재** 셀룰로오스 | **외벽마감재** 스타코, 청고벽돌 | **내벽마감재** 벽-친환경 벽지 / 바닥-강마루 | **지붕재** 리얼징크 | **설계** 홈플랜건축사사무소 | **시공** HNH건설

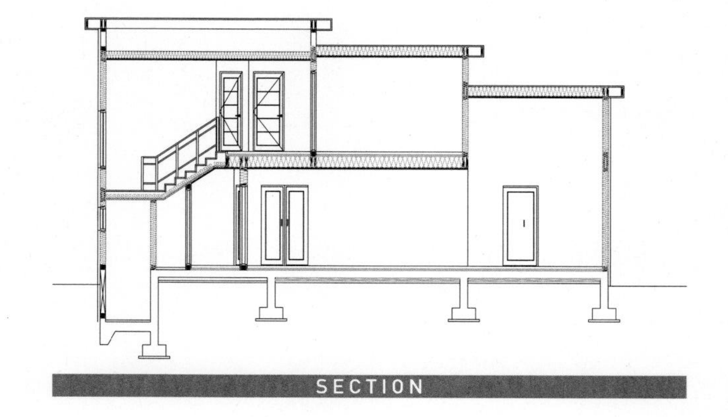

SECTION

배치계획

서측에 도로가 있는 남동향의 대지. 주택을 최대한 대지 끝으로 배치해 남쪽으로 넓은 마당을 확보했다. 대지 정리 후에는 도로와 마당에 1m 가량의 높이차가 발생해 건물을 가로로 길게 두고 주차장과 주택을 스킵플로어 형식으로 설계했다. 덕분에 주차장 위로 평지붕을 설치, 건축주가 바라던 옥상정원을 구현할 수 있었다.

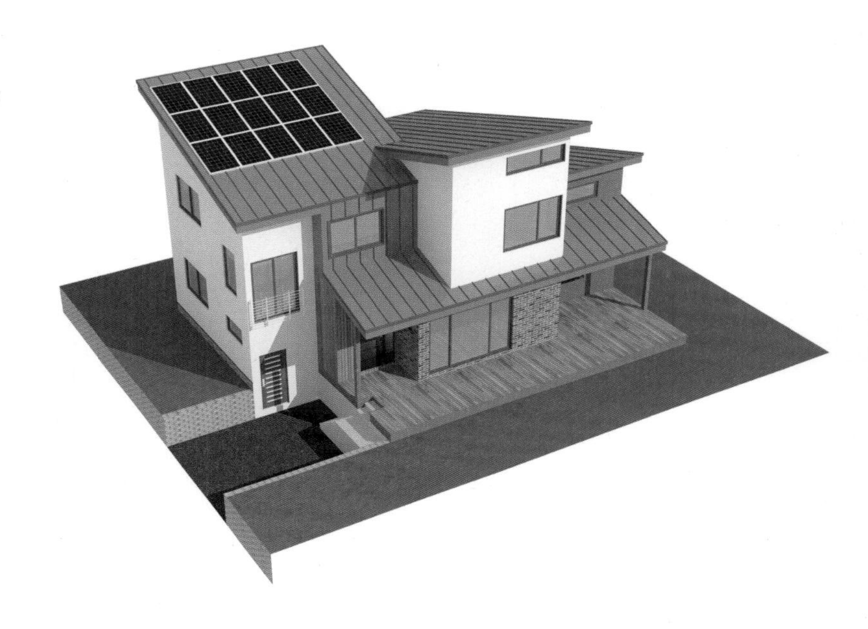

입면계획

전체적으로 밝은 주택으로 연출하기 위해 백색 스타코로 외벽을 마감하고 징크와 파벽돌로 포인트를 주었다. 주택의 전면과 측면에 큰 규모의 주택들이 있는 점을 고려해, 실제 면적보다 더욱 넓고 웅장하게 보이도록 외쪽 경사지붕을 설계했다.

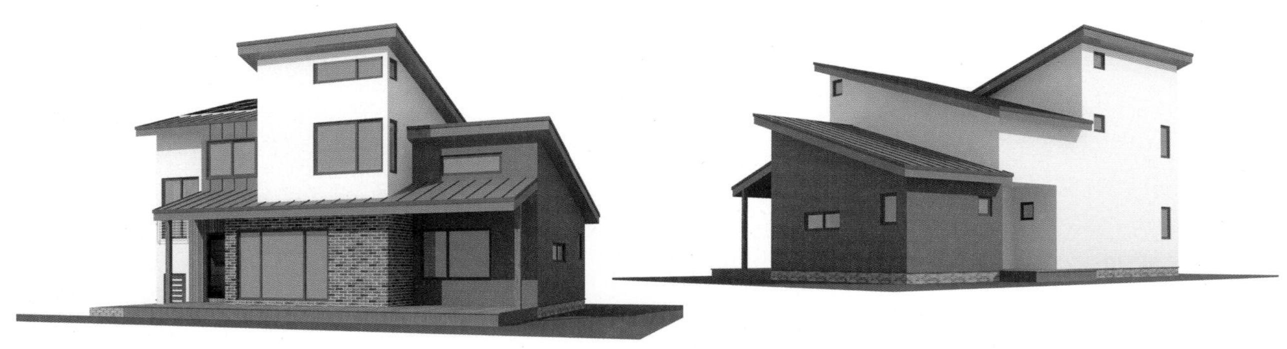

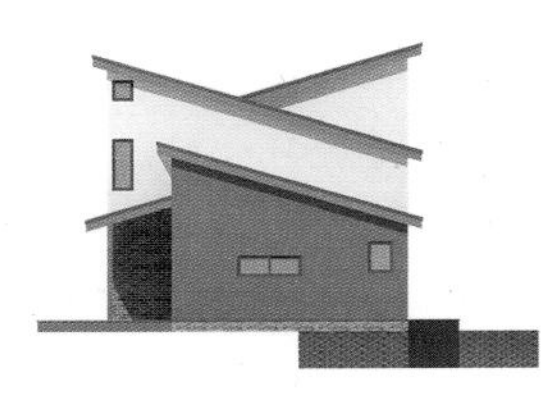

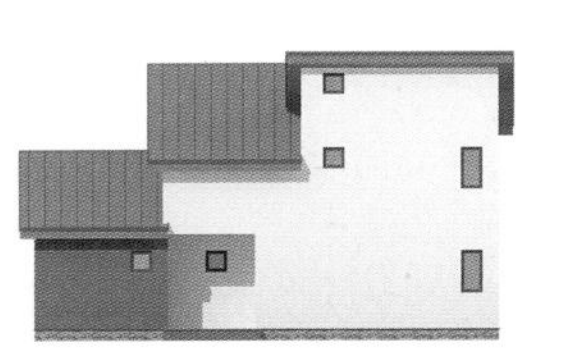

도로와 마당의 높이차를 이용해
주차공간을 배치하고 그 위로 평지붕을
설치, 그늘막으로 이용하는 동시에
옥상 역할도 겸하게 됐다. 주택
전면으로는 채광을 최대한 활용하기
위해 선룸을 배치하고 선룸에 최적화된
폴딩도어를 시공했다.

목재와 파벽돌로 포인트를 준 현관.
현관의 포치는 긴 처마형태로 설계돼
강한 빛이 내리쬐거나 비가 들이치는
것을 막아준다. 현관 위로 보이는 주차
지붕은 내부 계단과 연결되어 있어
출입이 자유롭다.

✚ 평면계획

1층은 거실과 주방 그리고 안방으로 구성된다. 낮에 머무는 시간이 많은 거실과 주방은 남쪽으로 배치하고 안방과 드레스룸 등은 북서쪽으로 두었다. 침실이 있는 안방 영역은 슬라이딩 도어를 설치해 공용 공간과 분리하고, 욕실에는 전실을 둬 세면대를 설치했다. 부피가 큰 짐들을 보관할 장소가 필수였기에 계단실 하부에 넓은 수납장을 배치해 공간 활용도를 높였다. 2층은 방 2개와 가족실로 구성된다. 방은 지붕 경사를 그대로 살려 높은 천장고를 확보, 벙커침대와 미니 다락으로 구성하였다. 가족실 역시 지붕 경사를 이용해 다락방 형태로 아늑하게 계획하고 창문을 통해 1층을 내려다 볼 수 있도록 했다.

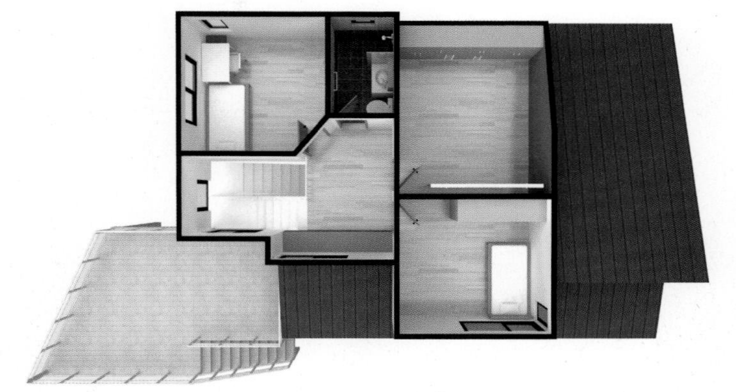

2F - 60.93m²

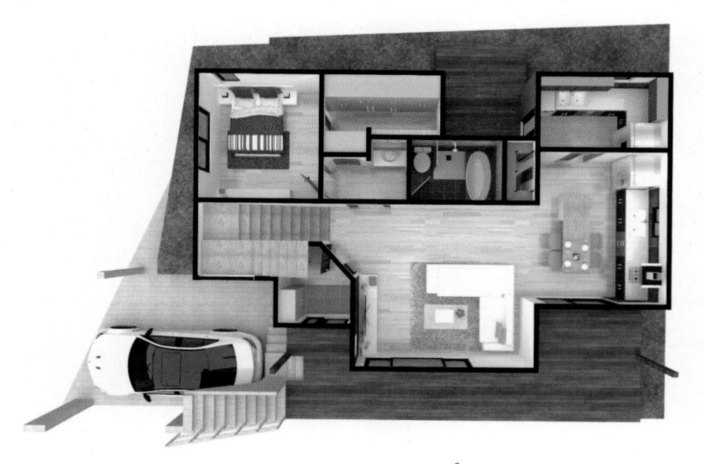

1F - 85.71m²

취향을 담아 쓰임새를 더한 주택

이천 죽당리 동락재

건축주는 이 집에서 사는 내내 즐거움만 가득하길 바라며,
동고동락에서 앞 두 글자를 떼어낸 동락재라 이름을 지었다.
부부와 자녀 둘을 위한 단아한 주택을 원한다는 요청에 따라,
외관은 최대한 간결하게 박공지붕 형태로 디자인되었다. 대지가
좁은 편은 아니었지만, 4인 가족이 살기에 과하지도 부족하지도
않도록 최대한 단순한 매스로 집을 계획했다. 또한 꿈꾸던
전원생활이니만큼 넓은 마당을 효율적으로 사용할 수 있도록
집을 놓았고, 내부 공간의 배치도 신중히 계획했다. 효율적인 공간
배치로 버려지는 곳 없이 알뜰한 쓰임새가 일품인 집. 심플하지만
충실하게 지은 집 안에 가족의 행복한 삶이 담겼다.

HOUSE PLAN

대지위치 경기도 이천시 부발읍 죽당리 | **대지면적** 511.00㎡ | **건물용도** 단독주택 | **건물규모** 지상 2층 | **건축면적** 65.24㎡ | **연면적** 130.48㎡ (1F:65.24㎡ / 2F:65.24㎡) | **건폐율** 12.77% | **용적률** 25.53% | **구조** 일반 목구조 | **창호재** 독일식 시스템창호 | **단열재** 셀룰로오스 | **외벽마감재** 홍고벽돌 | **내벽마감재** 벽-친환경 벽지 / 바닥-강마루 | **지붕재** 리얼징크 | **설계** 홈플랜건축사사무소 | **시공** HNH건설

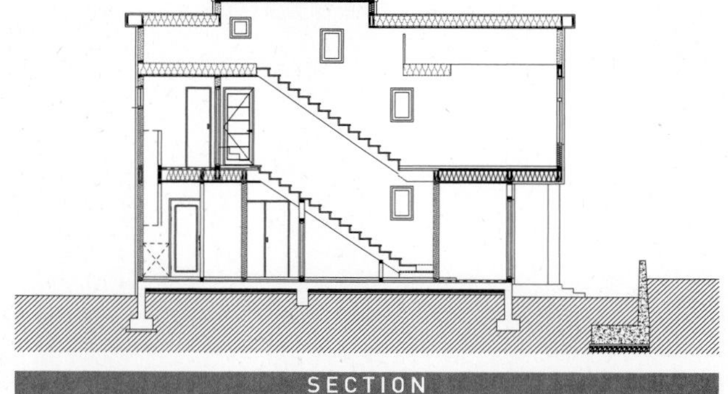

SECTION

배치계획

서쪽으로 도로가 있는 남동향의 대지로, 채광과 넓은 마당 확보를 위해 건축물을 남향으로 길게 배치했다. 그로 인해 남게 되는 부정형의 대지는 다용도로 활용할 수 있도록 여유를 두고 진행했다.

입면계획

주택 외관은 건축주의 요청대로 심플한 박공지붕에 처마 없이, 최대한 군더더기 없는 콤팩트한 디자인으로 설계하고 외벽은 홍고벽돌로 마감했다. 마당을 향하고 있는 주택 전면을 제외하고는 프라이버시를 위해 최소한의 작은 창만을 배치했다.

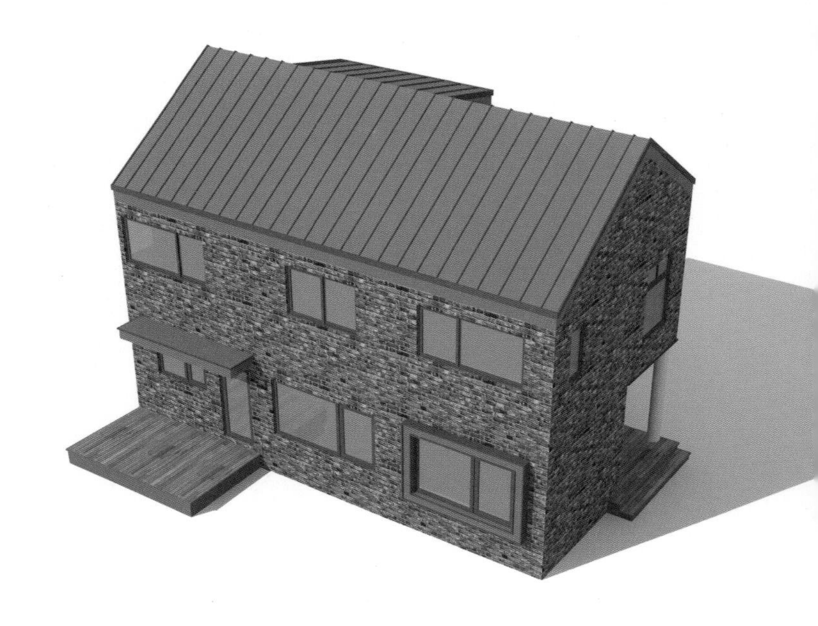

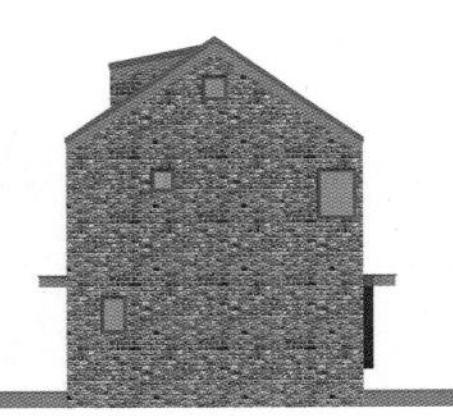

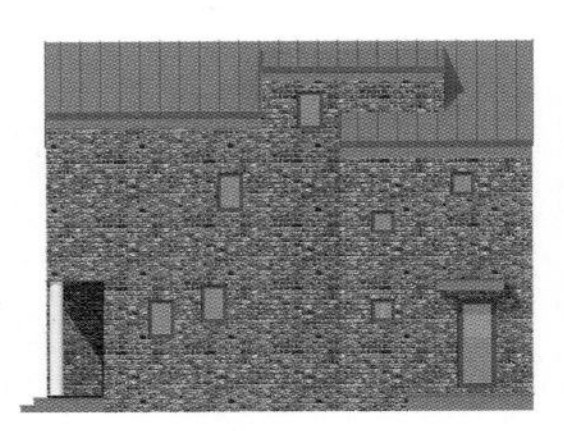

외관은 최대한 단정하고 간결하게 디자인되었지만,
붉은 색 벽돌이 포인트로 자리 잡아 지루함이 없다.
외부 활동이 가능한 파고라, 그리고 여유롭게 잘
꾸며진 정원이 집을 더 가치 있게 만들었다.

군더더기 없는 디자인을 위해 처마를 없애는 대신, 곳곳에 처마의 역할을 대신할 아이템들이 마련되어 있다. 현관의 포치와 주택 전면에 넓게 설치된 파고라는 비 가림 뿐 아니라 햇빛을 가려주는 용도로도 활용된다.

✚ 평면계획

내부는 심플한 외관만큼이나 군더더기 없는 평면으로 계획했다. 1층은 주방과 거실, 가족실이 일직선상에 배치되어 있다. 뛰어다녀도 다치지 않도록 모든 레이아웃을 자녀들에게 맞춘 것. 주방에는 데크와 이어지는 출입문을 설치해 외부로 손쉽게 드나들 수 있도록 하고, 가족실에는 윈도우시트를 제작해 공간의 활용도를 높였다. 2층은 가족이 사용할 침실과 복도 공간을 활용한 서재로 구성된다. 방들을 남향으로 나란히 배치해 군더더기 없이 명쾌하다. 서재의 상부에는 다락과 연결된 그물망을 설치해 아이들의 놀이 공간으로 사용한다. 다락은 계단실에 세로로 긴 창을 넣어 채광을 조절하였다.

ATTIC

2F - 65.24m^2

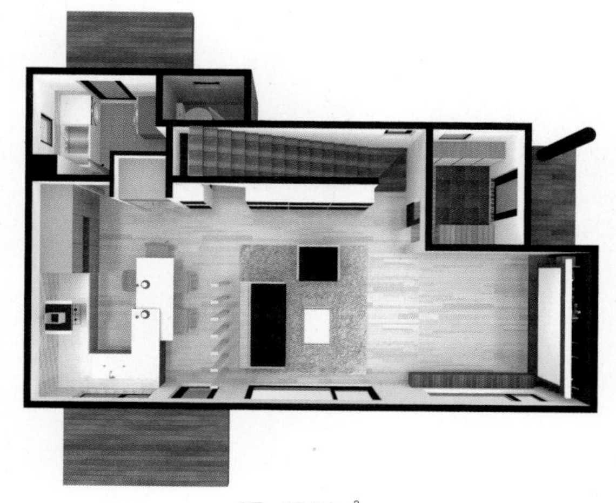

1F - 65.24m^2

소나무와 푸른 강변이 감싸 안는 곳
이천 안흥동 다온재

커다란 소나무 한그루가 터를 잡고 있는 대지. 이번 프로젝트는 이미 오랜 세월 그곳에 자리했을 소나무와 집 앞으로 고요히 흐르는 이천 강변, 이토록 훌륭한 자연을 그대로 잘 살려내는 것이 과제였다. 사실 그 어떤 집을 짓더라도 근사했을 터지만, 최대한 자연과 어우러지는 외관 그리고 내부 공간의 외부로의 확장에 집중했다. 그리하여 별도의 조경 없이도 주변의 자연경관과 잘 어우러지는 주택, 다온재가 탄생했다. 배산임수의 대지에 남쪽 경사지로 모든 조건이 좋은 곳이지만, 지나치게 좋은 채광이 오히려 단점이 될 수도 있어 처마를 길게 반영하였다. 처마와 테라스 등으로 인해 다소 복잡해진 입면은 심플한 마감재를 선택하는 것으로 보완했다.

HOUSE PLAN

대지위치 경기도 이천시 안흥동 | **대지면적** 537.00㎡ | **건물용도** 단독주택 | **건물규모** 지상 2층 | **건축면적** 83.63㎡ | **연면적** 125.88㎡(1F:82.63㎡ / 2F:43.25㎡) | **건폐율** 15.73% | **용적률** 23.66% | **구조** 일반목구조 | **창호재** 독일식 시스템창호 | **단열재** 그라스울, 스카이텍 | **외벽마감재** 세라믹사이딩 | **내벽마감재** 벽-친환경 벽지 / 바닥-강마루 | **지붕재** 리얼징크 | **설계** 홈플랜건축사사무소 | **시공** HNH건설

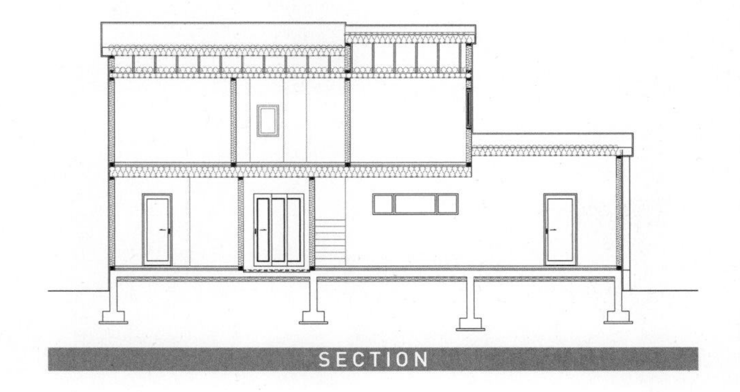
SECTION

배치계획

북쪽으로 경사도로와 옹벽이 있는 남향의 대지.
주택은 강변뷰와 채광을 고려해 남향으로 길게
배치하고, 건물과 북쪽 옹벽 사이에 적절한 크기의
테라스를 설치해 활용도를 높였다.

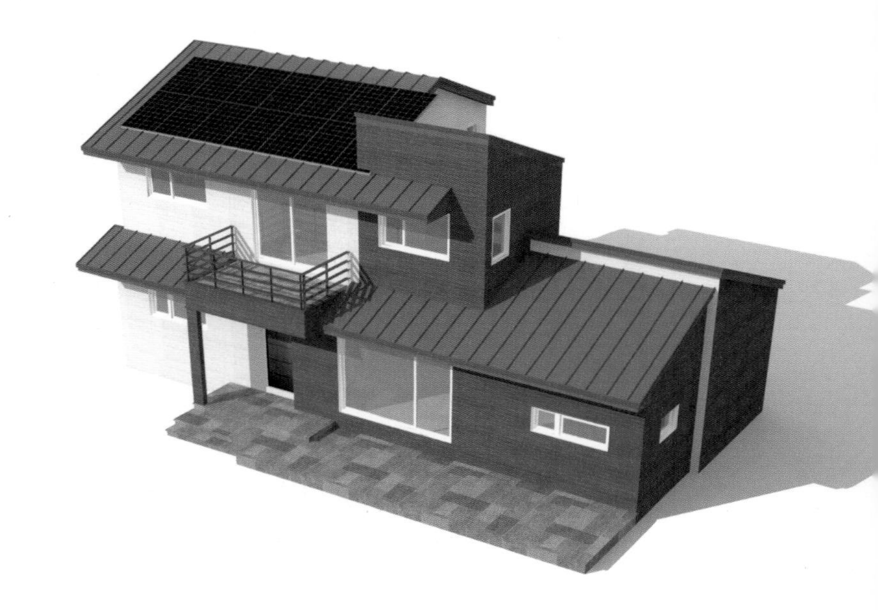

입면계획

태양광 설치를 위해 박공지붕을 기본으로 남북으로
경사를 주었고, 외쪽지붕을 두어 모던한 이미지를
연출했다. 평면과 입면이 다소 복잡한 구조로
설계되어 있어 외부 마감은 최대한 심플해 보이도록
케뮤 세라믹사이딩 투톤으로 단정하게 시공했다.

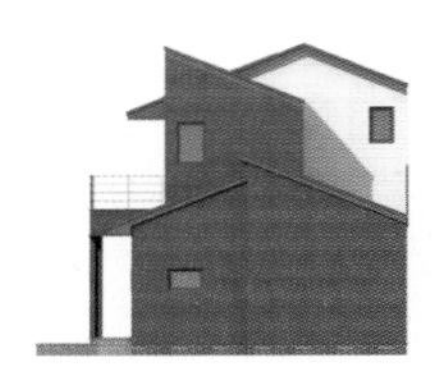

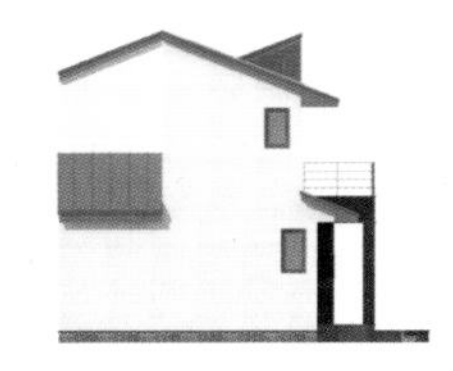

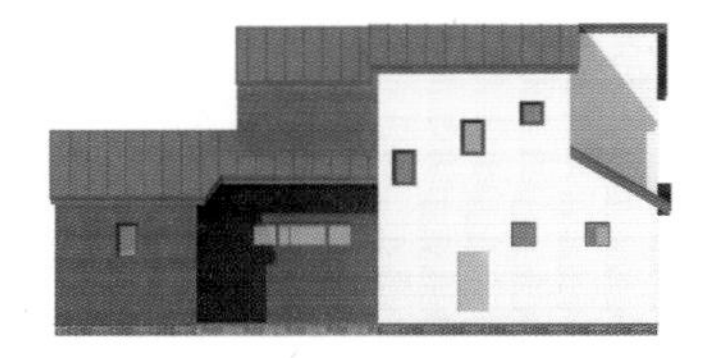

배산임수의 대지로 지형적으로 훌륭하지만, 채광이 지나치게 좋아 주택 전면 모든 공간 앞으로 처마를 길게 냈다. 넓은 마당에는 아이들이 마음껏 뛰어놀 수 있도록 잔디를 깔아두었다.

61-16

✚ 평면계획

1층은 현관을 중심으로 거실과 주방, 그리고 안방으로 분리된다. 공용 공간과 개인 공간을 효율적으로 분리하기 위한 선택으로, 채광과 조망을 고려해 주요 실은 모두 남향으로 일렬로 배치했다. 넉넉한 수납을 위해 비교적 넓게 배치된 주방에 비해 거실은 최소한의 공간으로 설계됐다. 대신 거실의 앞뒤로 데크를 배치하고 창을 크게 내 시각적으로 공간이 확장되게끔 했다. 2층은 가족실을 중심으로 두 개의 침실이 좌우로 배치된 구조로 군더더기 없이 필요한 면적만 할애했다. 욕실을 제외하고 모두 남향으로 배치했으며, 가족실에는 별도의 테라스를 설치했다.

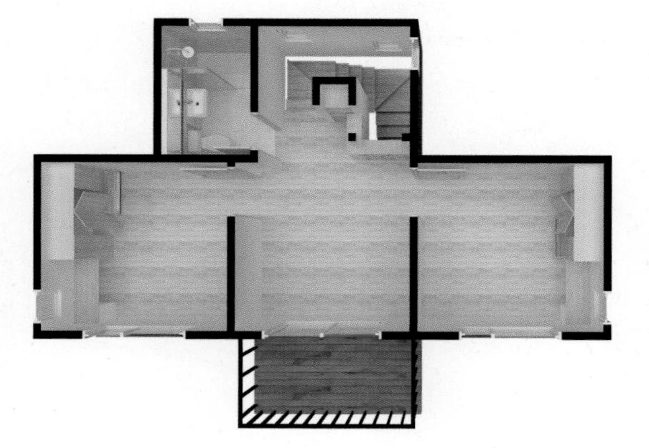

2F - 43.25m²

1F - 82.63m²

기능성과 구조미를 동시에 살리다
이천 안흥동 해피투게더

주택을 짓고자 마음을 먹은 후부터 완성되기까지, 모두가 행복한 곳이었으면 하는 바람을 담은 해피투게더 주택. 다온재 주택과 도로를 사이에 두고 이웃지간으로 설계와 시공을 함께 진행해 꽤나 뜻깊었던 작업이다. 건축주는 단순하면서도 고급스러운 그리고 기능성을 염두에 둔 주택을 원했다. 불필요한 디자인은 최대한 줄이고 경제적인 목구조와 시공과 관리가 용이한 세라믹사이딩 마감으로 방향을 설정, 결과는 대만족이었다. 기능적인 면을 최우선으로 했기에 화려함과는 거리가 멀었지만, 각기 다른 방향으로 뻗어있는 외쪽지붕 설계로 입체미를 더했다.

HOUSE PLAN

대지위치 경기도 이천시 안흥동 | **대지면적** 640.00㎡ | **건물용도** 단독주택 | **건물규모** 지상 2층 | **건축면적** 94.02㎡ | **연면적** 140.79㎡(1F:94.02㎡ / 2F:46.77㎡) | **건폐율** 14.69% | **용적률** 22.0% | **구조** 일반목구조 | **창호재** 독일식 시스템창호 | **단열재** 그라스울, 스카이텍 | **외벽마감재** 세라믹사이딩 | **내벽마감재** 벽-친환경 벽지 / 바닥-강마루 | **지붕재** 리얼징크 | **설계** 홈플랜건축사사무소 | **시공** HNH건설

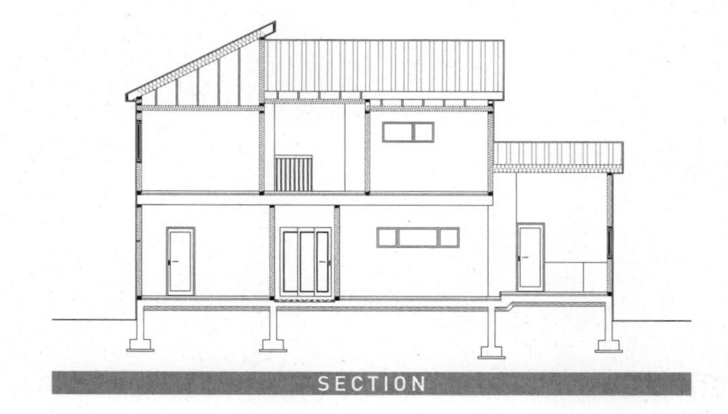

SECTION

배치계획

남쪽과 서쪽에 경사도로가 있는 남향의 대지.
사생활 보호와 조망 확보를 위해 서쪽으로는
주차장을 배치, 자연스레 도로와 주택 사이에
거리를 두게 했다. 건물은 옹벽 쪽으로 최대한
붙여 넓은 마당을 확보하고, 주택 후면에도 적당한
크기의 테라스를 설치해 활용도를 높였다.

입면계획

태양광을 설치하기 위해 지붕은 외쪽 경사지붕으로
설계. 전후좌우 높고 낮은 외쪽지붕들이 어우러져
있다. 다온재 주택과 함께 설계와 시공을 맡긴 터라,
외부 마감은 경제성을 고려해 다온재와 같은 케뮤
세라믹사이딩으로 결정했다. 전체적으로 밝은
컬러로 시공하되 거실과 주방 부분은 짙은 컬러로
포인트를 주어 살짝 무게감을 실었다.

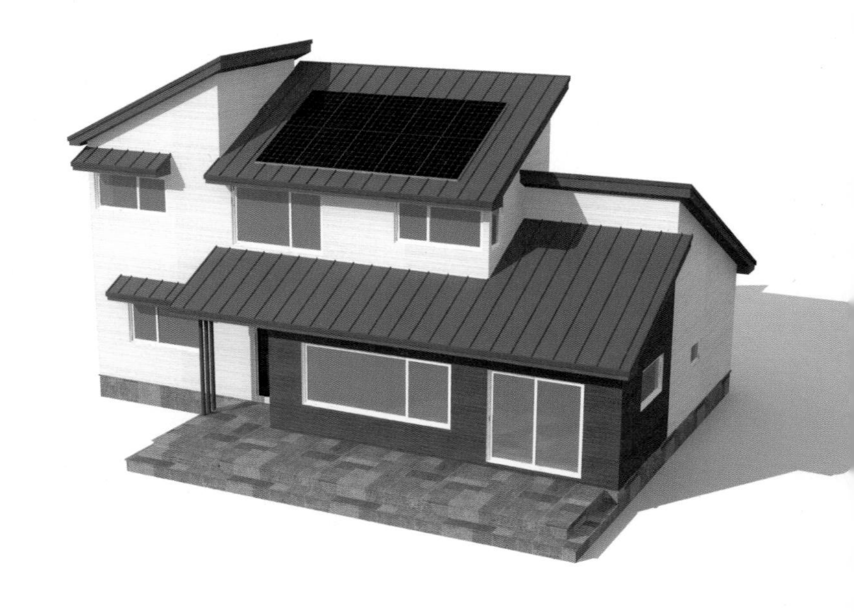

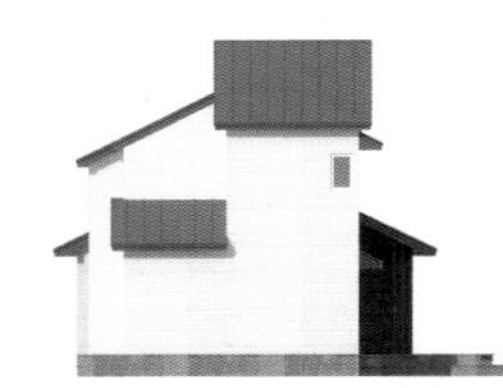

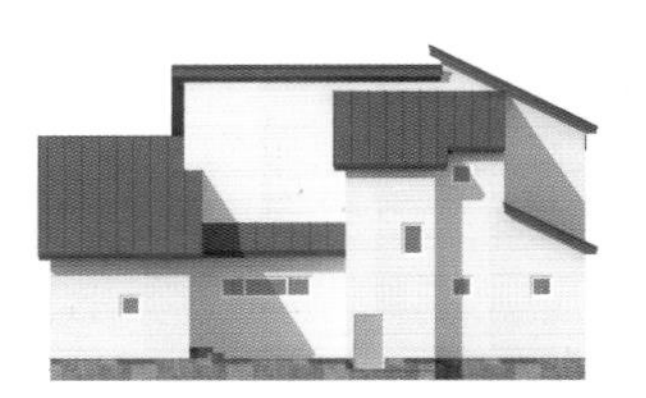

박공지붕, 모임지붕보다 모던한
외쪽지붕을 선호하는 건축주를 위해
처마를 길게 내어 입체적인 구조미를
살렸다.

대문에서 바라본 주택 전경. 마당으로 진입 시 마주하게 되는 외벽을 화이트톤으로 마감해 첫 인상이 깔끔하다. 서쪽 도로에 인접한 대지에는 주차장을 배치하고, 남쪽 도로 쪽으로는 넓은 마당을 둬 프라이버시를 확보했다.

✚ 평면계획

주방과 거실의 배치가 돋보이는 구조다. 주방의 경우 다이닝룸과 보조주방을 연계해 꽤 여유로운 공간으로 설계되었는데, 자칫 지저분해지기 쉬운 조리대를 주방 안쪽으로 두고 다이닝룸을 거실과 일렬로 배치해 공간을 깔끔하게 정돈했다. 주방에 비해 상대적으로 좁은 거실에는 양쪽으로 테라스를 배치하고 창을 크게 내 답답함을 줄였다. 2층은 채광을 고려해 욕실을 제외한 모든 공간은 남향으로 배치했다. 침실들과 일렬로 놓인 가족실은 오픈천장으로 설계해 테라스가 없어도 답답함이 없다.

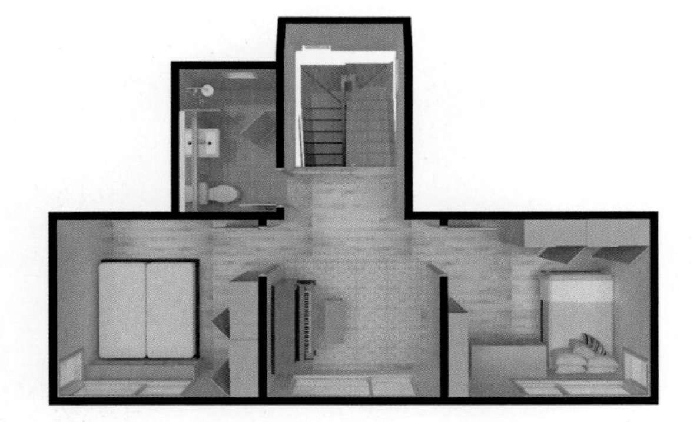

2F - 46.77m²

1F - 94.02m²

어우러짐, 자연물에서 답을 찾다
이천 갈산동 콘크리트 주택

인연은 어디에서건 이어지기 마련이다. 이천 갈산동 건축주와의 만남 역시 그러했다. 홈플랜에서 설계하고 완공한 주택에 방문하던 날, 마침 단지 구경을 하러 온 건축주와 우연히 만나게 되었고, 그것이 인연이 되어 설계가 시작되었다. 갈산동 현장은 전원주택 단지의 초입에 위치한 개별 필지로 시골마을과 트렌디한 주택들 사이에 놓여있었다. 건축주는 멀리서 보더라도 도드라지지 않는 디자인을 부탁했고, 우리는 주변과 자연스럽게 어우러지지만 이 주택만의 특색을 살릴 수 있도록 고민했다. 그 방법으로 입체적인 형태의 건축 외관에 브릭코 벽돌과 현무암을 외부 마감재로 선택, 콘크리트 주택만의 존재감을 드러내는 동시에 자연과 스스럼없이 조화를 이루는 주택이 완성됐다.

HOUSE PLAN

대지위치 경기도 이천시 갈산동 | **대지면적** 757.00㎡ | **건물용도** 단독주택 | **건물규모** 지상 2층 | **건축면적** 114.90㎡ | **연면적** 169.23㎡(1F:112.74㎡ / 2F:56.49㎡) | **건폐율** 15.18% | **용적률** 22.36% | **구조** 철근콘크리트 구조 | **창호재** 독일식 시스템창호 | **단열재** 에어론 | **외벽마감재** 브릭코벽돌, 현무암 | **내벽마감재** 벽-에덴바이오 벽지 / 바닥-동화 강마루 | **지붕재** 리얼징크 | **설계** 홈플랜건축사사무소 | **시공** 건축주 직영

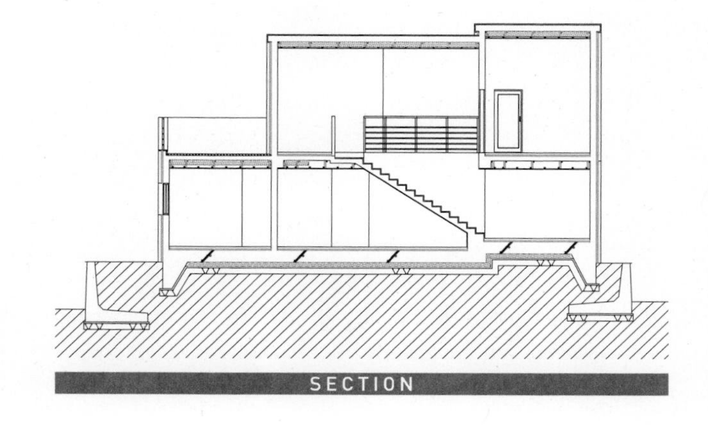

SECTION

배치계획

동서로 긴 약간의 경사가 있는 남향의 대지. 도로와 이어진 바깥쪽 마당은 평평하게 다지고 주택 앞으로는 단차를 두어 생활영역과 마당영역을 자연스레 분리했다. 넓은 마당으로의 조망과 채광을 위해 주택은 남동향으로 살짝 틀어 배치했다.

입면계획

전원주택 단지 초입, 개별 필지에 위치한 주택으로 마을과 연계성을 가져야 한다는 생각에 주택 디자인은 주변의 자연물과 맥락을 같이 한다. 자연스레 환경에 녹아들도록 지붕은 진회색 징크로 선택, 외벽은 전체적으로 브릭코 벽돌을 시공했다.

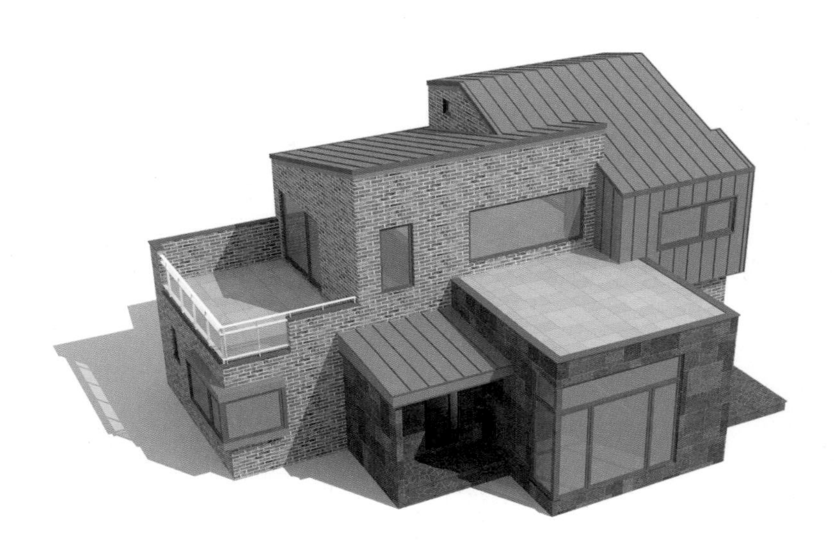

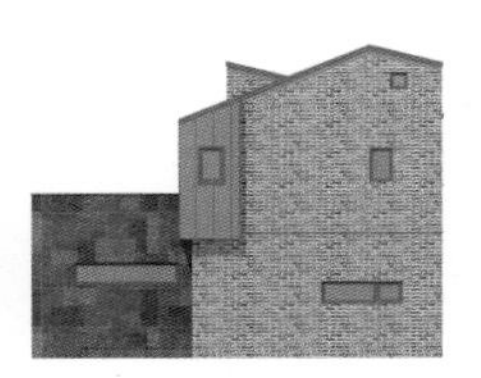

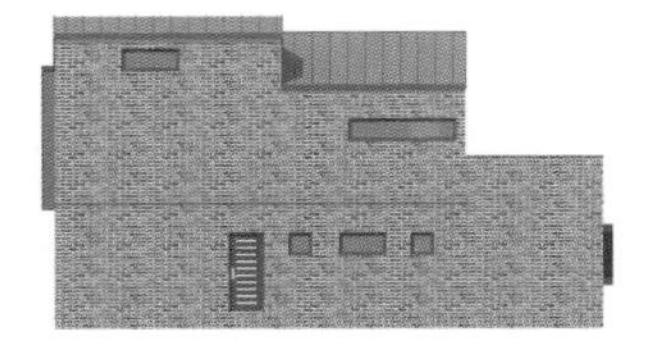

주택은 주변과의 어우러짐을 최우선으로 두되, 모던한 스타일로 가닥을 잡았다.
건축의 형태는 단순하지만 입체적이고, 색감은 자연물에 가까운 계열로 선택했다.
자연을 투영하되 불필요하고 복잡한 것들은 제하고 자연의 활기는 실내로 들일 수 있도록
구조를 계획했다. 유독 넓은 마당은 단차를 이용해 여가공간과 생활공간을 자연스레 분리했다.

옹기종기 모여 있는 항아리가 정겨운 주택의 전경. 넓은 잔디와 고즈넉한 정자가 있어 여유로운 전원생활을 만끽하기에 좋다. 이 조망권을 위해 대지의 서쪽 끝으로 주택을 앉히고 방향을 살짝 틀어 남동향으로 배치했다.

✚ 평면계획

1층은 중앙에 거실을 두고 우측으로는 주방과 다이닝룸을, 좌측으로는 침실과 드레스룸을 배치했다. 거실과 주방 사이에는 단차를 둬 영역을 구분하고 주방에는 테라스로 나갈 수 있는 문을 설치해 편의성을 더했다. 1층 욕실에는 넉넉한 크기의 매립형 다운 욕조를 설치해 안전하게 이용할 수 있도록 했다. 2층은 가족실과 서재, 방으로 구성된다. 계단 앞으로 서재와 가족실이 배치되어 있으며, 가족실에는 베란다를 설치해 옥상 정원으로 사용할 수 있다. 프라이버시를 위해 복도 안쪽으로 배치한 방은 드레스룸과 욕실 그리고 복층 다락까지 단독으로 사용이 가능하다.

ATTIC

2F - 56.49m²

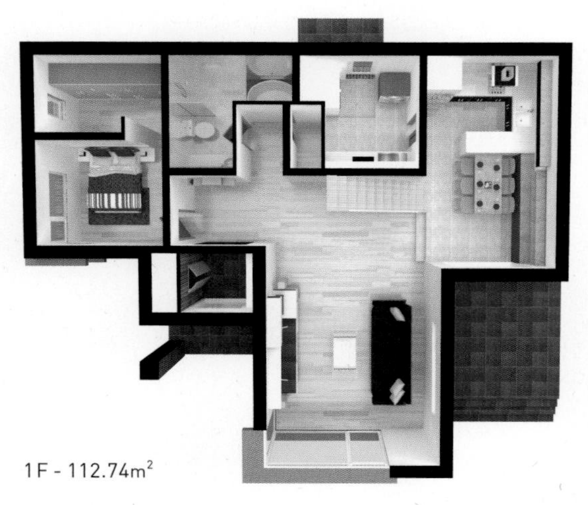

1F - 112.74m²

삼대가 사는 도심형 박공지붕집
용인 흥덕 화진연가

전원주택에 대한 로망. 누구나 꿈꾸지만 실제 전원생활은 그리 녹록치가 않다. 도심 밖 생활이 주는 외로움과 방범문제, 불편한 교통과 문화, 편의시설의 부재가 바로 그 이유다. 건축주 역시 이러한 연유로 고심하던 차에, 교통 편리하고 편의시설 등이 잘 조성된 영덕 트리플힐스에 반해 덜컥 대지를 구입했다. 크지 않은 대지에 삼대가 함께 사는 주택을 지어야 했기에 무엇보다 내부 설계가 중요했다. 초반에는 중목구조와 지하주차장 설계를 원했지만 기능과 경제성을 고려, 경량목구조의 박공지붕 주택으로 완성했다. 내부는 가족 개개인의 요구사항을 종합해 설계 방향을 정했다. 그리고 살림살이가 늘어났을 때를 고려해 다락을 여유롭게 배치, 추후 다양하게 활용할 수 있는 여지를 남겨두었다.

HOUSE PLAN

대지위치 경기도 용인시 기흥구 | **대지면적** 209.00㎡ | **건물용도** 단독주택 | **건물규모** 지상 2층 | **건축면적** 85.15㎡ | **연면적** 164.31㎡(1F:83.88㎡ / 2F:80.43㎡) | **건폐율** 40.74% | **용적률** 78.62% | **구조** 일반목구조 | **창호재** 독일식 시스템창호 | **단열재** 셀룰로오스 | **외벽마감재** 스타코, 세라믹사이딩 | **내벽마감재** 벽-친환경 벽지 / 바닥-강마루 | **지붕재** 리얼징크 | **설계** 홈플랜 건축사사무소 | **시공** 브랜드하우징

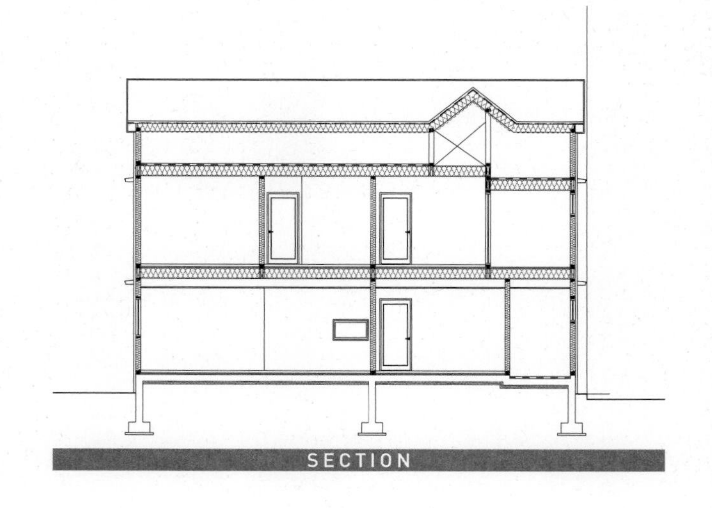

SECTION

배치계획

하나의 대지에 1층 부모세대와 2층 자녀세대가 거주하는 단독주택. 남향 대지로 주택의 서쪽이 단지 진입도로에 접해 있어 배치에 신경을 썼다. 단지 진입도로와 마당이 1m 정도의 높이차가 있고 건축한계선이 있어 완충공간을 조경으로 계획, 마당과 연계하는 방식으로 풀었다. 동쪽 단지 내 도로가 주출입구로 사용되기 때문에 현관에 포치와 가림벽을 계획, 출입 시 내부가 들여다보이지 않도록 했다.

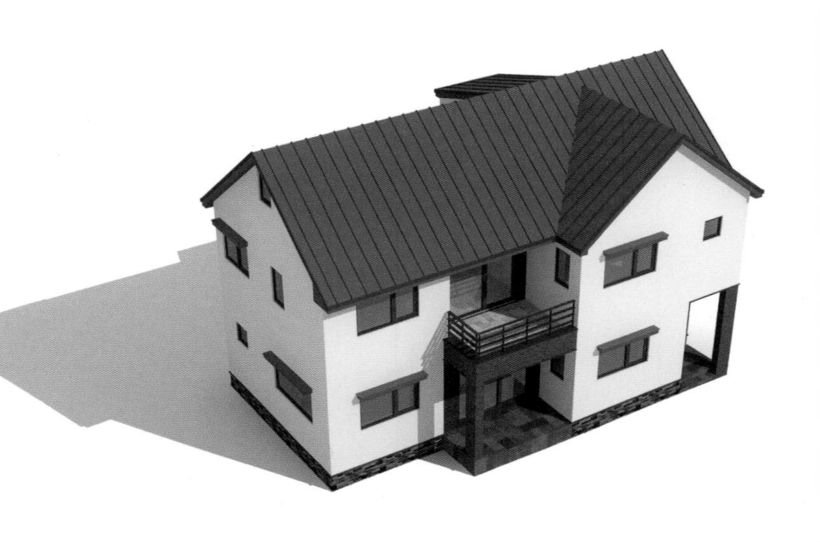

입면계획

주택은 두 개의 박공지붕이 전면과 측면으로 서로 겹치듯 이어져 있다. 정남향으로 길게 놓인 박공지붕의 끝 부분에 또 하나의 박공지붕이 전면을 향하고 있어 입면이 한층 다채로워졌다. 오래 보아도 질리지 않도록 마감은 모노톤으로 결정했다.

단지의 진입도로변에 위치한 주택.
측면으로 키가 큰 나무들을 배치해
외부 시선을 적절히 차단시켰다.
측면으로 보이는 박공지붕선이 화이트
톤의 외벽과 어우러져 단아하게 똑
떨어지는 인상을 준다.

주택이 도로가에 위치해 있기 때문에 현관을 도로면으로 내 편의성을 높이되, 현관에 포치를 설치해 비바람을 막아주는 동시에 외부 시선도 차단하도록 했다. 또 프라이버시를 고려해 주택의 전면부를 정원 쪽으로 배치했다.

✚ 평면계획

삼대가 사는 집은 구성원들의 동선이 겹치거나 불편하지 않도록 고려해야 한다. 1층은 공용공간인 거실과 주방 그리고 노부모를 위한 방으로 구성된다. 방은 현관과 계단 가까이에 배치, 연로하신 노부모의 동선을 최대한 줄이고 가족들이 오가며 항시 방을 들러볼 수 있도록 했다. 가족이 주로 모이는 거실과 다이닝룸을 한 공간에 두되, 채광이 가장 좋은 위치에 다이닝룸을 배치, 데크와 연계시켜 동선 낭비를 줄였다. 2층은 자녀 세대를 위한 공간이다. 부부가 사용하는 안방에는 드레스룸을 배치하고, 드레스룸의 상부 공간을 옆방 천장과 연계해 복층 다락 공간을 만들었다. 욕실은 가족들이 동시간대 몰릴 것을 대비해 내부 공간을 분리, 불편함이 없도록 했다. 집의 가장 꼭대기에 위치한 다락은 다양한 취미활동이 이뤄지는 아지트다.

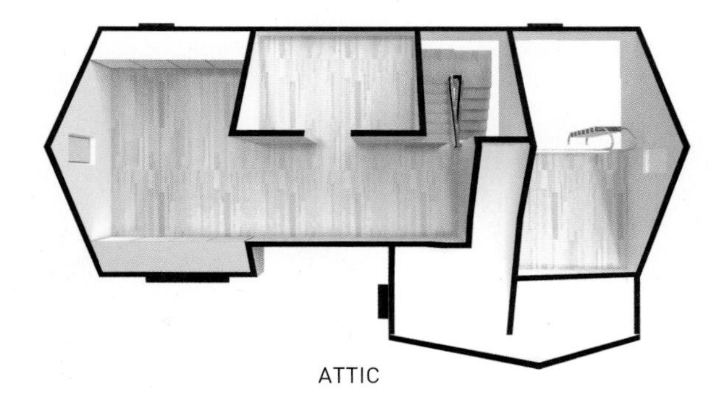

ATTIC

2F - 80.43m²

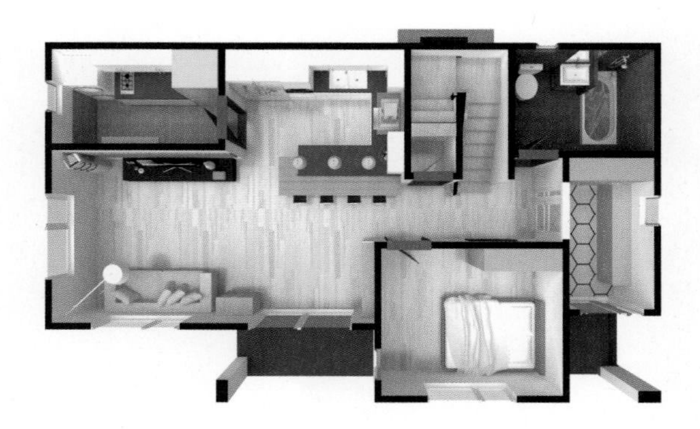

1F - 83.88m²

10-36
36
1304

스킵플로어로 만든 북카페가 있는 집
용인 흥덕 두드림하우스

설계를 의뢰하는 건축주들을 보면 어린 자녀를 둔 부부의 비중이 점차 높아지고 있는 추세다. 두드림하우스의 가족 역시 그러했다. 미팅 첫 날, 건축주는 아이들과 함께할 수 있는 특별한 공간을 원했다. 기존의 거실과 가족실만으로는 부족했다. 볕이 잘 드는 창가에 앉아 뒹굴기도 하고 차를 마시며 책을 보기도 하는 곳, 바로 북카페형 가족실이 필요했다. 도로와 인접한 1층을 필로티로 설계하고, 바로 그 위로 스킵플로어 구조의 북카페를 배치했다. 일반적인 평면이었다면 단순히 넓기 만한 공간이었을 테지만, 계단 사이 독특한 구조로 설계된 북카페는 그야말로 가족의 아지트가 되었다.

HOUSE PLAN

대지위치 경기도 용인시 기흥구 | **대지면적** 229.00㎡ | **건물용도** 단독주택 | **건물규모** 지상 2층 | **건축면적** 91.78㎡ | **연면적** 188.73㎡(1F:66.47㎡ / 1.5F:54.99㎡ / 2F:67.27㎡) | **건폐율** 40.07% | **용적률** 82.41% | **구조** 일반목구조 | **창호재** 독일식 시스템창호 | **단열재** 셀룰로오스 | **외벽마감재** 스타코 | **내벽마감재** 벽-친환경 페인트/ 바닥-강마루 | **지붕재** 리얼징크 | **설계** 홈플랜건축사사무소 | **시공** 브랜드하우징

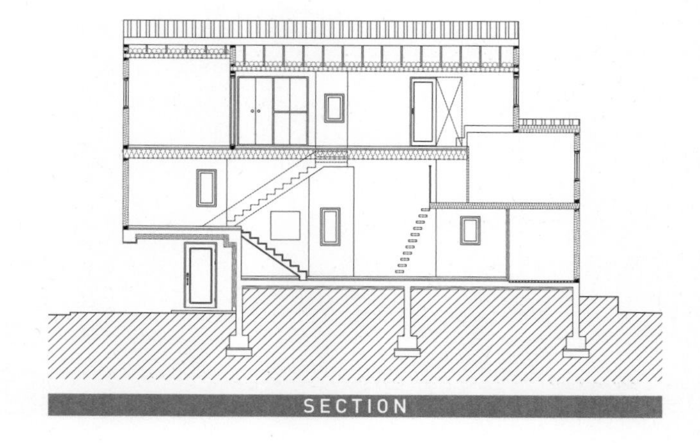

SECTION

배치계획

서쪽 단지 내 도로가 주출입구로 사용되는 남향 대지. 도로의 경사가 크지 않아 필로티 형식의 지상 주차장을 계획, 주 출입구의 포치 역할을 병행하도록 했다. 마당과 주차장의 단차를 이용해 1층과 2층 사이인 1.5층에 스킵플로어 형식으로 북카페를 배치했다.

입면계획

스킵플로어 형식의 내부공간이 외부디자인에 그대로 반영됐다. 1층의 필로티와 스킵플로어 구조로 설계된 북카페 등 기능적으로 돌출된 공간 덕에 개성 있는 외관이 만들어졌다. 다소 복잡한 입면이지만, 스타코로 심플하게 마무리해 전체적으로 깔끔하고 모던한 인상을 풍긴다.

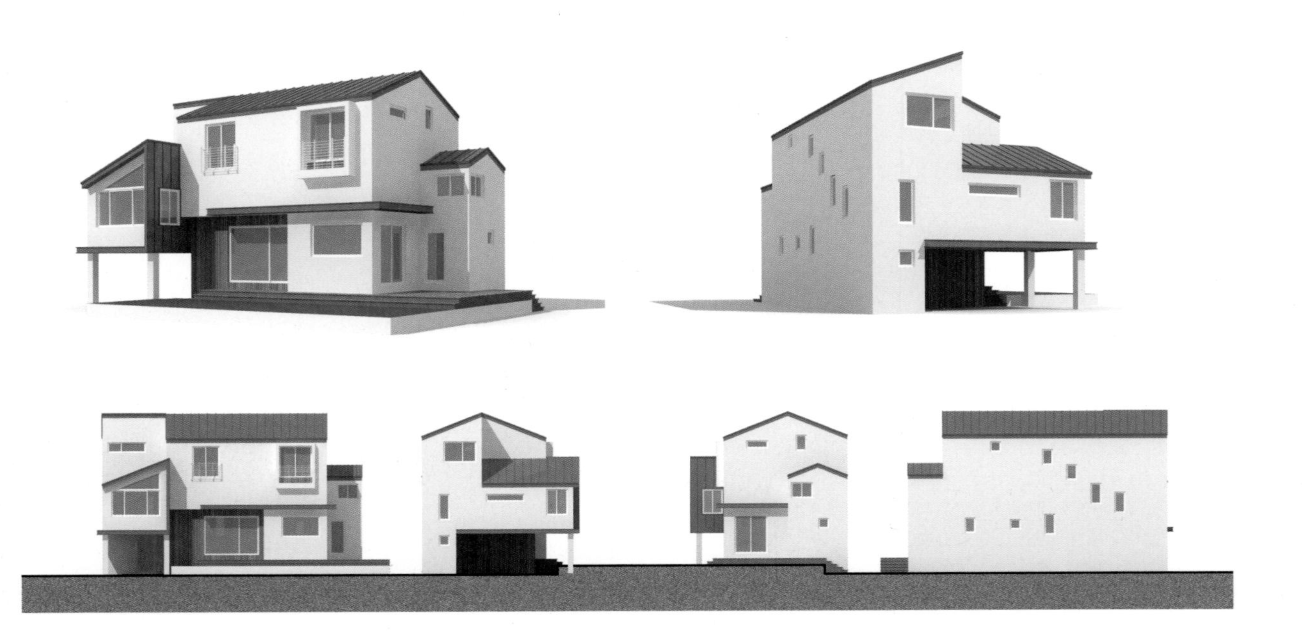

1.5층 북카페의 스킵플로어 구조가 외부에서도 고스란히 드러난다. 주요 공간을 모두 남향으로 배치하고 키가 큰 나무들과 높은 울타리를 설치해 프라이버시를 보호했다.

단지 도로면으로 주출입구를 배치하고 필로티 구조의 주차장을 설계했다. 필로티 위로 가족들의 휴식공간인 북카페를 배치한 덕분에 외부 시선에서 자유롭다. 단차가 있는 주차장과 마당 사이에는 간이 출입구를 둬 현관문을 통하지 않더라도 내외부로의 출입이 자유롭다.

✚ 평면계획

1층은 거실과 주방, 다이닝룸을 주요 공간으로 배치하되 거실과 다이닝룸은 외부 데크와 연계해 영역이 확장될 수 있도록 했다. 거실과 주방은 스킵플로어 구조로 설계된 1.5층의 북카페와 알파룸-1과도 이어진다. 필로티 주차장 상부에 배치된 북카페는 거실과 시각적으로 연결되어 있어 이색적인 공간으로 활용되며, 주방의 상부를 이용한 알파룸-1은 또 다른 숨은 공간으로 자리한다. 2층은 가족실을 중심으로 2개의 방을 좌우로 배치했다. 가족실 한 켠에는 북카페 지붕 공간을 활용한 수납장이 마련되어 있으며, 알파룸-1과 사다리를 통해 이어지는 알파룸-2가 있어 효율적인 활용이 가능하다.

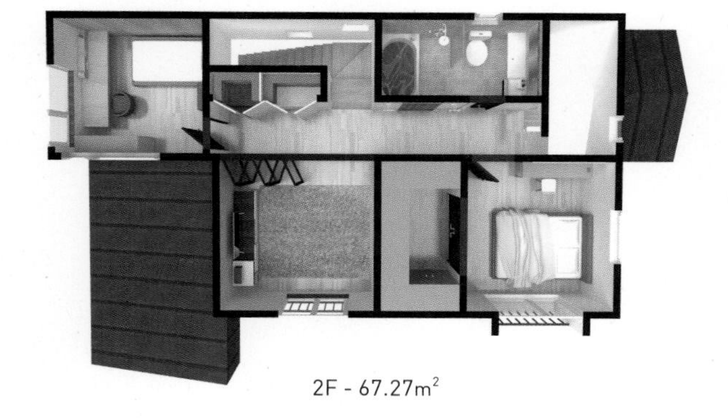

2F - 67.27m²

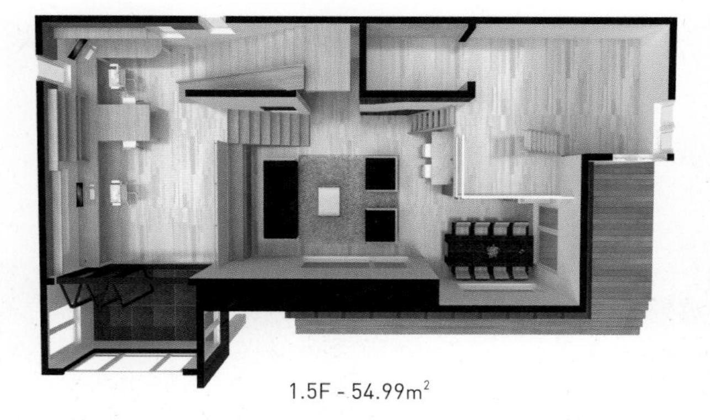

1.5F - 54.99m²

1F - 66.47m²

오래도록 아름다운 벽돌집을 위해
용인 동백 함께걸을가

자고로 집은 일생의 많은 시간을 보내는 곳이니만큼, 그럴싸한 디자인이나 화려한 트렌드보다 편안하고 아늑함을 주어야 한다. 건축주의 여러 의견 중에서 가장 핵심은 '벽돌집'과 '넓은 마당'이었다. 용인 동백지구에 인접한 자연녹지지역에 넉넉한 대지를 확보한 터라, 어렵지 않게 마당 넓은 전원형 주택이 완공됐다. 외관은 색감과 질감이 자연스러워 세월이 지나도 싫증나지 않고 빈티지한 멋이 살아나는 점토벽돌로 시공했다. 거실, 주방, 침실 등 주요 공간은 모두 마당을 향하도록 해 조망을 확보하고, 처마를 길게 빼고 서측에는 포치공간을 두어 여름에는 시원하고 겨울에는 따뜻한 주택이 되도록 설계했다.

HOUSE PLAN

대지위치 경기도 용인시 기흥구 | **대지면적** 413.00㎡ | **건물용도** 단독주택 | **건물규모** 지상 2층 | **건축면적** 78.46㎡ | **연면적** 142.23㎡(1F:75.23㎡ / 2F:67.00㎡) | **건폐율** 19.00% | **용적률** 34.44% | **구조** 일반목구조 | **창호재** 독일식 시스템창호 | **단열재** 수성연질폼 | **외벽마감재** 점토벽돌 | **내벽마감재** 벽-친환경 벽지 / 바닥-강마루 | **지붕재** 리얼징크 | **설계** 홈플랜건축사사무소 | **시공** 브랜드하우징

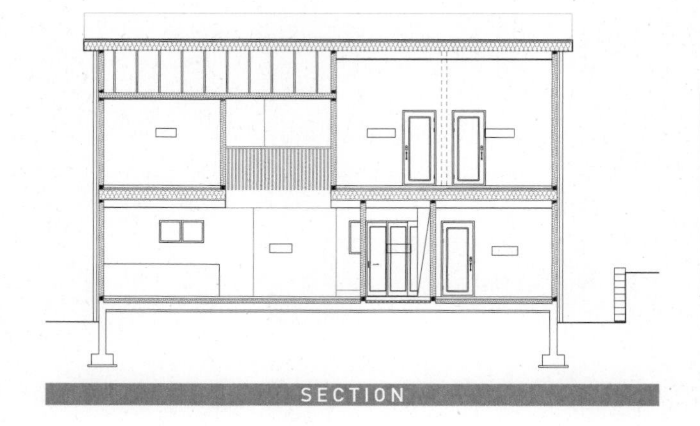

SECTION

배치계획

단지 내 두 개의 도로와 맞닿아 있는 경사지를 성토해 마당의 프라이버시를 최대한 살릴 수 있도록 계획했다. 대지를 효율적으로 사용하기 위해 주택을 최대한 안쪽으로 넣되, 중요한 실들을 남향으로 배치해 조망과 채광을 해결했다.

입면계획

외벽은 전체적으로 점토벽돌로 마감하되 징크를 적절히 반영해 품격 있는 주택으로 완성했다. 태양광 패널을 설치하기 위해 지붕을 하나의 큰 박공으로 디자인하고 처마를 길게 뺀 것이 특징. 전체적인 외관은 단조롭지만 박공지붕선을 높게 사용해 주변 주택 사이에서 왜소함을 해결했다.

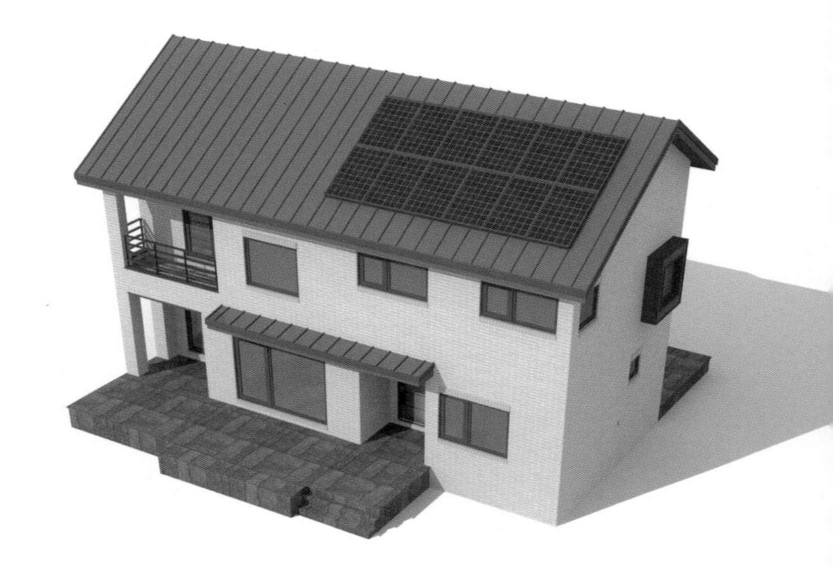

경사지를 성토해 넓은 마당을
확보했다. 마당 앞쪽으로 주차공간을
마련하고, 마당을 향해 주택을
남향으로 배치해 채광은 물론
조망권까지 해결했다.

빈티지한 중후함을 풍기는 주택의 전경. 주택의 전면을 감싸듯 석재 데크를 설치했다. 다이닝룸 앞으로는 포치를 두고 그 앞으로 파고라까지 연계해 외부 공간을 최대한 넓고 편리하게 활용할 수 있다.

✚ 평면계획

1층의 주요 공간인 거실과 다이닝룸, 서재 등은 모두 남향으로 배치했다. 거실과 다이닝룸의 경우 넓은 창을 통해 데크로의 출입이 가능한데, 특히 다이닝룸 쪽으로는 포치를 두고 파고라를 연계해 외부 활동이 자유롭다. 홈바형 구조로 계획된 주방은 다이닝룸과 일직선상에 있어 음식을 조리하면서도 가족들과 소통이 이루어지도록 했다. 2층은 3개의 방과 욕실로만 구성되어 있어, 계단층에 윈도우시트를 설계해 공간을 한층 다채롭게 꾸몄다. 각 공간을 이어주는 복도는 거실의 오픈 천장으로 인해 개방감이 느껴지며, 2층 역시 모든 방은 채광을 고려해 마당이 있는 남향으로 배치했다.

2F - 67.00m²

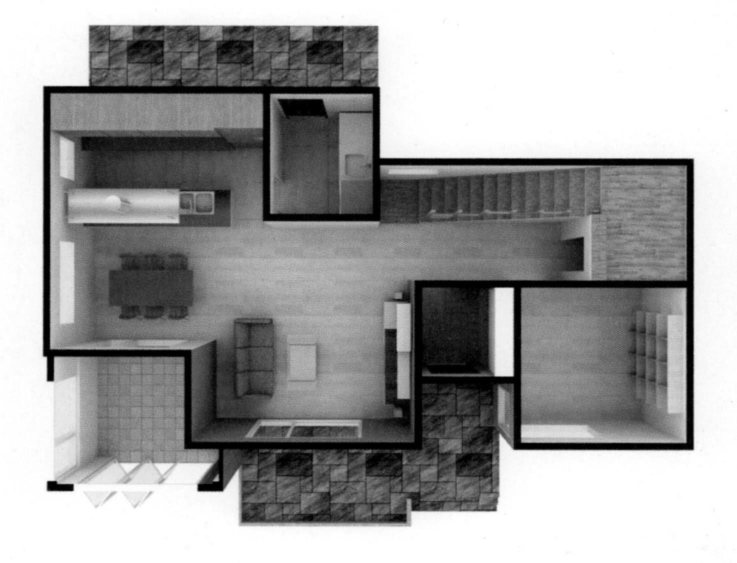

1F - 75.23m²

세 아이를 위한 집
용인 동백 단이슬가

한창 뛰어 놀아야 할 아이들을 위한 부모의 마음이 담긴 집.
아이들이 더 크기 전에 많은 추억을 선물하고 싶었고, 그러기에 단독주택보다 좋은 게 없을 듯했다. 아주 넓지는 않더라도 꼭 필요한 면적만큼의 마당에서 가족과 함께하고 이웃과 소통하는 삶을 선물하고 싶었다. 그렇게 해서 완성된, 세 아이들을 위한 집.
특히 거실을 중심으로 아이들이 뛰어놀 선룸과 데크가 유기적으로 이어져 있어 어느 곳에서도 동선이 끊기지 않는다. 다락을 만들어 복층으로 설계된 아이 침실과 기어오르거나 뛰어다니며 놀 수 있도록 높낮이를 달리한 바닥 등 다채로운 공간은 아이들을 위한 부부의 선물이다.

HOUSE PLAN

대지위치 경기도 용인시 기흥구 중동 | **대지면적** 219.00㎡ | **건물용도** 단독주택 | **건물규모** 지하 1층, 지상 2층 | **건축면적** 105.30㎡ | **연면적** 235.44㎡ (B1F:67.92㎡ / 1F:96.30㎡ / 2F:71.22㎡) | **건폐율** 48.08% | **용적률** 76.49% | **구조** 일반목구조 | **창호재** 독일식 시스템창호 | **단열재** 그라스울, 외단열 | **외벽마감재** 세라믹사이딩, 스타코 | **내벽마감재** 벽-친환경 벽지 / 바닥-강마루 | **지붕재** 리얼징크 | **설계** 홈플랜건축사사무소 | **시공** 브랜드하우징

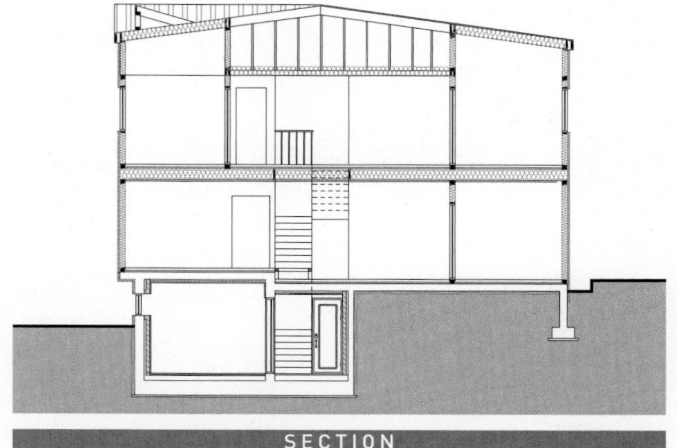

배치계획

높이 2m 단차의 경사 부지에 지하주차장을 만들어 넓은 마당을 확보하고, 주차장 상부는 테라스로 활용해 바로 앞 공원 조망을 극대화했다. 향을 고려해 남향에는 거실이나 침실과 같은 주요 생활공간을 배치하고 북향에는 드레스룸, 욕실, 주방 등 일조의 영향을 덜 받는 공간을 배치했다.

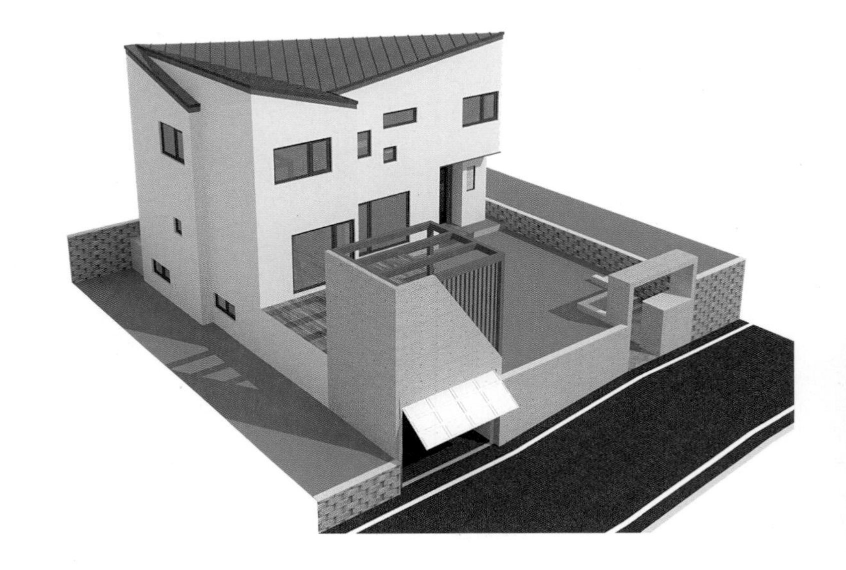

입면계획

복층으로 구성된 침실 구조가 외부로 그대로 드러나는 입면. 각각 다른 높이의 창들을 통해 입면의 재미를 더했다. 주출입구가 있는 남쪽 입면에는 기능적인 면을 살려 큰 창과 선룸을 계획해 빛이 잘 들도록 하였다.

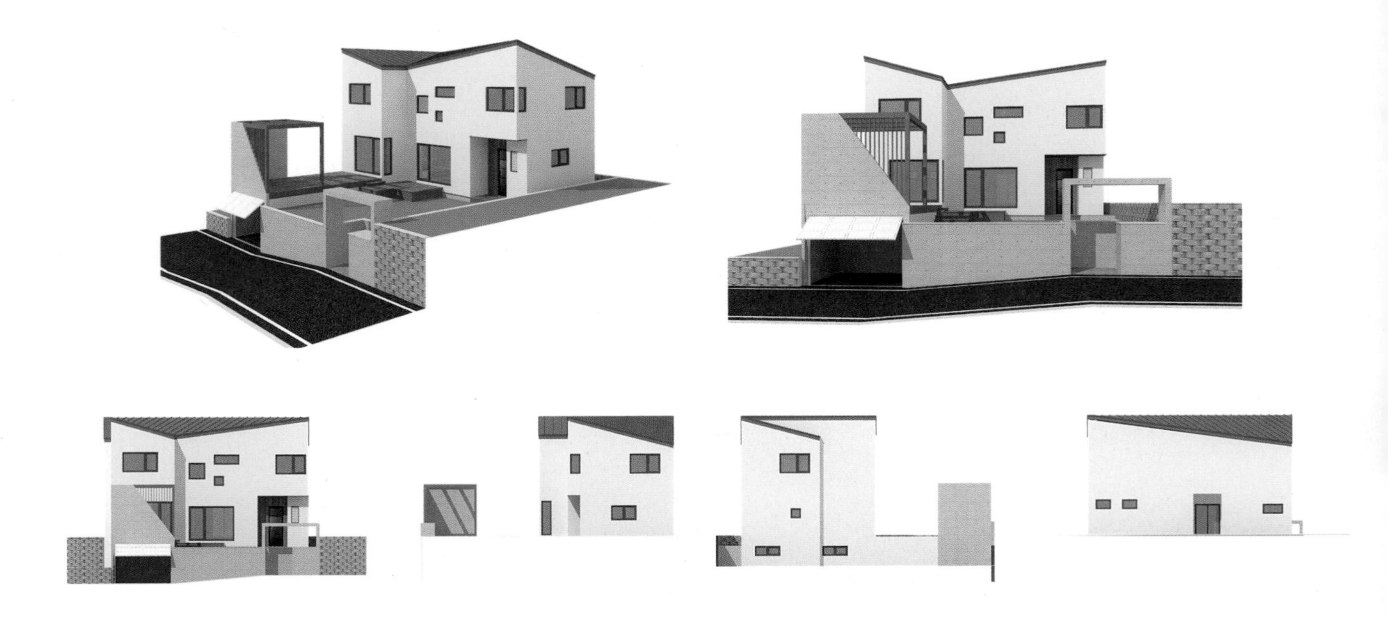

사선 지붕과 화이트 세라믹사이딩으로 심플하게 마감한 주택 외관에 걸맞게,
담장옹벽과 주차장 출입구, 현관 출입구 역시 모던하게 디자인했다.

지하 주차장 지붕 위로, 프라이빗한 선룸과 데크를 두는 아이디어 덕분에 바비큐를 즐길 수 있는 야외 공간이 탄생했다. 특히 남측에 위치한 공원을 조망할 수 있어 그 어떤 공간보다도 가족들에게 사랑받고 있는 명당자리다.

✚ 평면계획

경사지를 활용해 지하층을 설계, 주차장과 다용도실을 배치하고 내부 계단을 두어 편리한 동선을 확보했다. 아이들이 넓은 공간에서 자유롭게 클 수 있도록 1층은 거실과 주방으로만 구성됐다. 거실은 오픈천장으로 공간이 한층 넓어보이며, 거실과 주방 사이에는 단차를 두어 아이들이 걸터앉아 책을 보거나 뛰어다닐 수 있도록 설계했다. 주방 옆에 마련된 다이닝룸은 외부 선룸과 이어져 있어 야외활동에 편리하다. 2층은 4개의 방을 배치하느라 가족실 같은 다목적 공간이 부족하지만, 거실이 내려다보이는 복도와 모든 침실의 복층형 구조로 재미있게 설계되었다.

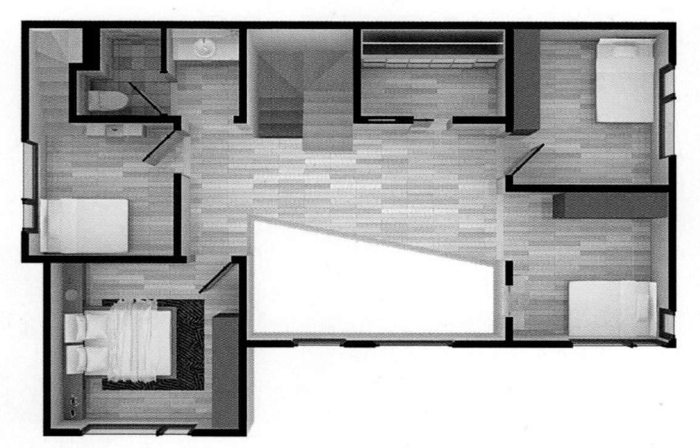

2F - 71.22m²

1F - 96.30m²

937-6
7-5

어우러짐에서 공존의 미학을 보다
용인 동백 모랑

빽빽한 빌딩 숲을 떠나 인근 도시로 나가 집을 짓고자 하는 이들이 많아졌다. 층간 소음에 시달릴 필요도 천편일률적인 공간에 답답해할 필요도 없는 단독주택에서의 삶. 하지만 막상 집을 짓자니 쉽지만은 않다. 건축주가 단독주택에서 꽤 오랜 세월 전세살이를 고집했던 이유도 그러해서였다. 하지만 살다보니 원하는 집에 대한 밑그림이 명확해졌고, 결국 대지를 구입해 집을 짓게 되었다. 재밌는 건, 이웃인 단이슬가와 마치 이어지듯 설계되었다는 점이다. 그 뿐인가, 공원 부지를 조망할 수 있는 작은 마당과 주차장 상부를 이용한 데크 공간, 현관에 이르기까지 많은 부분이 닮았다. 주택 간 개성만큼 이웃과의 어우러짐이 중요하다는 건축주의 의견을 반영해서다. 외부적으로는 이웃과의 공통 요소를 곳곳에 배치하고, 내부는 가족들의 취향을 온전히 담아냄으로써 조화와 개성을 동시에 살려냈다.

HOUSE PLAN

대지위치 경기도 용인시 기흥구 | **대지면적** 220.00㎡ | **건물용도** 단독주택 | **건물규모** 지하 1층, 지상 2층 | **건축면적** 100.54㎡ | **연면적** 226.33㎡(B1F:51.12㎡ / 1F:89.79㎡ / 2F:85.42㎡) | **건폐율** 45.70% | **용적률** 79.64% | **구조** 일반목구조 | **창호재** 독일식 시스템창호 | **단열재** 그라스울, 스카이텍 | **외벽마감재** 세라믹사이딩 | **내벽마감재** 벽-친환경 벽지 / 바닥-강마루 | **지붕재** 리얼징크 | **설계** 홈플랜건축사사무소 | **시공** 토브301

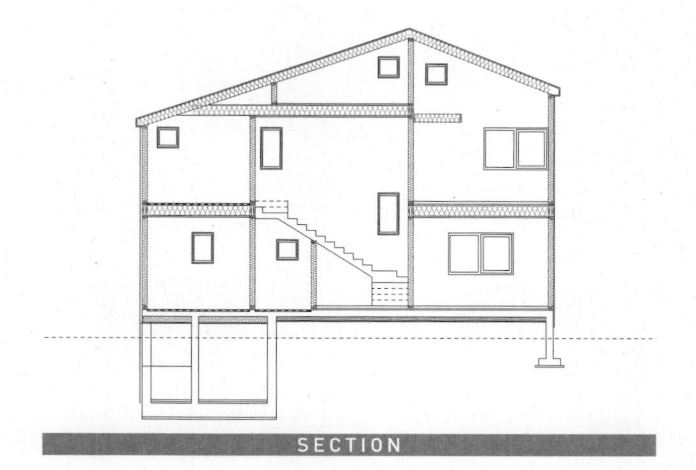
SECTION

배치계획

남쪽으로 경사도로가 있는 남동향 대지. 건축물을 남향으로 길게 배치하고 경사지를 성토해 지하주차장과 마당으로 조성했다. 주차장 상부에는 데크를 설치하고, 마당과 단차를 둬 계절에 따라 다용도로 이용이 가능하게 했다.

입면계획

양쪽 집이 들어선 상태에서 최대한 주변 건물을 고려해 디자인했다. 옆집인 단이슬가와 지붕선을 비롯해, 주차장과 옹벽, 현관 디자인 등 여러 공통 요소를 접목시켜 타운하우스 느낌을 살렸다. 세라믹사이딩 외벽과 박공지붕으로 모던한 스타일을 연출, 주차장과 마당 그리고 2층 테라스로 이어지는 수직적인 입면은 주택을 더욱 웅장하게 느껴지게 한다.

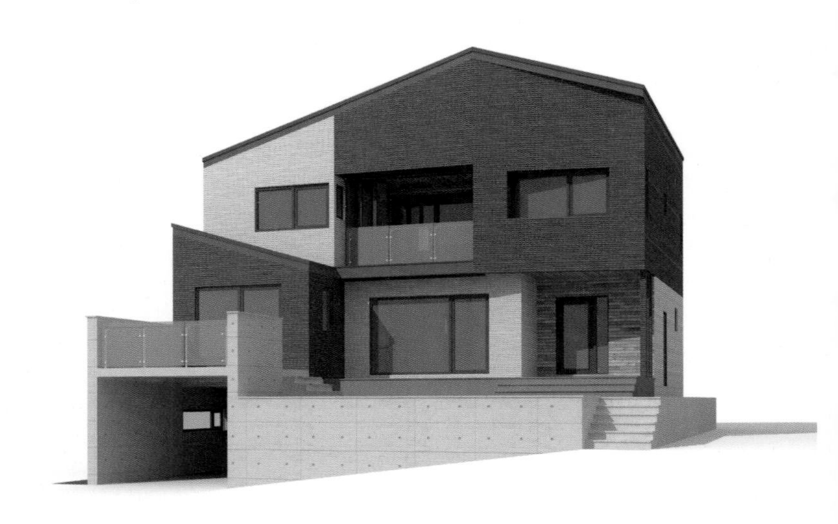

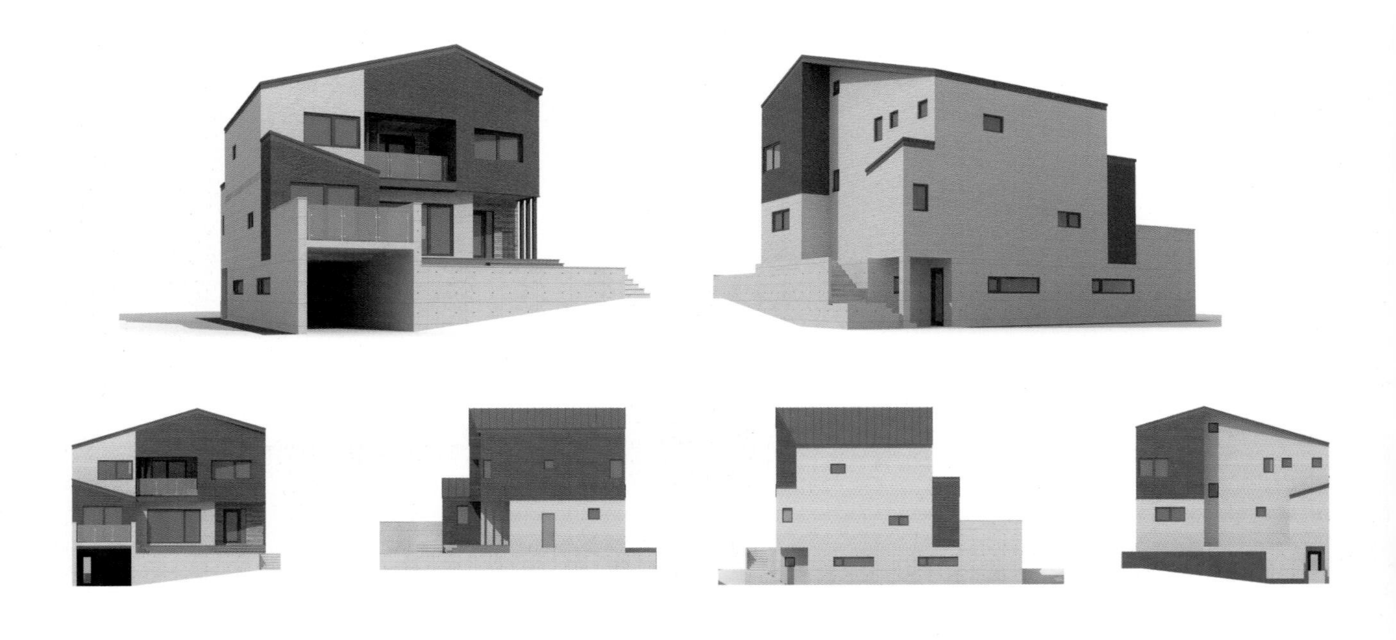

주차장 상부를 이용한 데크 공간과
공원 부지를 조망할 수 있는
작은 마당이 있는 모랑 주택.
잔디 정원 앞으로 빼곡하게 정원수를
심은 덕에, 시각적으로 답답함 없이
프라이버시를 확보했다.

채광과 환기를 고려해 1, 2층 모두
남향으로 창을 최대한 크게 냈다.
복잡한 디테일이 많지 않은 주택이지만
1층의 넓은 포치와 2층의 지붕형
발코니 적용으로 전면부에 볼륨감이
살아난다.

✚ 평면계획

경사지를 활용해 설계한 지하주차장에는 주차장 외에도 작은 창고가 마련되어 있다. 주차장 내부 계단을 통해 나가면 1층 다용도실로 동선이 이어진다. 1층은 거실을 중심으로 주방 영역과 침실로 구분된다. 주방 앞으로는 놀이방과 테라스를 배치해 조리를 하거나 식사를 할 때도 노는 아이들이 한 눈에 보이는 구조다. 거실과 주방 사이에는 단차를 둬 자연스레 공간을 분리했다. 2층은 가족실과 3개의 방으로 구성된다. 안방은 경사지붕을 활용, 높은 천장으로 인해 공간이 한층 넉넉하게 느껴진다. 아이방은 낮은 복층으로 구성해 안전에 중점을 두었으며, 서재에는 가족실을 내려다볼 수 있는 다락을 설계해 공간이 한층 재미나다.

2F - 85.42m²

1F - 89.79m²

부정형 대지를 살려 디자인하다
용인 동백 JJ하우스

건축주는 좋은 땅이 나오기만을 기다렸다고 한다. 근교의 공원이 한 눈에 보이고 넓은 앞마당을 마음껏 누릴 수 있으며, 집안 깊숙이 기분 좋은 빛이 오랫동안 머무는 그러한 땅 말이다. 오랜 기다림 끝에 마음에 드는 대지를 구입한 건축주는 대지의 모양을 살리는 배치와 넓은 마당을 설계 포인트로 짚었다. 건축주의 의견을 토대로 태양광 패널 설치와 전열교환기, 단열 등을 고려해 에너지 절약형 목조주택으로 가닥을 잡았다. 초반에는 다채로운 입면의 트렌디한 주택을 염두에 두었으나, 시공비 상승과 내구성을 고려해 심플한 디자인의 정감 가는 주택 스타일로 방향을 돌려 진행했다.

HOUSE PLAN

대지위치 경기도 용인시 기흥구 | **대지면적** 226.00㎡ | **건물용도** 단독주택 **건물규모** 지상 2층 | **건축면적** 89.17㎡ | **연면적** 173.95㎡(1F:84.78㎡ / 2F:89.17㎡) | **건폐율** 39.46% | **용적률** 76.97% | **구조** 일반목구조 | **창호재** 독일식 시스템창호 | **단열재** 셀룰로오스 | **외벽마감재** 세라믹사이딩 | **내벽마감재** 벽-친환경 벽지 / 바닥-강마루 | **지붕재** 아스팔트 싱글 | **설계** 홈플랜 건축사사무소 | **시공** 나무집협동조합

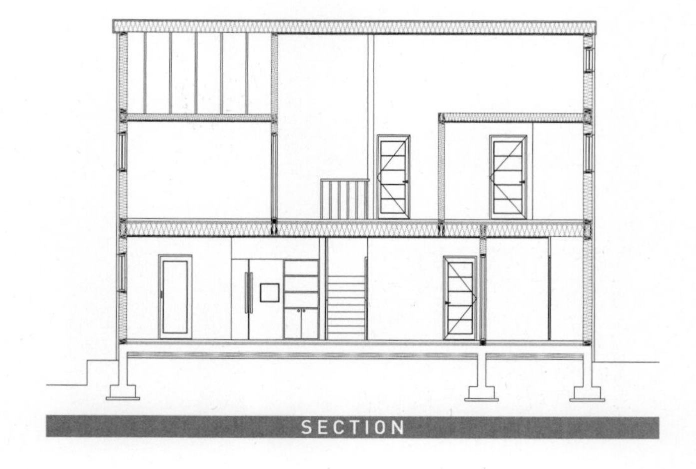

SECTION

배치계획

도로를 끼고 교차로에 있는 부정형의 대지로 외부 시선에 쉽게 노출된다는 단점이 있으나, 도로 남쪽이 공원지역이라 채광과 조망이 매우 좋은 편이다. 이러한 장단점을 보완하기 위해 주택은 북쪽에 배치하고 남쪽으로 마당을 최대한 확보해 뷰와 채광은 확보하면서 외부로의 노출을 최소한으로 줄였다.

입면계획

설계 초반, 태양광 패널 설치를 위해 비대칭 사선지붕으로 진행하려 했으나, 시공비 상승과 내구성을 고려해 심플한 박공지붕을 선택했다. 부정형 대지를 그대로 살린 탓에 측면이 비스듬히 시공되었으나, 벽면을 투톤으로 시공해 시각적으로 두드러지지 않는다. 전체적인 디자인은 블랙 앤 화이트로 모던하게 연출하되, 나무 질감을 닮은 세라믹사이딩 덕에 따스한 느낌이 가미됐다.

볕이 잘 드는 남향으로 넓은 마당을 확보한 단정한 외관의 주택. 현관이 도로가에 인접해 있을 경우에는 프라이버시 확보가 우선이다. 현관 위에 설치한 포치와 원목 패널 가림막은 내부가 확연히 드러나는 것을 막고, 외부 시선을 적절히 차단시켜 준다. 정원 쪽으로는 창을 최대한 크고 넓게 낸 반면, 도로와 인접한 측면에는 프라이버시를 고려해 가로로 긴 창을 최소한으로 배치했다.

대지 전면에 조성한 정원이 현재는 외부로 훤히 드러나 있지만, 울타리를 따라 심은 나무들이 조만간 푸릇푸릇한 가림막이 되어줄 것이다. 다각형으로 설계된 주택으로 자칫 입면이 복잡해 보일 수 있어 컬러 사용은 최대한 자제했다. 대신 주택 하단부 외벽과 지붕을 블랙 컬러로 통일시켜 전체적으로 무게감과 안정감이 느껴진다.

✚ 평면계획

다각형의 대지를 그대로 살려 평면을 계획했다. 1층은 게스트룸을 포함해 거실과 주방 등 공용공간으로 구성된다. 공간 배치에 비교적 자유로운 현관과 게스트룸은 코너 부분인 동쪽으로 배치하고 거실과 주방은 남향으로 반듯하게 두었다. 거실과 주방은 기둥과 가벽을 통해 공간이 분리되며, 두 공간 모두 전면에 넓게 두른 데크로 출입이 가능하도록 했다. 2층의 안방 영역은 대지 모양을 그대로 살려 다각형의 형태로 존재하지만, 드레스룸과 간이서재 등 가구를 이용해 효율성을 극대화했다. 가족실 전면의 큰 발코니에는 폴딩도어를 설치해 상황에 따라 공간을 확장할 수도 있다.

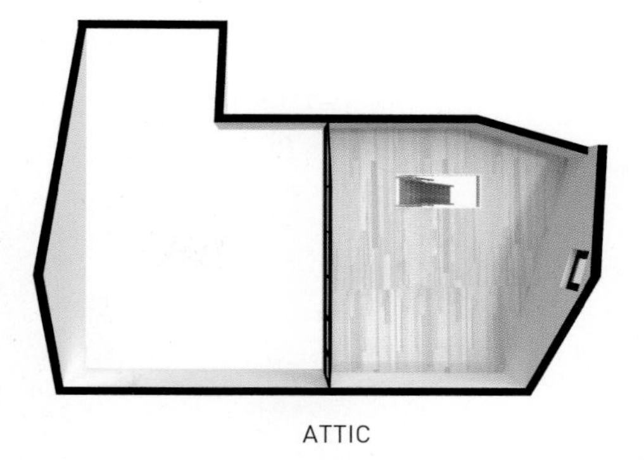

ATTIC

2F - 89.17m^2

1F - 84.78m^2

노후의 안락함을 위한 설계 디자인
용인 구성 엘비유 하우스

구성 지구 초창기, 청덕동 택지에 대지를 구입하고서도 한참 동안을 고민하던 건축주는 은퇴를 앞두고서야 집을 짓기로 결심했다. 오랜 시간 집에 대해 고민한 만큼 남다른 건축지식이 있던 터라, 주택 설계 시 상당한 참여도를 보이기도 했다. 부지의 특성을 고려해 다양한 설계안이 나왔고, 노년을 보낼 곳이니만큼 단촐하지만 단열은 확실하게 내부 설계는 철저히 부부의 라이프스타일에 맞춰 계획했다. 마당을 효율적으로 사용할 수 있도록 집과 주차 공간을 배치하고, 내부 공간의 배치도 신중히 결정했다. 집을 지으면서 계속해서 생겨났던 궁금증을 해소하며 비로소 만족스러운 집을 얻게 되었다는 건축주. 작지만 충실하게 지은 집 안에 가족의 평온한 삶이 담겼다.

HOUSE PLAN

대지위치 경기도 용인시 기흥구 | **대지면적** 221.9㎡ | **건물용도** 단독주택 | **건물규모** 지상 2층 | **건축면적** 67.67㎡ | **연면적** 119.30㎡(1F:63.47㎡ / 2F:55.83㎡) | **건폐율** 30.50% | **용적률** 53.76% | **구조** 일반목구조 | **창호재** 독일식 시스템창호 | **단열재** 그라스울, 외단열 | **외벽마감재** 스타코, 청고벽돌 | **내벽마감재** 벽-친환경 벽지 / 바닥-강마루 | **지붕재** 아스팔트 싱글 | **설계** 홈플랜건축사사무소 | **시공** 브랜드하우징

SECTION

배치계획

남쪽과 서쪽으로 단지 내 도로가 있고 북쪽으로 어린이공원이 있는 남향 대지. 대지 안의 단차를 이용해 도로에서 진입하는 주차공간과 마당 영역을 높낮이로 분리했다. 도로 모퉁이 쪽으로는 조경을 적절하게 배치해 외부 시선을 차단하고, 북쪽 어린이공원과 연계하여 외부 테라스를 설치, 공원을 조망하며 식사가 가능하도록 했다

입면계획

규모가 크진 않지만 공간 구성이 알차고, 화려하진 않지만 단아한 외관이 매력적인 주택. 주택 전면의 마당을 향해 넓은 거실 창을 내고, 공원과 맞닿아 있는 주택 후면으로도 출입문을 설치해 외부로의 동선이 자유롭다.

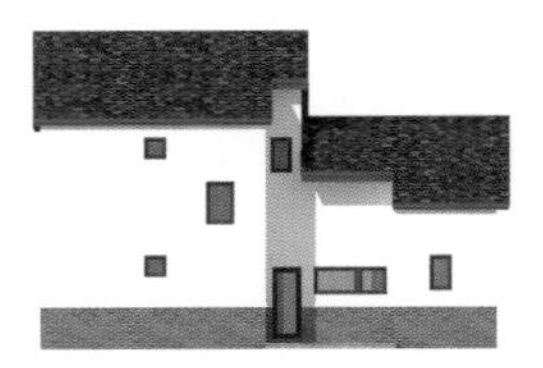

단차를 이용해, 주차공간과 정원 그리고 주택 영역을 분리시켰다. 가장 아래에 주차공간을 배치하고, 그 위로 정원을 그리고 가장 윗부분에 주택을 앉힌 셈이다. 정원은 추후 관리를 고려해 넓지 않은 규모로 계획했다. 주차공간에는 낮은 돌담을 쌓고 디딤석을 깔아 주변과 이질감이 느껴지지 않도록 하되, 안전과 편리함까지 확보했다.

도로의 모퉁이에 위치한 주택. 프라이버시를 보호하기 위해 도로 쪽으로 정원을 배치하고
낮은 돌담과 울타리 주변으로 크고 작은 정원수를 심어 외부 시선을 적절히 차단했다.
하얀 외벽에 청고벽돌과 원목 사이딩 포인트를 준 아담한 주택의 규모 덕에 더욱 정감이 간다.

✚ 평면계획

1층은 현관을 중심으로 안방 영역과 거실 영역으로 분리된다. 거실은 남향의 정원을 비롯해 북향의 어린이공원 모두를 조망할 수 있도록 하였으며, 천장을 일부 오픈해 공간이 최대한 넓어보이게끔 했다. 2층에는 2개의 방과 다락형 가족실이 배치되어 있다. 침실 중 하나는 3연동 도어를 설치해 평상시에는 공용 공간으로 개방해 사용하며, 필요시 침실로 활용할 수 있도록 했다. 1층 거실 천장을 활용한 다락형 가족실은 아늑한 공간 덕에 무비룸이나 서재로 이용된다. 2층 침실에 딸린 발코니 하부는 처마 대용으로 활용되는 동시에 자전거를 보관하는 장소로 계획했다.

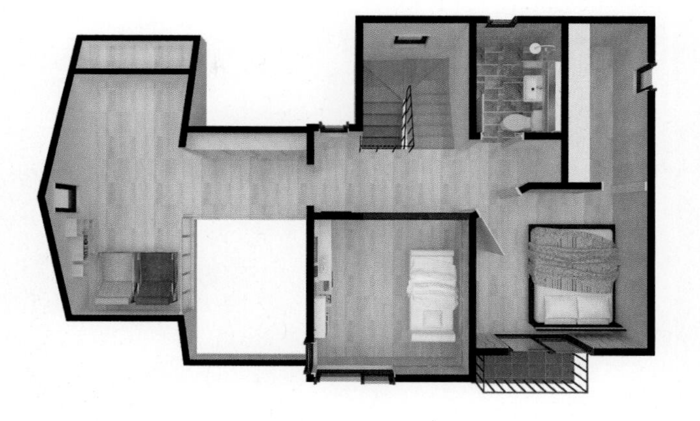

2F - 55.83m²

1F - 63.47m²

프라이빗한 수영장이 딸린 풀빌라 주택
용인 구성 게바하우스

지친 일상에서 벗어나 휴식과 여가 생활을 즐길 수 있는 집. 게바하우스는 건축주가 고심 끝에 지어준 이름으로 '반석 위의 집'이란 뜻이다. 처음에는 목조주택 본동과 옥상 수영장이 있는 콘크리트 별동으로 계획하였으나, 경제성을 고려해 별동도 목구조로 설계한 후 수영장을 별동 앞에 두어, 휴양지의 풀 빌라를 연상케 하였다. 폴딩도어만 열면 내외부가 하나가 된 듯 마당과 수영장을 즐길 수 있는 곳. 주거를 위한 집이지만 별동에 작업실을 설치해 일은 물론 휴식과 여가까지 모두 해결할 수 있는 프라이빗 하우스가 되었다.

HOUSE PLAN

대지위치 경기도 용인시 기흥구 | **대지면적** 222.0㎡ | **건물용도** 단독주택 | **건물규모** 지상 2층 | **건축면적** 88.25㎡ | **연면적** 169.49㎡(1F:86.50㎡ / 2F:82.99㎡) | **건폐율** 39.75% | **용적률** 76.35% | **구조** 일반목구조 | **창호재** 독일식 시스템창호 | **단열재** 수성연질폼 | **외벽마감재** 세라믹사이딩 | **내벽마감재** 벽-친환경 벽지 / 바닥-강마루, 타일 | **지붕재** 리얼징크 | **설계** 홈플랜건축사사무소 | **시공** 토브301

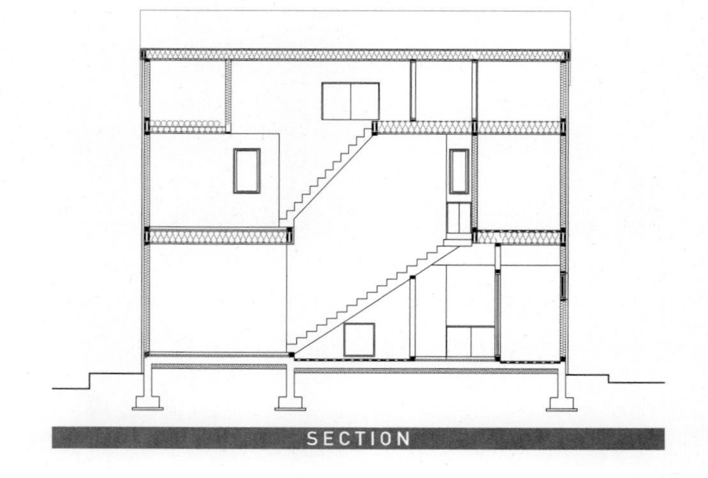

SECTION

배치계획

주택인 본동과 작업실인 별동으로 분리되어 있는 구조로 본동과 별동 사이에 주출입구를 두어, 집으로 들어서면 마당과 야외 수영장을 만나게 된다. 별동 작업실은 동쪽 도로 모서리 가각에 배치해 본동의 거실과 주방에서 마당을 여유롭게 활용할 수 있다. 북쪽으로는 주차장을 두고 다용도실 출입문을 인접하게 배치, 물품 이동 동선을 최소화했다.

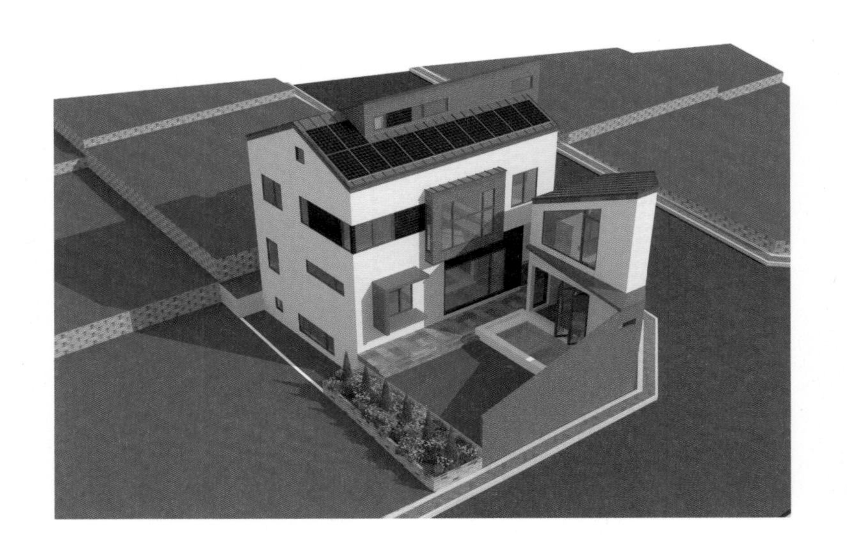

입면계획

설계 초반에는 외벽 마감재를 밝은 색의 세라믹사이딩으로 계획하였으나 최종적으로는 다크 그레이 컬러를 선택, 시크한 디자인으로 완성했다. 건물이 한 채로 보이도록 브릿지를 반영하려 했으나 건축면적이 늘어나는 문제로, 본동과 별동을 외부 차양으로 연결하는 방식으로 해결했다.

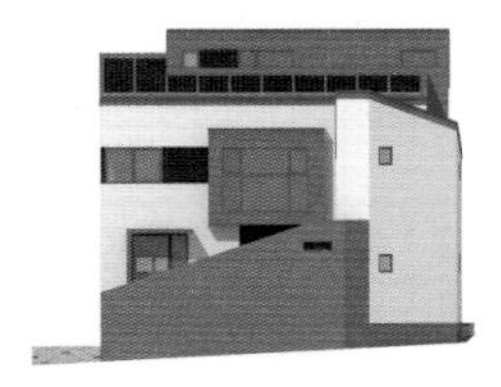

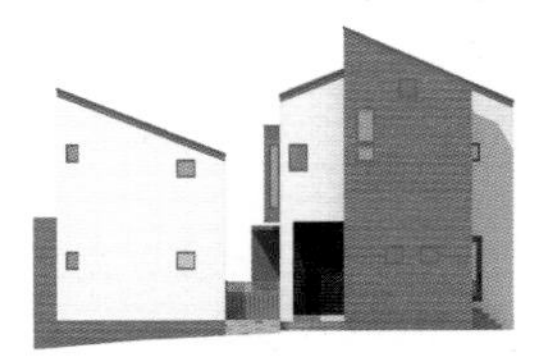

마당을 감싸 앉은 듯한 형상의
게바하우스. 마당과 주택 내부가
외부로 드러나지 않도록 삭막하고
높은 담을 두르는 대신 사계절
푸른 정원수를 빼곡하게 심어 두었다.
도로 쪽으로는 채광을 위한 최소한의
창문만 설계했다.

대문으로 들어서면 우측에는 본동이 좌측에는 별채가 놓여 있는 구조다. 그 사잇길을 통하면 안으로 프라이빗한 정원과 수영장이 드러난다. 건물 뒤쪽의 주차공간은 다용도실과 연결되어 있어 짐을 옮기거나 실을 때 편리하다.

+ 평면계획

주택은 본동과 작업실인 별동으로 분리되어 있다. 본동 1층은 거실과 주방이 넓은 면적으로 계획되었다. 두 공간은 단차를 두어 영역을 분리하고 주방은 마당 쪽으로 평상을 짜 넣어 한식 스타일의 다이닝룸으로 설계했다. 평상 앞으로는 폴딩도어를 설치해 상황에 따라 외부 평상이나 다실처럼 사용할 수 있다. 2층은 가족실을 중심으로 2개의 방과 안방이 놓여 있다. 모든 방에는 경사 지붕을 활용한 다락을 설계해 독립적으로 이용이 가능하다. 별동인 작업실 1층에는 폴딩도어를 설치해 수영장으로 개방하도록 하고, 내부에 욕실을 두어 편의성을 더했다.

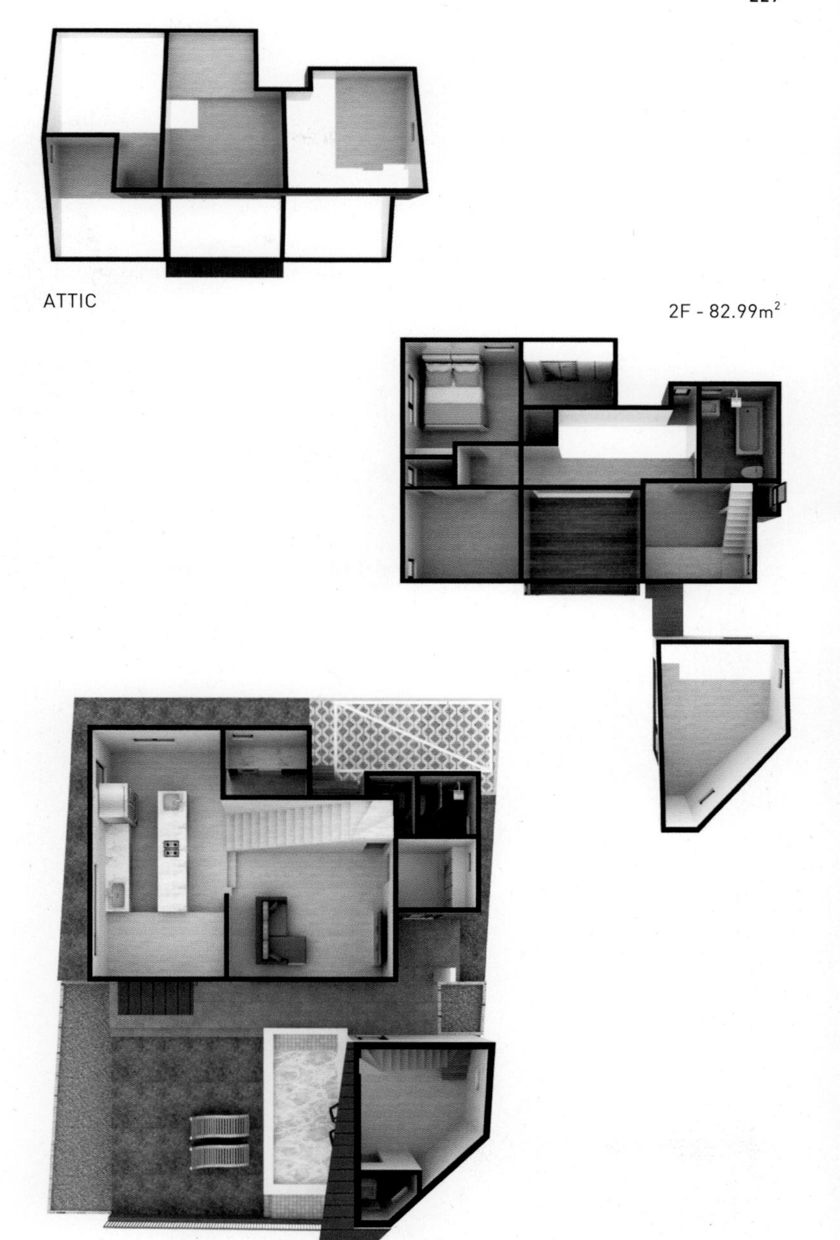

POSTKASTEN

따로 또 같이, 3세대 주택
김포 운양 모가원

근사한 집을 짓는 것도 중요하지만, 좋은 터를 찾는 것 또한 중요한 일이다. 김포 운양지구의 택지 중에서도 차량 통행이 적고 보행자 도로를 끼고 있는 광장 옆 코너 부지, 오가는 이들이 적어 한적한 위치에 넉넉한 마당을 둘 수 있어 더할 나위 없이 좋은 자리였다. 사계절 나무와 꽃을 가꾸며 노년을 보내고 싶어 하는 부모님과 한창 바쁜 아들 내외 그리고 마냥 뛰어놀 나이인 자녀가 살게 될 3세대 주택. 주택은 각 세대별 라이프스타일에 맞추되, 함께할 수 있는 장소 또한 염두에 두고 설계가 진행됐다. 현관을 사이에 두고 전혀 다른 스타일의 두 곳이 존재하는 집. 서로의 취향을 존중해 생활공간을 분리, 한층 프라이빗한 공간이 계획됐다.

HOUSE PLAN

대지위치 경기도 김포시 운양동 | **대지면적** 261.8㎡ | **건물용도** 단독주택 | **건물규모** 지상 2층 | **건축면적** 116.64㎡ | **연면적** 206.86㎡(1F:90.22㎡ / 2F:99.81㎡) | **건폐율** 44.54% | **용적률** 79.01% | **구조** 일반목구조 | **창호재** 독일식 시스템창호 | **단열재** 셀룰로오스 | **외벽마감재** 세라믹사이딩 | **내벽마감재** 벽-친환경 벽지 / 바닥-강마루 | **지붕재** 리얼징크 / 이중그림자 싱글 | **설계** 홈플랜건축사사무소 | **시공** HNH건설

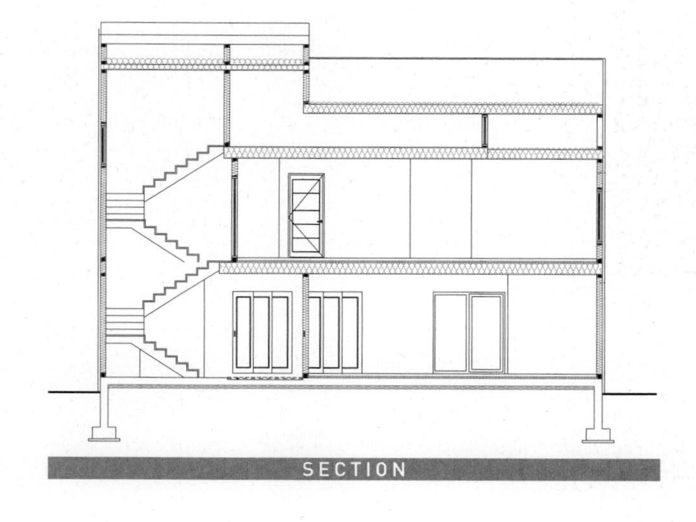

SECTION

배치계획

좌측에 위치한 이웃집의 출입 동선으로 인해
모가원의 마당이 노출되지 않도록 별동 가족실을
이웃집 인접 부분에 배치, 차면 효과를 유도하였다.
두 개의 건물을 이어주는 것은 데크와 마당이다.
본동의 거실과 별동의 가족실이 데크로 이어져 있어
내외부를 자유롭게 오갈 수 있다.

입면계획

본동과 별동의 ㄱ자 배치와 대지 형태에 따른
평면구성으로 모던한 외관이 완성되었다. 외관의
디테일은 세라믹사이딩과 이중그림자 싱글의
조합을 고려해 결정했다. 주택의 모든 면에는
다양한 크기의 창을 설치해 내부 곳곳에 빛을
유입시키고, 경사지붕 아래 다락에도 커다란 천창을
설치해 채광을 해결했다.

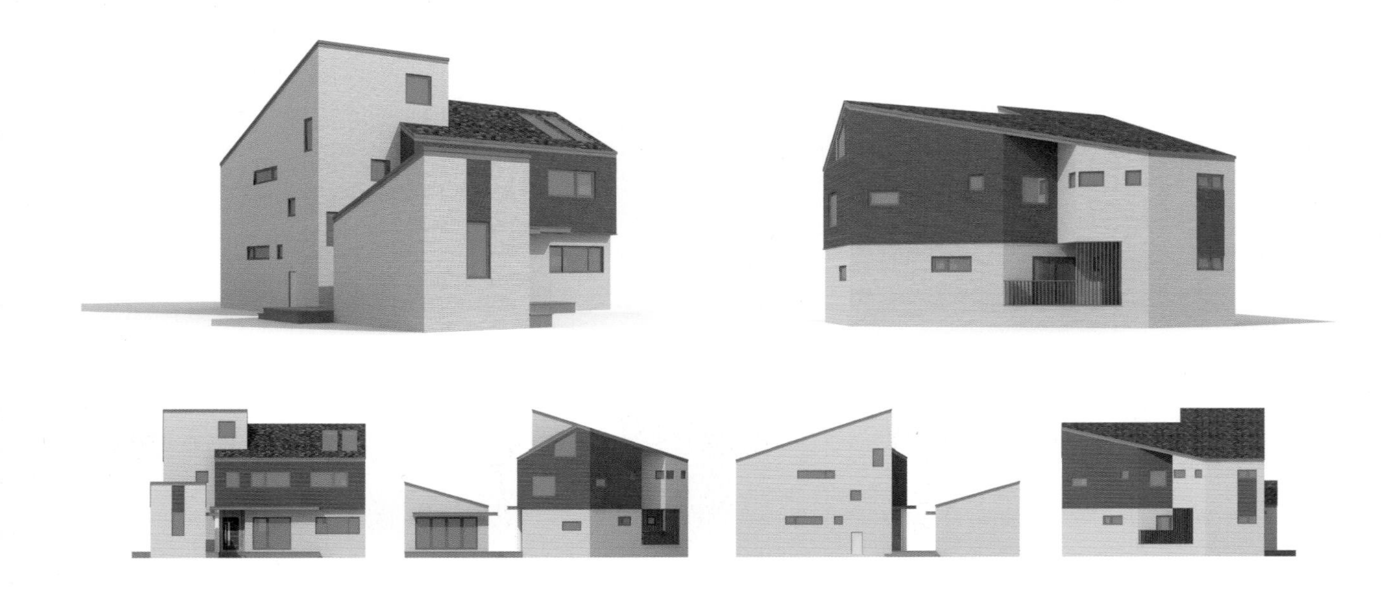

코너에 위치해 있어 보는 방향에 따라 입면이 다채롭게 변화한다. 옆집의 출입 동선으로 인한 노출을 막기 위해 별동을 좌측에 배치하고 그 앞으로 넓은 마당을 두었다. 주택과 울타리를 둘러싸고 빼곡하게 심은 조경수들 덕분에 푸르른 정원이 완성됐다.

별동과 본동 사이에 넓은 마당을 배치했다. 가족실이 있는 별동의 폴딩도어를 열면 내외부가 자연스레 이어져 한가로운 시간을 보내기에 더할 나위 없이 좋다. 나무 그늘이 드리워지는 마당에서의 시간은 여유롭기만 하다.

✚ 평면계획

주택은 공용 공간인 별동과 본동으로 배치되어 있다. 별동에는 가족실이 있으며, 폴딩도어를 설치해 언제든지 외부와 이어질 수 있도록 했다. 본동으로 들어서면 현관을 중심으로 1층과 2층이 분리된다. 1층은 부모님을 위한 공간으로 거실과 주방, 안방이 배치되어 있다. 평소 정원 가꾸는 걸 즐겨하는 부모님을 위해 거실과 주방에 마당으로 통하는 문을 별도로 설치해 동선이 편리하다. 2층은 아들부부를 위한 공간으로 현관에서 계단을 통해 바로 이어진다. 거실과 주방 그리고 두 개의 방을 배치하고 욕실을 파우더룸과 세면대, 욕조 등 용도별로 분리해 공간을 더욱 효율적으로 사용하도록 했다. 대지의 모양을 그대로 살린 주방은 구조가 독특하면서도 거실을 바라보는 위치에 있어 오히려 안정적으로 느껴진다. 계단을 통해 올라가면 넓은 다락이 용도별로 분리되어 있어 공간 활용에 효과적이다.

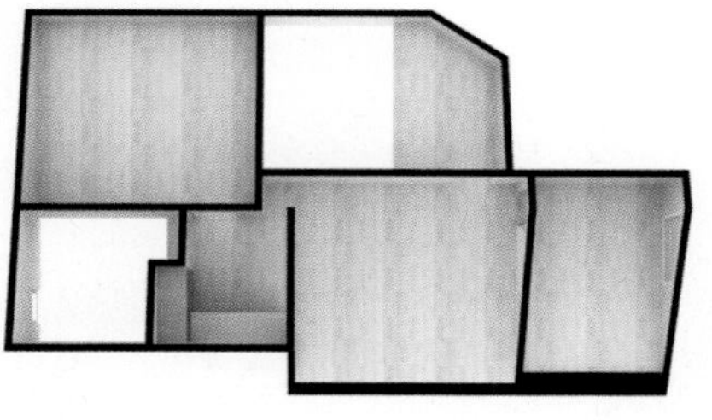

ATTIC

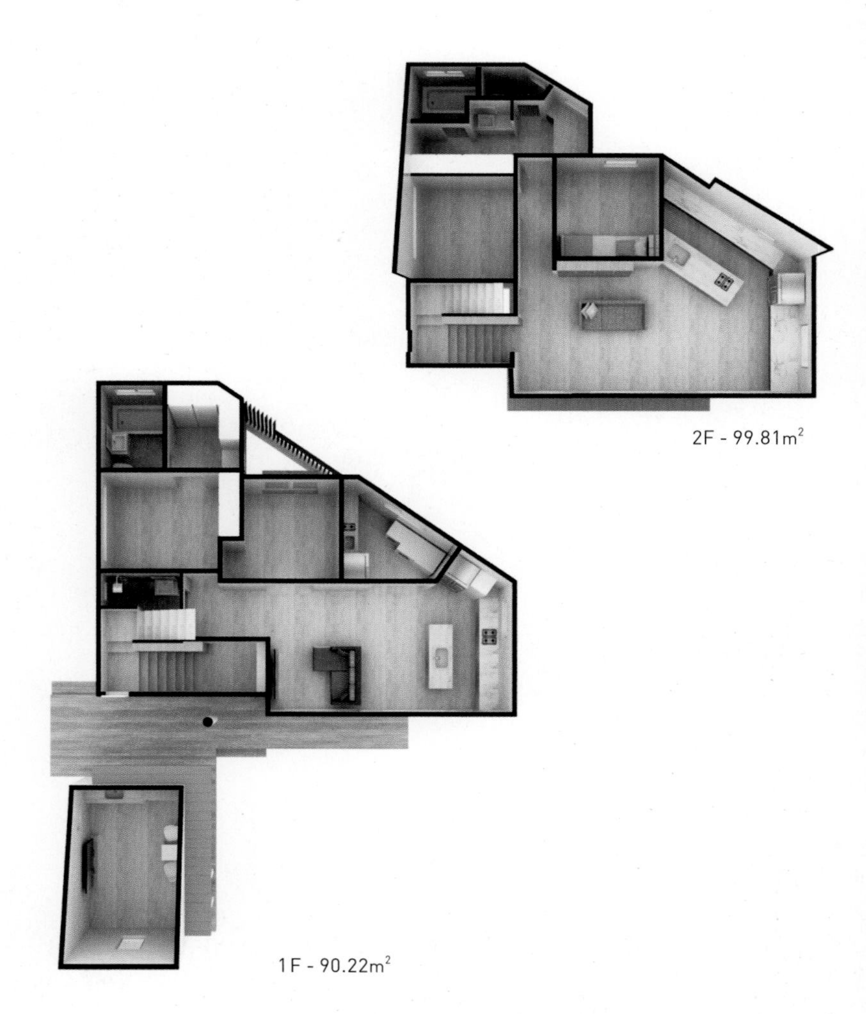

2F - 99.81m²

1F - 90.22m²

활기찬 기운으로 가득한 주택
김포 운양 늘해랑

좋은 집이란 어떤 집일까. 어떤 이들은 좋은 터에 풍수지리를 따져가며 집을 짓곤 한다. 물론 명당이란 기운이 좋은 곳이기는 허나, 실상 터의 힘을 발현시키기 위해서는 사람의 힘이 필요한 법이다. 결국 집이라는 공간을 좌우하는 가장 큰 에너지는 사람이 아닐까. 살고 있는 이들이 만들어내는 삶의 에너지는 집에 영향을 주고 그 기운이 또 그들에게 영향을 주기 마련이다. 김포시 운양지구에 들어선 주택 '늘해랑'. '늘 해와 함께 살아가는 밝고 건강한 사람들의 집' 이라는 뜻이다. 그 이름처럼 활기찬 이들의 보금자리이니만큼 무엇보다 자연을 온전히 누리게끔 해주고 싶었다. 남향으로 단풍나무가 심어진 넓은 정원을 배치하고 일반적으로 거실이 있어야 할 자리에 선룸을 배치한 것도 바로 그러한 연유에서다.

HOUSE PLAN

대지위치 경기도 김포시 운양동 | **대지면적** 307.9㎡ | **건물용도** 단독주택 | **건물규모** 지상 2층 | **건축면적** 92.58㎡ | **연면적** 169.6㎡(1F:89.94㎡ / 2F:79.66㎡) | **건폐율** 30.06% | **용적률** 55.08% | **구조** 일반목구조 | **창호재** 독일식 시스템창호 | **단열재** 셀룰로오스, 스카이텍 | **외벽마감재** 세라믹 사이딩 | **내벽마감재** 벽-친환경 도장 / 바닥-강마루, 타일 | **지붕재** 리얼징크 | **설계** 홈플랜건축사사무소 | **시공** HNH건설

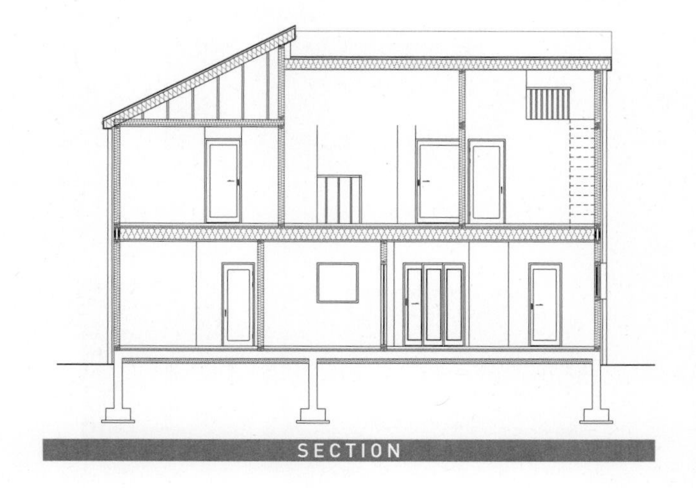

SECTION

배치계획

후면으로 도로가 있고 단차가 있는 대지. 실내의 채광 확보를 위해 주요 공간을 모두 전면으로 배치한 반면, 현관과 주차장은 도로와 인접한 후면으로 배치해 동선을 최소화 했다. 대지의 단차를 이용해 주차장을 반지하로 설계하고 현관에는 계단을 설치해 높이 차를 자연스럽게 해결했다.

입면계획

초기에는 청고벽돌 마감에 세라믹사이딩을 포인트로 시공할 계획이었으나, 결국은 비교적 시공이 간편한 세라믹사이딩으로 마감하게 되었다. 밝은 컬러 일색인 주변 주택들과의 차별을 위해 차분한 브라운 컬러를 선택하되, 박공지붕과 외쪽지붕을 다양한 각도로 시공하고 처마를 길게 내 개성을 부여했다.

햇살을 맞으며 하루를 시작하는
가족들을 위해 주택 한 가운데에
선룸을 시공했다. 폴딩도어가 시공된
선룸은 날씨에 따라 두루 활용도가
높다. 현관과 주차장을 도로 쪽으로
배치해 동선을 최소화하되, 단차
극복을 위해 주차장은 반지하로
설계하고 현관에는 계단을 놓았다.

늘해랑의 현관은 주택 후면에 있지만, 마당 쪽으로 또 다른 출입구를 두고 있어 외부로의 동선이 한결 자유롭다. 비밀의 화원을 들어가듯 넝쿨로 둘러싸인 문으로 들어서면 다양한 수목이 심어진 정원으로 이어진다.

✚ 평면계획

1층은 마당을 중심으로 주요 공간이 배치됐다. 현관에 들어서면 주방 겸 거실을 만나게 된다. 일반적으로 넓은 면적을 차지하는 곳이 거실이지만, 이 집의 경우 주방에 귀속된 거실로, 다이닝룸 성격이 강하다. 대신 마당과 이어진 선룸이 거실을 대체하는 용도로 활용된다. 선룸에는 폴딩도어를 설치해 필요에 따라 내부가 되기도 하고 외부가 되기도 한다. 마주보듯 나란히 배치된 2개의 방은 하나는 아들이 사용하고, 나머지는 게스트룸으로 계획해 필요시 수납공간으로 활용이 가능하다. 2층에는 테라스가 딸린 가족실과 서재, 안방 그리고 여유 침실을 하나 더 두고 있다.

2F - 79.66m²

1F - 89.94m²

십년을 내다보며 집을 짓다
김포 운양 파야하우스

상가주택을 짓고 살다보니, 넓은 마당이 있는 집을 원하게 되었다는 건축주. 아이들이 점차 커갈수록 마음껏 뛰어놀 수 있는 정원과 넓은 공간이 필요했다. 마음이 서자 일단 상가주택 근교에 있는 단독 주택지를 마련했다. 그리고 설계에 앞서, 현재 가족들에게 필요한 것 뿐 아니라, 아이들이 자라면서 있을 여러 변수들을 고려해야 했다. 우선 한창 뛰어다니는 아이들을 위해 적당한 크기의 정원과 외부로 자유롭게 오갈 수 있는 넓은 거실이 필요했다. 그 다음은 자주 오시는 부모님을 위한 게스트룸의 배치였다. 현재 게스트룸은 일시적으로 사용하는 공간이지만, 추후 부모님과 합가할 것을 대비해 생활에 불편함이 없도록 세심하게 설계했다. 그리고 아이들이 성장해 각자의 방을 갖게 되었을 때를 고려해, 거실과 주방을 제외한 주요 생활공간을 모두 2층으로 계획했다.

HOUSE PLAN

대지위치 경기도 김포시 운양동 | **대지면적** 253.6㎡ | **건물용도** 단독주택 | **건물규모** 지상 2층 | **건축면적** 108.96㎡ | **연면적** 169.6㎡(1F:107.99㎡ / 2F:78.84㎡) | **건폐율** 42.97% | **용적률** 73.67% | **구조** 일반목구조 | **창호재** 독일식 시스템창호 | **단열재** 그라스울, 스카이텍 | **외벽마감재** 세라믹사이딩 | **내벽마감재** 벽-친환경 벽지 / 바닥-강마루, 타일 | **지붕재** 리얼징크 | **설계** 홈플랜건축사사무소 | **시공** HNH건설

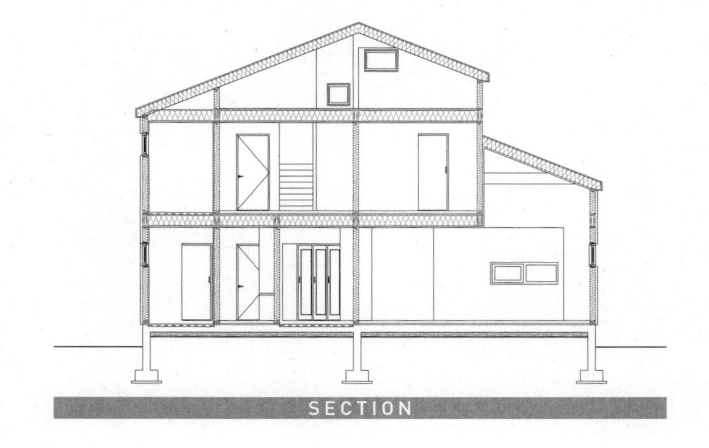

SECTION

배치계획

주택 후면에 경사가 있는 대지로, 단차를 이용해 반지하 공간을 설계, 그곳에 기계실을 마련했다. 기계실 출입문을 통해 들어가면 1층 계단 하부로 이어져 실내로의 동선이 편리하다. 야외 활동이 잦은 아이들을 위해 주택과 정원을 연결하는 포치를 넓고 여유롭게 배치해 외부 공간을 최대한 확보했다.

입면계획

정면에서 바라보았을 때 박공지붕 형태를 가장 잘 살릴 수 있는 디자인을 선택했다. 하지만 태양광 패널 설치 시 효율이 떨어질 수 있는 관계로, 태양광 패널 위치를 동쪽으로 두되, 넓은 면적으로 설치했다.

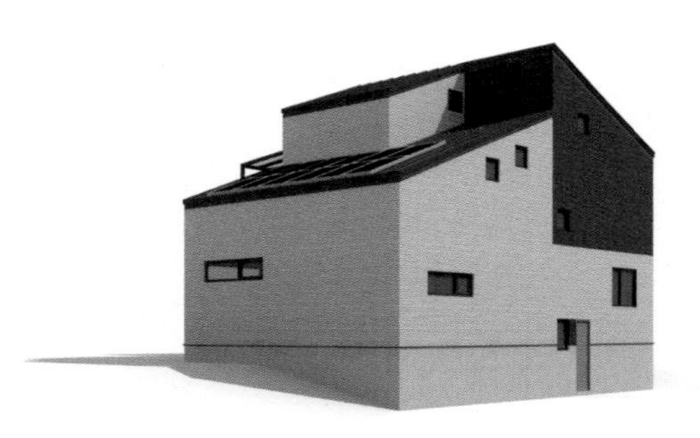

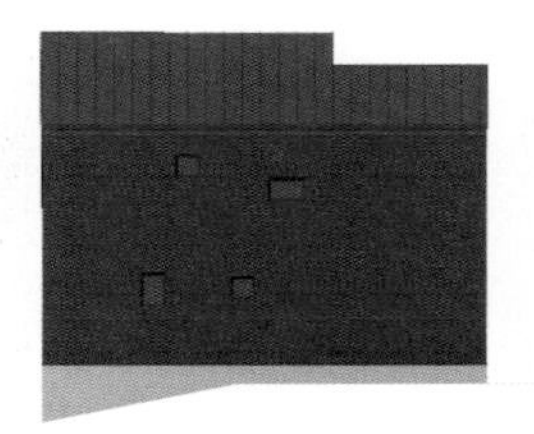

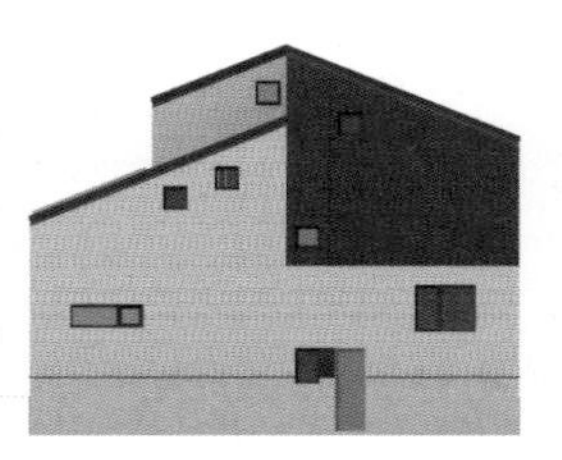

주택 전면에 넓은 포치를 설계해
날씨에 구애받지 않고 야외 활동이
가능하다. 주택은 ㄱ자로 배치하고
그 앞으로는 주차공간을 두었다.

흑백의 조화로 모던하게 디자인 된 주택의 외관. 주차장을 전면에 배치해 마당 면적이 줄어들었지만, 내부 공간을 조절하고 활용도가 높은 데크를 시공해 외부 공간을 최대한 확보했다. 주택 후면에서 보면 살짝 비켜간 듯한 지붕 덕분에 외관이 더욱 돋보인다.

✚ 평면계획

1층은 가족의 공용공간 위주로 구성하되, 추후에 부모님과 함께 살 것을 대비해 2개의 방을 추가로 배치했다. 거실과 주방은 대면형으로 설계하고 가구를 최소화해 아이들이 마음껏 뛰어다닐 수 있도록 했다. 비교적 넓게 설계한 손님방은 자주 들르시는 부모님을 위한 공간이자 게스트룸으로 사용된다. 2층은 가족실과 3개의 침실로 분리된다. 조리대 배치로 다소 좁게 느껴지는 가족실에는 테라스를 두어 개방감을 살렸다. 침실은 아이들이 성장 후에도 사용할 수 있도록 넉넉하게 배치하고, 욕실은 동시간대에 사용이 몰릴 것을 대비해 건식과 습식 공간으로 분리했다.

2F - 78.84m²

1F - 107.99m²

CASE 01 — CASE 28

PART2

HOMEPLAN DESIGN PLAN

홈플랜
주택설계 계획 28안

산등성이를 닮은 박공지붕
양평 개군 마당 넓은 집

단지 너머로 보이는 산등성이가 참으로 멋진 곳. 앞집과 뒷집과의 단차 역시 층층이 높아지고 있어서 이러한 단지의 전경을 그대로 담아내고 싶었다. 차곡차곡 마치 기와를 쌓듯 순차적으로 쌓아 올린 박공지붕이 주변의 풍경에 위화감 없이 녹아든다. 불필요한 부분은 과감하게 없애 대지에 비해 주택 규모는 크지 않지만, 덕분에 주변의 자연과 어우러지는 넓은 마당을 만끽할 수 있게 됐다. 군더더기 없이 단조롭게 구성된 실내는 지붕의 경사를 최대한 활용해 아늑한 전원풍을 한껏 살려냈다.

HOUSE PLAN

대지위치 경기도 양평군 개군면 | **대지면적** 459.00㎡ | **건물용도** 단독주택 | **건물규모** 지상 2층 | **건축면적** 63.53㎡ | **연면적** 106.17㎡(1F:61.03㎡ / 2F:45.14㎡) | **건폐율** 13.84% | **용적률** 23.13% | **구조** 일반목구조 | **창호재** 독일식 시스템창호 | **단열재** 그라스울, 외단열 | **외벽마감재** 스타코 | **내벽마감재** 벽-친환경 벽지 / 바닥-강마루 | **지붕재** 리얼징크 | **설계** 홈플랜건축사사무소 | **시공** 브랜드하우징

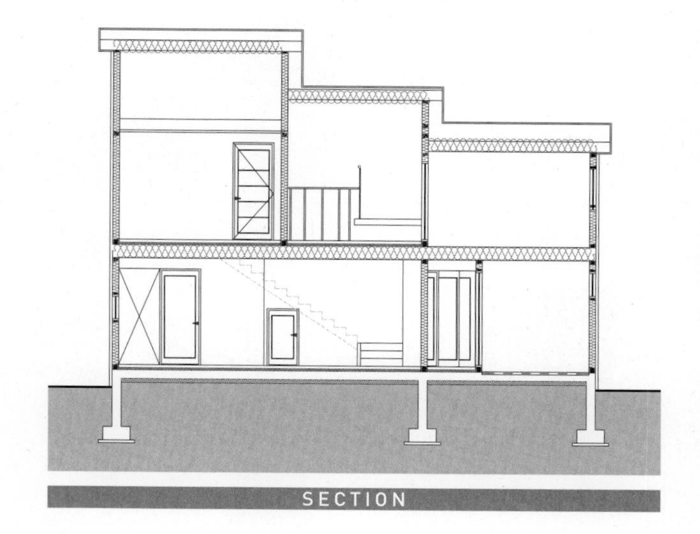
SECTION

배치계획

도로와 약 3m의 단차가 있는 조망과 채광이 좋은 정남향 대지. 전면으로 넓은 마당을 두기 위해 주택은 남향으로 배치하고, 주차공간을 주택 후면 쪽으로 두었다. 뒷집과의 단차도 꽤 높은 편이어서 북쪽 옹벽으로부터 2m 이상을 띄워서 배치, 건축물의 안전을 확보하고 다용도실을 만들어 주차장과 동선이 연결되도록 했다.

입면계획

주 진입도로에서 주택을 바라볼 때 위화감이 없도록 낮은 박공지붕으로 시작하여 높이를 점차 쌓아올려 경사지 지형과 어우러지게 계획했다. 차곡차곡 높아지는 지붕선들이 마치 산등성이를 보는 듯 재미나다. 외부 마감재와 지붕재는 모두 모노톤으로 선택해, 컬러의 단조로움 속에서 주택 디자인이 돋보일 수 있도록 했다.

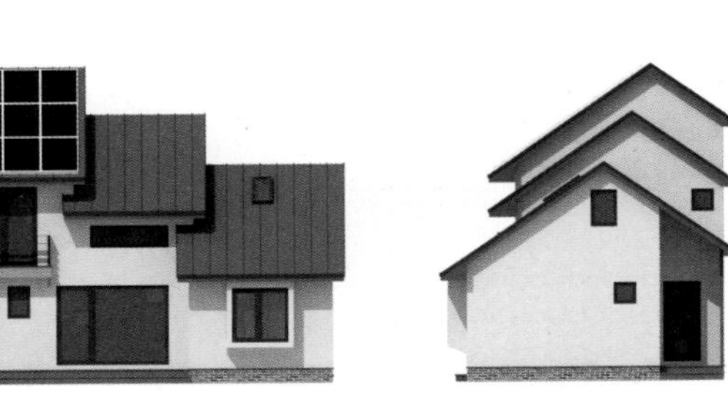

✚ 평면계획

1층은 거실과 주방 그리고 안방이 주요 공간이다. 거실과 주방을 일직선상으로 두고, 거실을 오픈 천장으로 설계해 공간감이 한결 돋보인다. 넓은 면적으로 배치된 안방에는 윈도우시트를 제작하고 상부 천장을 높여, 채광과 조망을 여유롭게 누리게 했다. 2층은 계단과 가족실을 중심으로 두 개의 방으로 분리된다. 거실의 오픈 천장으로 인해 가족실은 좁아졌지만, 계단실 일부를 높여 휴식 공간인 평상을 꾸미고 아래층과 시각적으로 연결되어 있어 답답함이 없다. 가장 낮은 지붕 아래 공간은 애초에 다락으로 계획했으나, 벽체를 높이고 난방을 넣어 다락 형태의 침실로 설계를 변경했다.

2F - 45.14m^2

1F - 61.03m^2

오픈감과 개방감을 충분히 살린 단층 주택
양평 용문 세뚜리

일반적으로 주택을 짓는다고 하면 2층으로 설계하는 것이 대부분이다. 아마도 아파트가 가지지 못하는 공간의 다양성 뿐 아니라, 개방감과 오픈감을 느낄 수 있기 때문이 아닐까. 하지만 가족 구성원이 적을 경우 굳이 2층을 고집할 필요는 없다. 양평 용문 세뚜리 주택은 1층 면적을 최대한 활용, 모임지붕의 천장을 이용해 막힘없고 탁 트인 조망은 물론이거니와 넓은 다락 공간 등 주택이 가질 수 있는 장점을 최대한 살렸다. 또한 높은 경사지에 위치해 있어 단층이지만 결코 왜소해보이지 않는다.

HOUSE PLAN

대지위치 경기도 양평군 용문면 다문리 | **대지면적** 315.00㎡ | **건물용도** 단독주택 | **건물규모** 지상 1층 | **건축면적** 117.45㎡ | **연면적** 117.45㎡(1F:117.45㎡) | **건폐율** 37.29% | **용적률** 37.29% | **구조** 일반목구조 | **창호재** 독일식 시스템창호 | **단열재** 인슐레이션 | **외벽마감재** 스타코, 적삼목 | **내벽마감재** 벽-친환경벽지 / 바닥-강마루 | **지붕재** 리얼징크 | **설계** 홈플랜건축사사무소 | **시공** 예술인마을뜨락

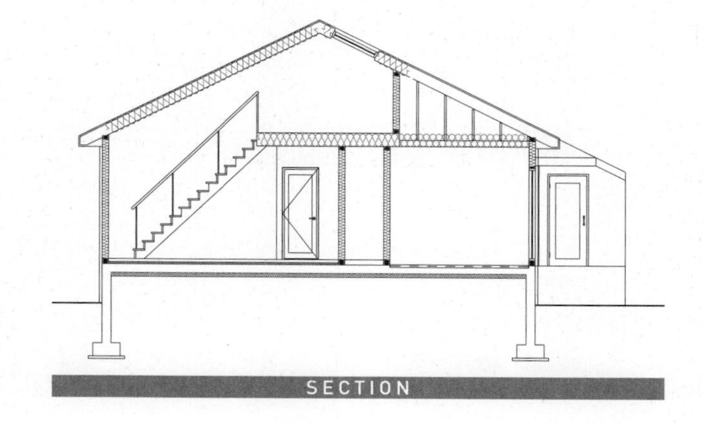

SECTION

배치계획

인접해 있는 대지는 2~3m의 단차가 있고 남향이 높고 북향이 낮아 대지의 진입이 이루어지는 서쪽으로 마당을 두고 바라보는 형태로 계획했다. 지하주차장 상부를 테라스로 설계하고, 거실과 서재 앞에 화단을 두었다. 건물 뒤쪽으로는 보일러실과 다용도실 사이에 데크를 설치하고 처마를 길게 계획했다.

입면계획

1층으로 이루어진 단독주택이지만 주 진입도로에서 주택을 바라볼 때, 하나의 커다란 모임지붕과 지하주차장이 경사지 지형과 어우러져 왜소해보이지 않는다. 주택 외관은 무채색 계열의 리얼징크 지붕재와 스타코 마감으로 심플하게 연출하되, 적삼목으로 포인트를 주었다.

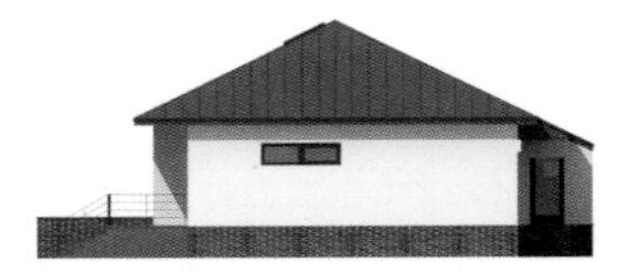

✚ 평면계획

1층과 다락으로 설계된 주택이다. 1층은 거실, 주방, 서재 그리고 2개의 방으로 구성된다. 현관을 중심으로 안방 영역과 그 외 공간으로 분리했다. 거실은 오롯이 휴식을 위한 공간으로 주방과 같은 공간으로 두기 보단 슬라이딩 도어를 달아 영역을 확실하게 분리했다. 거실과 서재 사이에는 폴딩 도어를 설치해 필요에 따라 공간을 확장할 수 있다. 단층 주택이지만, 거실의 지붕 경사면을 그대로 살려 개방감을 높였다. 또한 전체적으로 층고를 높여 채광과 조망을 여유롭게 누리게 했다. 거실에서 개방된 계단을 오르면 발코니 형태의 다락을 만나게 된다. 지붕 경사를 이용한 숨어있는 공간이 아닌 개방형 다락을 계획해 활용도가 높다.

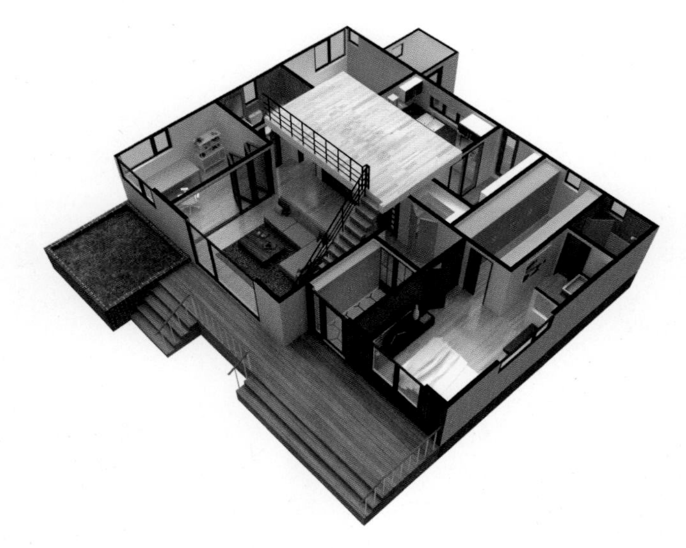

ATTIC

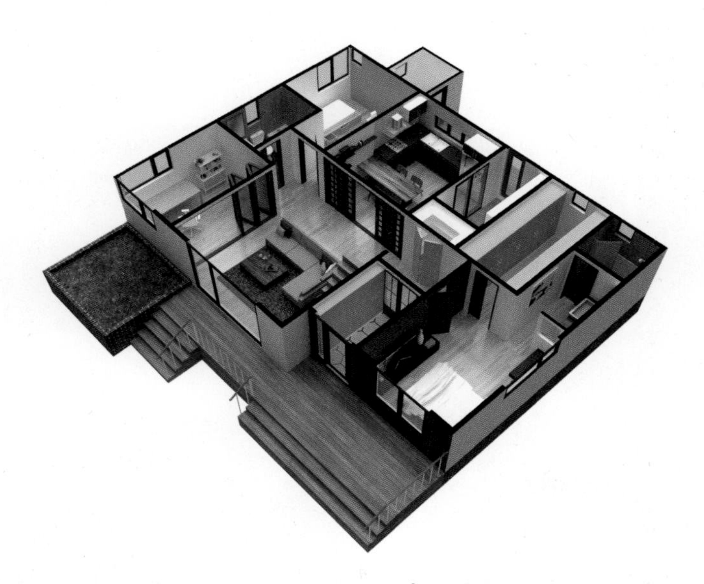

1F - 117.45m^2

빛의 유입을 최대한 끌어낸
용인 수지 홀스

경사진 대지를 활용해 지하에는 주차장이, 지상에는 아담하고 예쁜 정원과 넓은 데크가 있어서 가족들이 모이기에도 또 지인들과의 파티를 즐기기에도 좋은 곳이다. 공용공간인 거실과 주방, 테라스를 1층에 배치하고 침실과 서재 등의 개인별 공간은 2층에 둬 가족들의 프라이버시까지 고려한 주택. 비스듬히 경사진 외쪽지붕과 곳곳에 낸 크고 작은 창으로 빛을 최대한 끌어들인 덕에 흑백의 단순함마저 인상적으로 느껴진다.

HOUSE PLAN

대지위치 경기도 용인시 수지구 고기동 | **대지면적** 265.00㎡ | **건물용도** 단독주택 | **건물규모** 지하 1층, 지상 2층 | **건축면적** 52.87㎡ | **연면적** 143.54㎡ (B1F:37.8㎡ / 1F:52.87㎡ / 2F:52.87㎡) | **건폐율** 19.95% | **용적률** 39.90% | **구조** 일반목구조 | **창호재** 독일식 시스템창호 | **단열재** 그라스울 외단열 | **외벽마감재** 스타코, 세라믹사이딩 | **내벽마감재** 벽-친환경 벽지 / 바닥-강마루 | **지붕재** 아스팔트 싱글 | **설계** 홈플랜건축사사무소 | **시공** 브랜드하우징

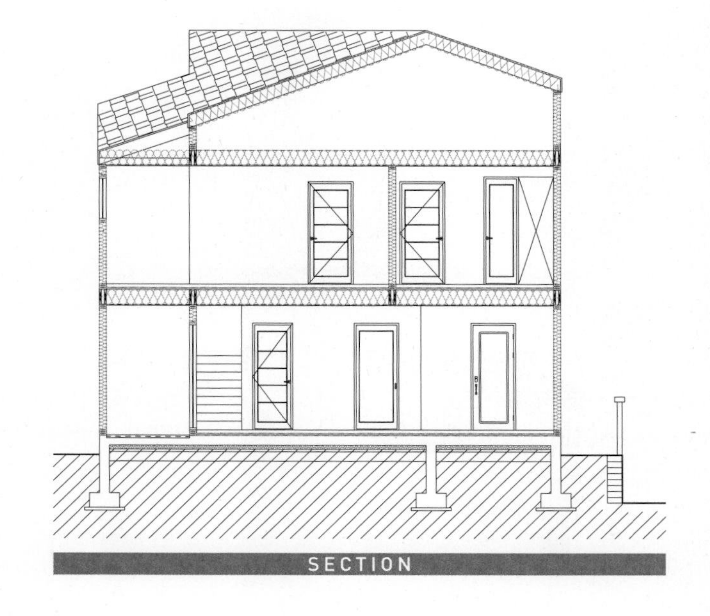
SECTION

배치계획

도로에서 3m 정도 성토된 동남향 대지. 대지 내에서도 1~2m 정도의 단차가 있는 경사지여서 주차장을 지하로 설계해 건축물과 별동으로 계획했다. 채광과 조망 확보를 위해 남쪽 마당과 동쪽 테라스를 두었으며 주택 내부가 노출되는 것을 고려해 차폐조경을 설치했다.

입면계획

사선 지붕을 도입해 개성 있는 외부 디자인으로 완성했다. 지붕은 설계 초기부터 태양광 패널을 고려해 정남향으로 형태를 잡았으며, 돌출되는 부분 없이 간결한 스타일로 설계했다. 지붕과 외장재는 관리와 유지가 손쉬운 무채색 계열의 아스팔트 슁글과 스타코로 선택, 1층 창문의 처마를 현관까지 연장하여 포인트를 주었다.

✚ 평면계획

1층은 거실과 주방, 다이닝룸과 세탁실 등의 공용공간만으로 구성된다. 거실과 주방, 다이닝룸을 별도의 분리 없이 하나의 공간으로 계획하고 전면의 외부 공간에는 넓은 데크를 둘러 여가공간을 확장했다. 커다란 주방 가구와 각종 기기들을 주방의 안쪽으로 배치해 자질구레한 살림살이들이 외부로 드러나지 않는다. 계단 아래로 작은 욕실을 배치하고 세면대와 세탁실을 그 옆으로 배치해 동선이 편리하다.
2층은 개인적인 공간들로 구성된다. 2개의 방은 각각 별도의 알파룸을 갖추고 있는데, 안방에는 드레스룸을, 자녀방에는 서재를 두었다. 욕실은 건식 세면대를 외부에 두어 아침 시간 욕실 사용이 여유롭다. 다락에는 경사 지붕의 낮은 공간에 붙박이장을 설치해 그저 창고용 공간이 아닌 가족실로 활용할 수 있도록 했다.

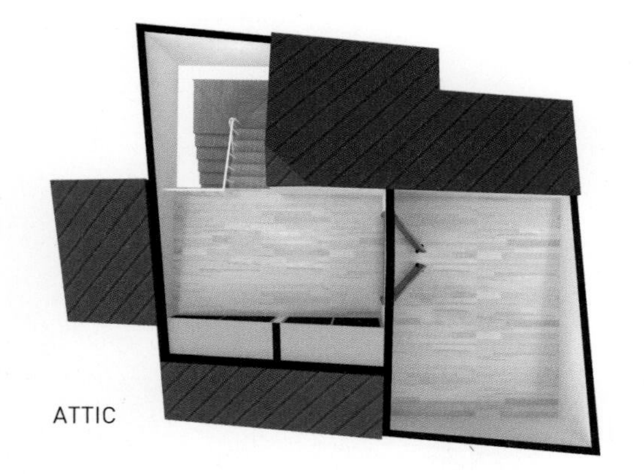
ATTIC

2F - 52.87m²

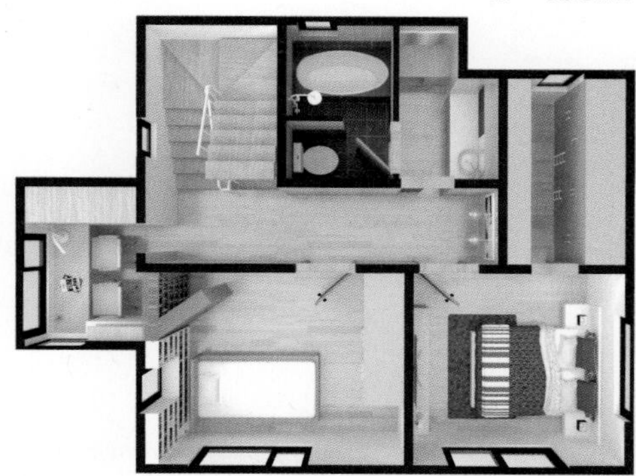

1F - 52.87m²

주택에서 누릴 수 있는 것에 집중하다
속초 노학동 스프링

높낮이를 달리한 두 개의 박공지붕, 모노톤으로 마감한 소박하면서도 정겨운 분위기를 연출한 속초 노학동 스프링 주택이다. 화려하고 복잡한 디자인을 지양하는 대신, 주택에서만 누릴 수 있는 독특한 공간 설계와 가족에게 꼭 필요한 내부 구조에 집중했다. 비록 규모가 크지 않지만 천장이 탁 트인 거실과 주방, 갖출 것은 모두 갖춘 침실 그리고 아이들이 서로의 방을 오가며 우애를 다질 수 있도록 설계한 포켓도어와 주택과 일체용으로 설계한 창고 등 들여다보면 볼수록 따라하고 싶은 아이디어가 넘쳐난다.

HOUSE PLAN

대지위치 강원도 속초시 노학동 | **대지면적** 500.4㎡ | **건물용도** 단독주택 | **건물규모** 지상 2층 | **건축면적** 86.65㎡ | **연면적** 132.81㎡(1F:83.14㎡ / 2F:49.67㎡) | **건폐율** 17.32% | **용적률** 26.54% | **구조** 일반목구조 | **창호재** 독일식 시스템창호 | **단열재** 셀룰로오스 | **외벽마감재** 스타코, 청고파벽 | **내벽마감재** 벽-친환경 벽지 / 바닥-강마루 | **지붕재** 리얼징크 | **설계** 홈플랜건축사사무소 | **시공** 브랜드하우징

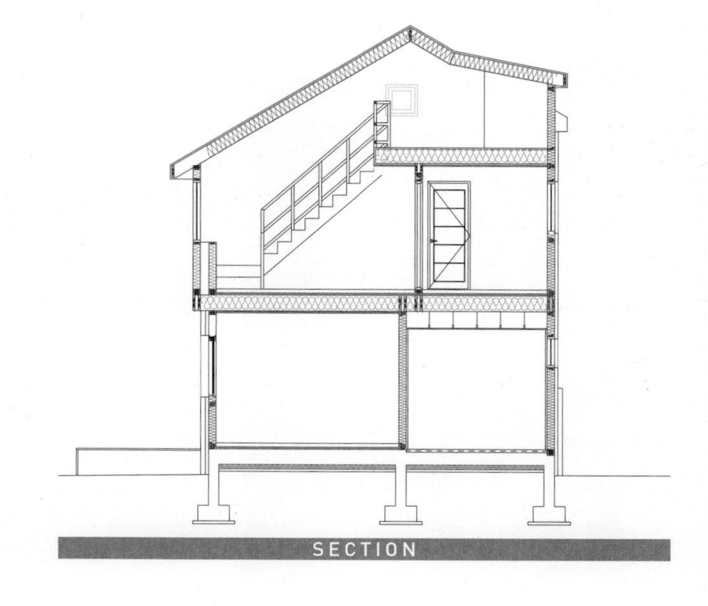

SECTION

배치계획

건축물을 남향으로 길게 배치하고 북쪽에 남게 되는 부정형의 대지는 주차장으로 활용할 수 있도록 여유를 두고 계획했다. 향을 고려하여 남향에는 거실이나 침실과 같은 주요 생활공간을, 북향에는 드레스룸, 욕실, 주방 등 일조의 영향을 덜 받는 공간을 배치하였다.

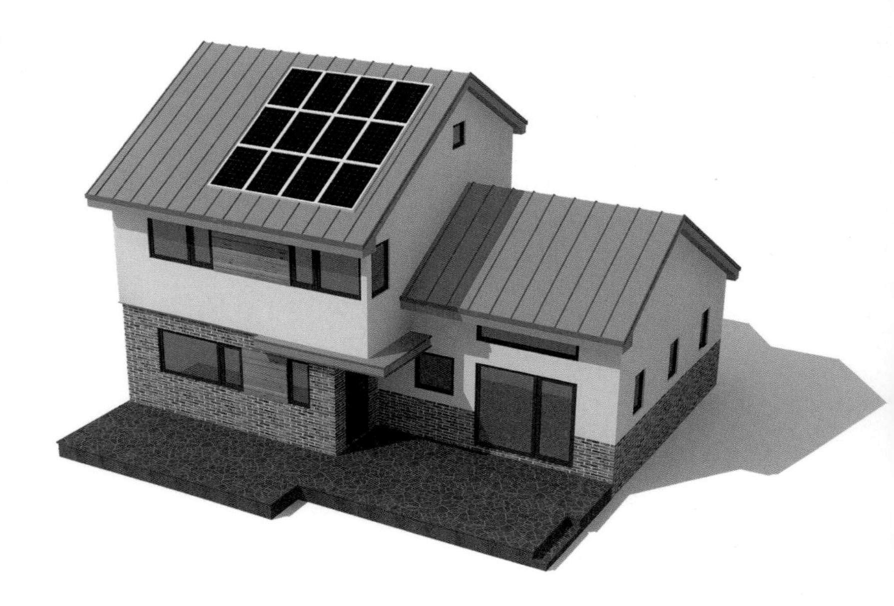

입면계획

기본 형태의 박공지붕을 2단으로 계획, 내부공간과 형태를 고려하여 경사는 동일하게 유지하고 처마높이에 변화를 주었다. 외장재는 밝은 색의 스타코를 기본으로 좌우 청고파벽의 높낮이를 달리해 주택 크기에 따른 밸런스를 맞췄다. 또한 적삼목으로 포인트를 줘 심플하면서도 따스한 디자인으로 완성했다.

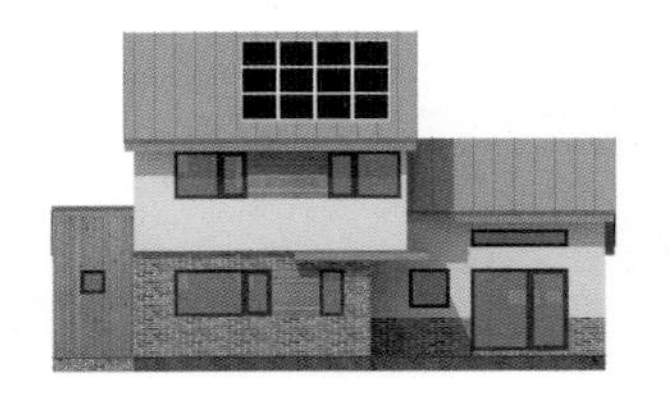

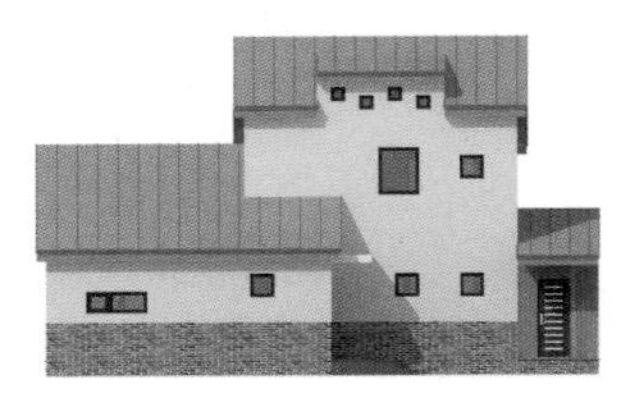

✚ 평면계획

1층은 거실과 주방 그리고 안방을 배치했다. 거실과 주방, 다이닝룸은 하나의 공간으로 구성하되, 높은 경사천장으로 계획해 개방감을 최대한 살렸다. 편리한 동선을 위해 안방에는 드레스룸을 별도로 계획하고, 주방의 다용도실에는 외부 출입문을 뒀다. 주택의 필수 공간인 창고를 설계단계부터 고려해 건축물과 어우러지게 계획했다. 2층은 아이들을 위한 공간으로 놀이실 겸 복도 그리고 2개의 복층 침실로 구성된다. 2층에는 1층을 내려다볼 수 있는 작은 창을 설치해 공간에 재미를 부여했다. 두 개의 침실 사이에는 포켓도어를 설치, 아이들이 두 공간을 자유롭게 오갈 수 있도록 했다. 방 마다 설계된 다락 역시 포켓도어를 통해 이동이 가능하다.

ATTIC

2F - 49.67m²

1F - 83.14m²

여가생활을 누리는 나만의 공간
양지 제일리 주택

굳이 근사한 카페를 찾지 않아도, 아이들을 데리고 도서관을 가지 않아도, 푸른 잔디 공원에 놀러가지 않아도 되는 곳. 제일리 주택은 가족들의 여가생활을 주택 안에서 즐길 수 있게 생활동선을 연결하여 다양한 기능을 충족시켰다. 건물 사이로 중정 느낌의 테라스가 자리하고, 정원에서는 하천을 바라보며 차를 마시거나 마음껏 뛰어놀 수도 있다. 그 뿐인가, 책이 가득 꽂혀진 조용한 서재에서 나만의 시간을 가질 수도 있다.

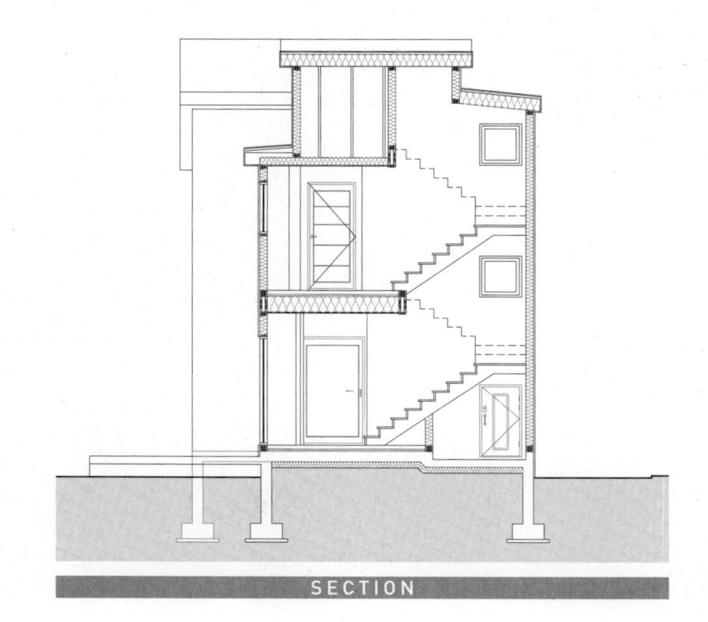
SECTION

HOUSE PLAN

대지위치 경기도 용인시 처인구 양지면 | **대지면적** 338.00㎡ | **건물용도** 단독주택 | **건물규모** 지상 2층 | **건축면적** 66.12㎡ | **연면적** 131.48㎡(1F:66.12㎡ / 2F:65.36㎡) | **건폐율** 19.56% | **용적률** 38.90% | **구조** 일반목구조 | **창호재** 독일식 시스템창호 | **단열재** 인슐레이션 | **외벽마감재** 치장벽돌, 세라믹사이딩 | **내벽마감재** 벽-친환경 벽지 / 바닥-강마루 | **지붕재** 리얼징크 | **설계** 홈플랜건축사사무소 | **시공** 세담주택건설

배치계획

하천을 끼고 남북으로 긴 대지를 적절하게 이용하기 위해 도로에서 현관과 차량출입구가 인접하도록 배치했다. 하천변으로는 보강토를 쌓아 남쪽 마당을 넓게 두고 조망권을 확보했으며, 주택 중앙에 데크를 시공해 자유롭게 내외부를 오갈 수 있도록 했다. 도로변에 위치한 현관에는 포치를 계획해 완충공간을 두었으며, 외부창고를 포치와 연계하여 계획했다.

입면계획

두 개의 매스와 연결부가 외부에 고스란히 드러나 어수선하게 보일 수 있는 부분을 외쪽지붕을 통해 간결하게 표현했다. 빛을 내부로 적극 유입시키기 위해 각 공간마다 창을 적절하게 배치하고 무채색 계열의 세라믹사이딩과 치장벽돌의 색조 조절로 이채로운 외관이 되었다.

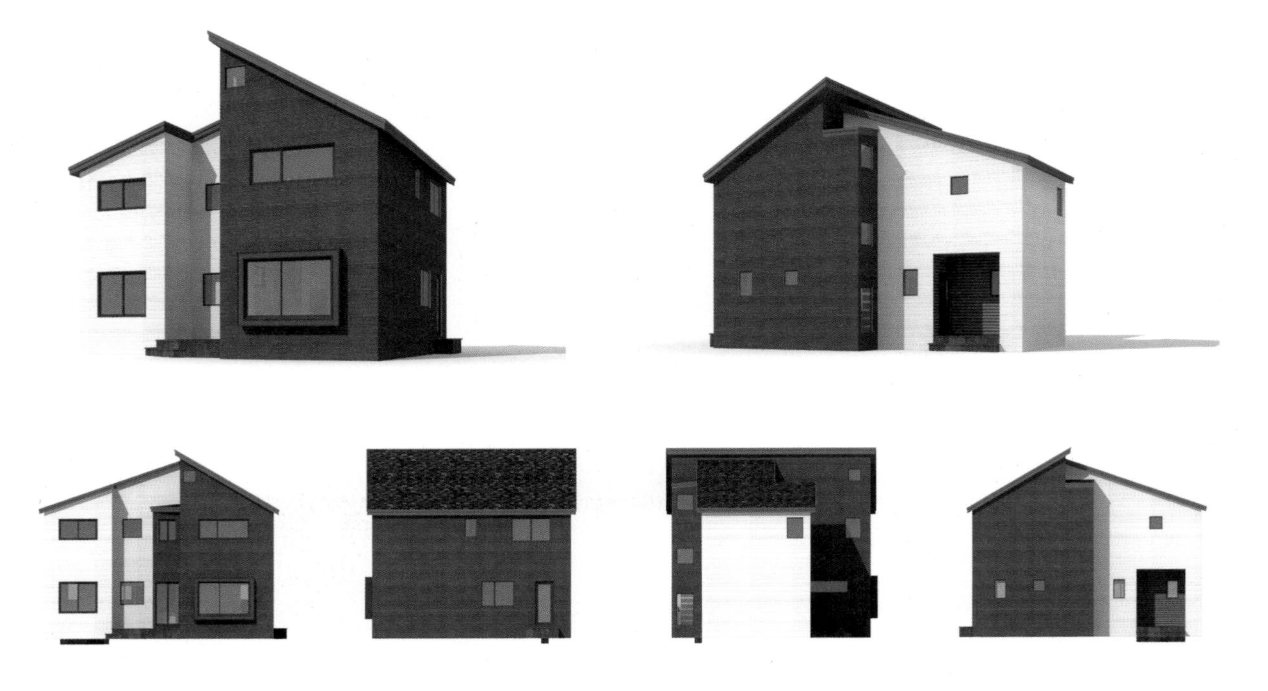

✚ 평면계획

1층은 현관과 외부 테라스를 중심으로 거실과 주방 그리고 오픈된 서재로 분리된다. 테라스는 중정형 구조로 외부 시선에서 비교적 자유로우며, 주방의 다이닝룸에서 바로 이어져 여가 공간으로도 활용도가 높다. 욕실은 계단 하부에 배치하고 욕실과 주방 사이 벽면에 키 큰 장을 설치하는 등 공간을 최대한 활용했다. 2층에는 3개의 침실이 마련되어 있다. 침실 사이에는 가족이 공용으로 사용할 수 있는 개방형 드레스룸을 배치하고, 파우더룸에 세면대를 추가로 두어 바쁜 시간대에 동선의 겹침을 최소화했다. 가족실은 다락에 두었다. 넉넉한 공간으로 수납을 비롯해 놀이 장소로도 활용된다.

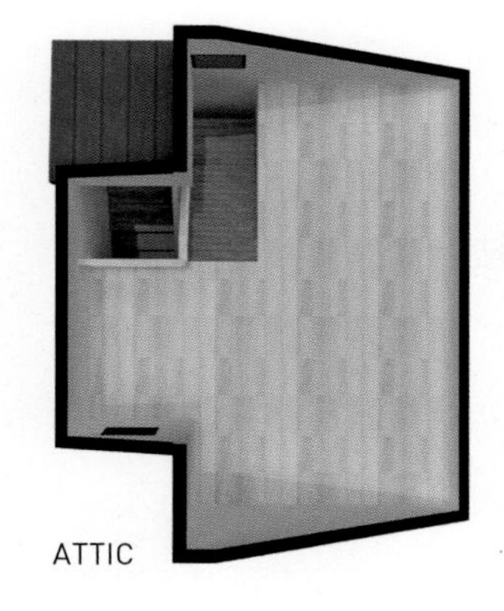

ATTIC

2F - 65.36m²

1F - 66.12m²

시간의 흐름을 온전히 누릴 수 있는 집
천안 병천 팜하우스

전면에서 바라보면 전체적으로 직사각형의 간결한 입면 디자인이지만, 한 쪽으로 비스듬히 기울어진 지붕과 돌출된 2층 베란다 그리고 적삼목을 이용한 외관의 변화가 독특한 개성을 자아낸다. 공간의 활용도에 따라 면적의 강약을 조절하고, 시간의 흐름에 따라 달라지는 자연과 빛의 변화를 온전히 누리고자 사면 곳곳에 창을 설치했다. 동쪽 창으로는 떠오는 아침 해를 그리고 서쪽 창으로는 물든 하늘을 볼 수 있는, 자연의 빛을 가득 담은 집이다.

HOUSE PLAN

대지위치 충남 천안시 동남구 병천면 | **대지면적** 330.00㎡ | **건물용도** 단독주택 | **건물규모** 지상 2층 | **건축면적** 89.01㎡ | **연면적** 158.67㎡(1F:86.52㎡ / 2F:72.15㎡) | **건폐율** 26.97% | **용적률** 48.08% | **구조** 일반목구조 | **창호재** 독일식 시스템창호 | **단열재** 수성연질폼 | **외벽마감재** 스타코 | **내벽마감재** 벽-친환경 도장 / 바닥-강마루, 타일 | **지붕재** 리얼징크 | **설계** 홈플랜건축사사무소 | **시공** 토브301

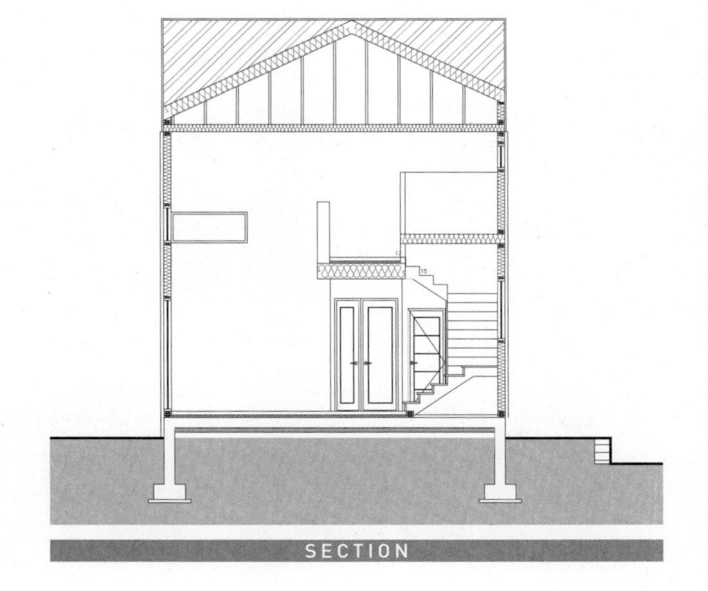

SECTION

배치계획

경사대지에 3m 정도의 보강토를 쌓아 대지를 조성했다. 우천 시 토사유출로 인한 사고를 방지하기 위해 보강토 주변에 U형 측구를 넓게 설치하는 등 안전장치를 마련했다. 모든 주요 공간은 남향으로 배치하고 거실에는 오픈천장과 다양한 크기의 창을, 침실에는 코너 창을 설치해 일조에 유리하도록 했다.

입면계획

거실을 중심으로 좌우에 굴곡이 생기도록 실을 배치하여 입면 디자인에 반영되도록 했다. 사면 모두 고르게 낸 창으로 실내로 풍부한 빛이 유입되며, 2층은 발코니와 넓은 창을 설치해 개방감을 강조했다. 외관에 포인트로 사용된 리얼징크와 적삼목은 특유의 질감으로 개성 있는 디자인을 극대화시킨다.

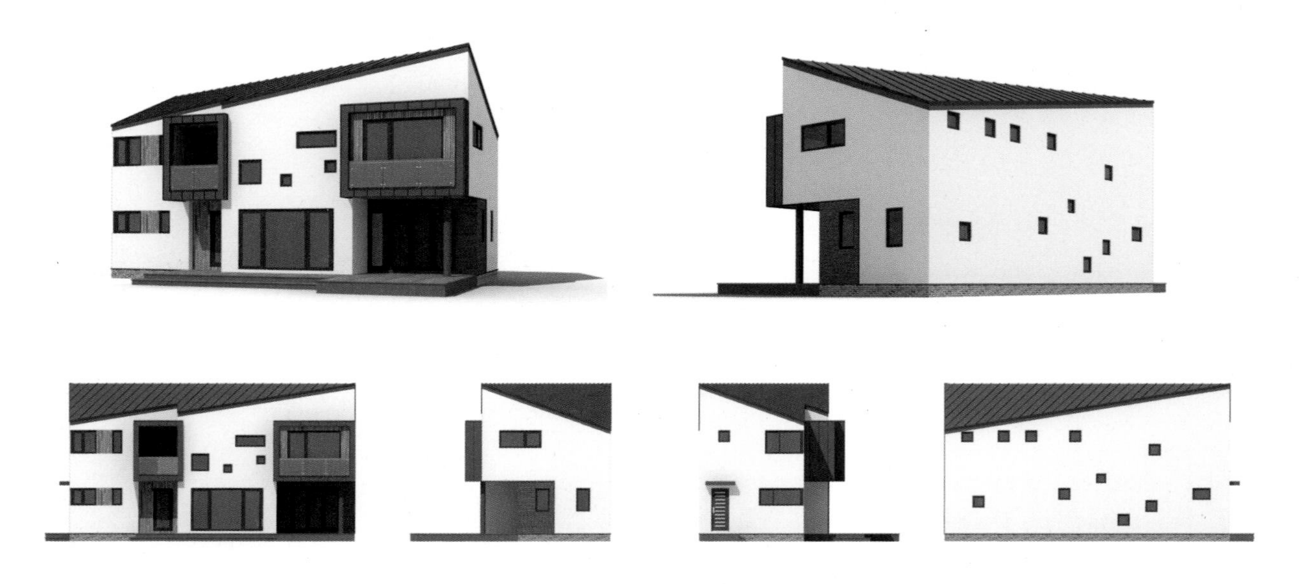

✚ 평면계획

1층은 거실을 중심으로 주방과 침실로 구분된다. 라이프스타일에 따라 거실에 비해 주방 면적을 넓게 잡고 주방과 외부 테라스를 연계해 사용할 수 있도록 폴딩도어를 설치했다. 다소 좁아 보일 수 있는 거실은 경사천장으로 높게 계획하여 개방감을 주었다. 2층에는 간단한 조리가 가능한 간이 주방을 설치하고, 전망 좋은 곳에 위치한 베란다는 이 간이 주방으로 인해 더욱 다용도로 활용된다. 2개의 침실에는 드레스룸을 별도로 배치해 공간을 넓게 사용할 수 있다.

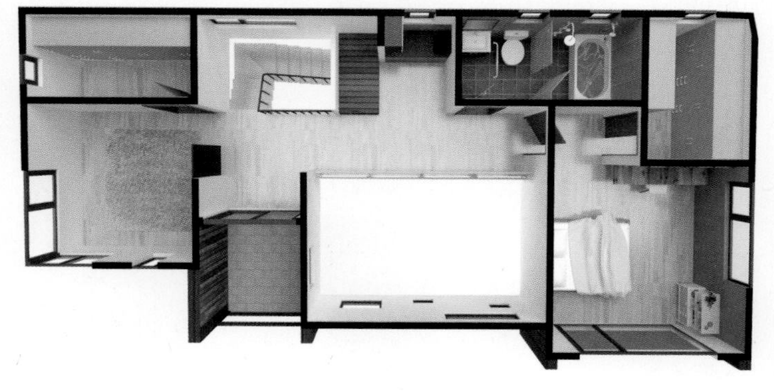

2F - 72.15m²

1F - 86.52m²

청고파벽과 징크의 어우러짐
남양주 진접 목조주택

박공지붕의 심플한 디자인을 추구하면서도 다양한 마감재를 활용해 빈티지한 멋을 드러내는 집 한 채. 하단부에 청고파벽을 붙여 한층 무게감을 실어준 이 집은 다양한 크기의 창을 내어 낮에는 실내에서도 따뜻한 햇볕을 느낄 수 있다. 2개의 층과 넉넉한 크기의 다락으로 이루어져 있고 1, 2층에 포치가 설치된 테라스가 갖춰져 있어 어디서건 외부 활동이 가능하다.

HOUSE PLAN

대지위치 경기도 남양주시 진접읍 | **대지면적** 218.10㎡ | **건물용도** 단독주택 | **건물규모** 지상 2층 | **건축면적** 87.23㎡ | **연면적** 160.89㎡(1F:80.52㎡ / 2F:80.37㎡) | **건폐율** 40.00% | **용적률** 73.77% | **구조** 일반목구조 | **창호재** 독일식 시스템창호 | **단열재** 인슐레이션, 외단열 | **외벽마감재** 스타코 | **내벽마감재** 벽-에덴바이오 벽지 / 바닥-강마루 | **지붕재** 리얼징크 | **설계** 홈플랜건축사사무소 | **시공** 건축주 직영

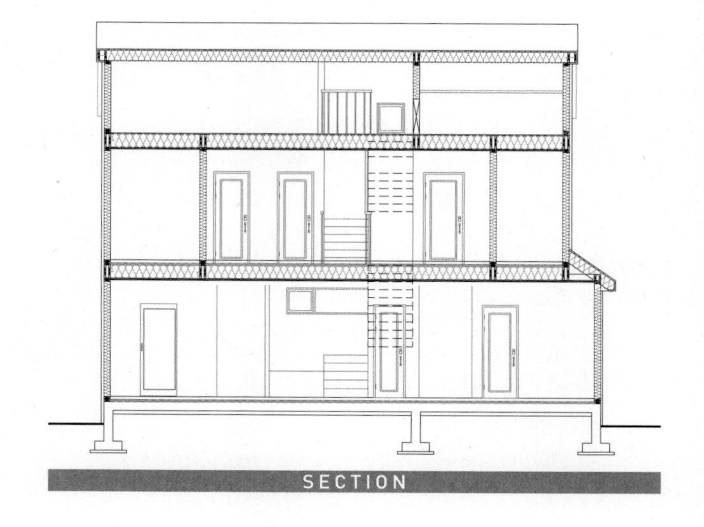

SECTION

배치계획

택지지구 내 평지로 조성된 동서로 긴 남향대지.
단지 정면이 남향이라 건물을 최대한 북측으로 붙여 마당 넓은 집을 계획했다. 주택 전면으로는 주방과 연계해 사용할 수 있는 석재마감 데크와 포치를 두어 외부 활동에 편리하다.

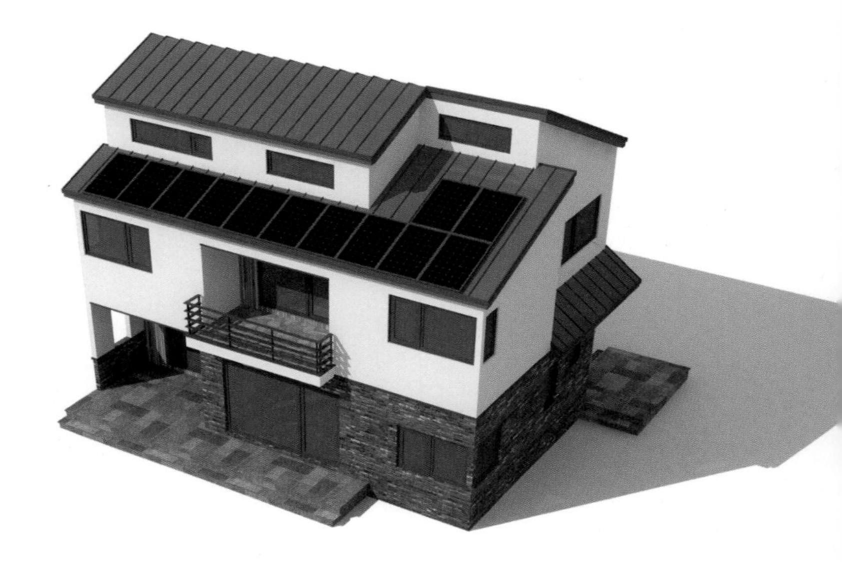

입면계획

지붕 형태는 태양광 패널의 크기와 배치를 고려하여 박공지붕으로 계획, 기본에 충실한 입면 디자인을 선보였다. 지붕과 외장재는 무채색 계열의 리얼징크와 스타코를 바탕으로 하되, 흙이 접하는 기단부로부터 높낮이를 조절하여 청고파벽과 적삼목으로 포인트를 주었다.

✚ 평면계획

1층 현관으로 들어서면 긴 복도를 통해 내부로 유입되는 구조다. 복도를 지나면 거실이 드러나고 좌우로 욕실과 서재 그리고 주방이 배치되어 있다. 서재는 양개형 도어를 달아 평소에는 개방형으로 사용할 수 있으며, 손님방으로도 이용이 가능하다. 2층은 가족실과 침실, 그리고 세탁실로 구성된다. 가족실은 지붕의 경사 모양을 그대로 살려 개방감이 느껴지며, 앞으로 발코니를 배치해 세탁물 건조에도 유용하다. 모든 방에는 수납을 고려해 드레스룸 혹은 붙박이장을 설치했다. 다락에는 일부 벽체와 기둥을 남겨두어 다용도로 사용이 가능하다.

2F - 80.37m²

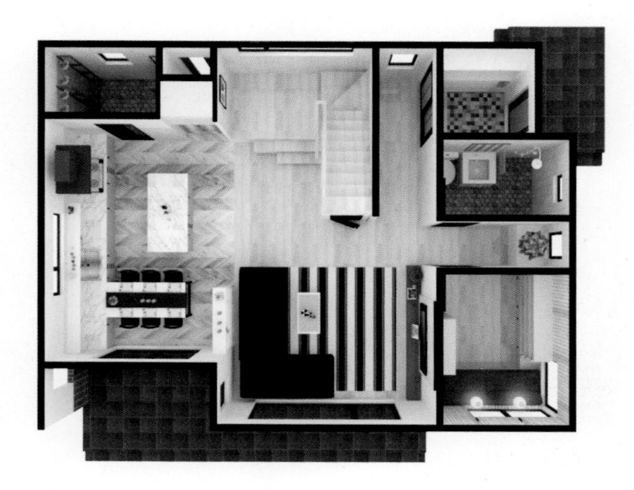

1F - 80.52m²

주차공간을 활용한 작업실을 겸한 주택
동두천 지혜로운가

주거와 일을 겸할 수 있는 작업실이 마련되어 있는 집. 누구나 한번쯤은 꿈꿔 볼 만하지만, 집에서 작업을 하다보면 여러모로 불편한 점이 생기기 마련이다. 지혜로운가는 이러한 단점을 보완해 생활공간과 작업실을 분리시켰다. 가족들이 함께 하는 장소와 일을 위한 공간을 분리해 그 어느 곳에 머물러도 편안하고 즐겁다. 자고로 집이란, 밥 먹고 잠만 자는 곳이 아니지 않은가. 좋아하는 것들, 필요한 것들로 이루어진 집, 그야말로 가족의 성향에 특화된 그런 집이다.

HOUSE PLAN

대지위치 경기도 동두천시 송내동 | **대지면적** 575.00㎡ | **건물용도** 단독주택 | **건물규모** 지상 2층 | **건축면적** 113.14㎡ | **연면적** 202.97㎡(1F:110.53㎡ / 2F:92.44㎡) | **건폐율** 19.68% | **용적률** 35.30% | **구조** 일반목구조 | **창호재** 독일식 시스템창호 | **단열재** 그라스울, 스카이텍 | **외벽마감재** 세라믹사이딩 | **내벽마감재** 벽-친환경 벽지 / 바닥-강마루 | **지붕재** 리얼징크 | **설계** 홈플랜건축사사무소 | **시공** HNH건설

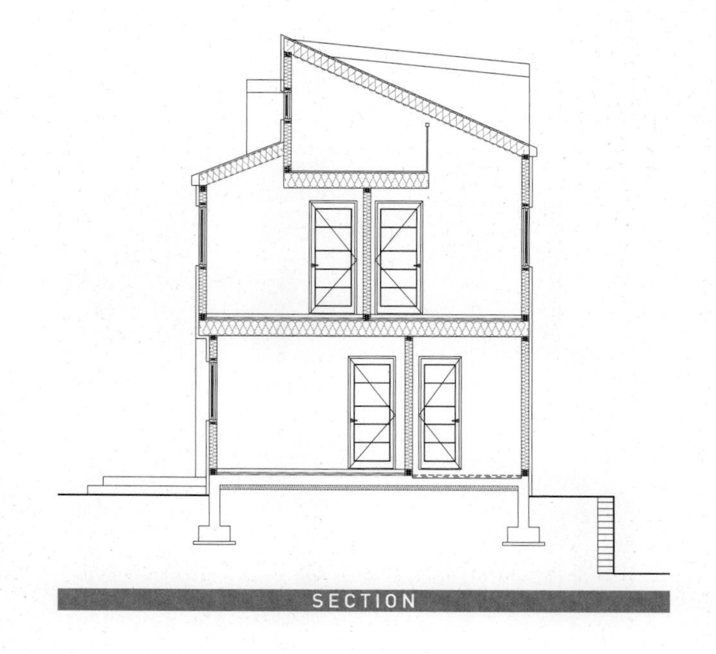

SECTION

배치계획

경사진 면에 단지조성이 되어 있는 동서로 긴 대지. 주차장을 겸한 작업실을 단지 내 도로에서 바로 이어지도록 배치하고, 주차장 옆으로 주거공간을 둬 내부 공간이 외부로 드러나는 것을 막았다. 채광에 유리하도록 실들을 가로로 길게 배치하고 크고 심플한 디자인의 창을 설치해 조망권도 확보했다.

입면계획

내부공간과 형태를 고려하여 지붕 물매와 방향에 변화를 주었다. 박공지붕과 외쪽지붕을 적절히 사용해 입면이 다채롭고 재미있다. 마감재로는 모던한 디자인의 리얼징크와 세라믹사이딩을 선택, 대비되는 색상을 배치하고 적삼목을 적절하게 매치해 세련된 감각을 강조했다.

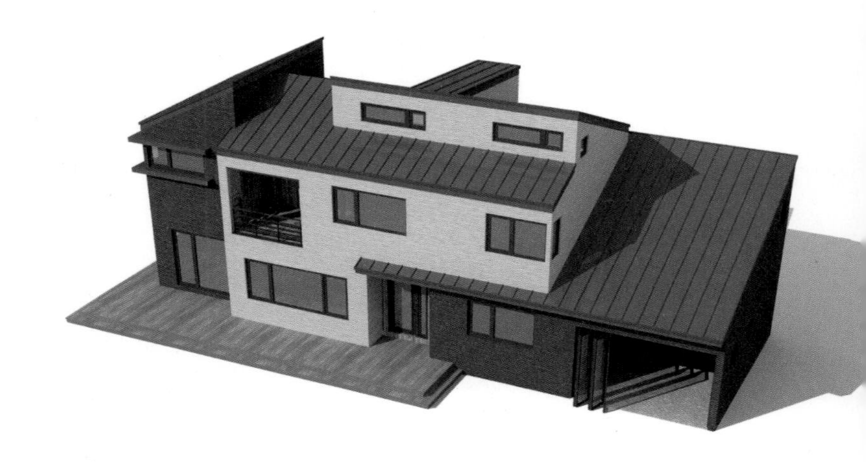

✚ 평면계획

1층은 주거공간과 주차장 겸 작업공간으로 분리된다. 작업공간은 건물 일부를 별도로 분리시켜 만든 곳으로 1층은 차고로, 다락 형태의 2층은 작업실로 사용한다. 주거공간은 현관을 중심으로 침실 그리고 거실과 주방으로 분리된다. 건축주의 요청대로 공용공간을 최대한 넓게 배치하되, 거실과 주방의 바닥재를 달리해 시각적으로 공간을 분리했다. 외부 테라스는 주방과 연계해 사용하기 편리하도록 바닥면을 석재로 마무리했다. 2층은 가족실과 방 3개로 구성된다. 가족실에는 아담한 사이즈의 테라스를 두고, 크지 않은 방에는 드레스룸과 다락을 별도로 배치해 공간의 활용도를 높였다. 이 외에도 가족실과 이어지는 또 하나의 다락이 있어 여유 공간이 넉넉하다.

2F - 92.44m²

1F - 110.53m²

EVERMOTION

남향을 바라보는 다각형의 집
수원 호매실 희망토끼

다각형 주택은 사각형보다 내부공간이 복잡하고 데드스페이스가 생기기 쉽다. 호매실 희망토끼는 부정형 대지에 자리한 땅으로 여러모로 고민이 많았던 사례였다. 모서리의 활용으로 평면이 다소 복잡해질 수 있기 때문에, 입면은 최대한 단순하게 디자인해 심플한 외관으로 완성했다. 평면은 직각이 아닌 사선으로 만나는 곳이 많아 데드스페이스를 최소화 하도록 실 배치를 하되, 공간의 개방감과 동선까지 고려해 설계했다. 그리하여 남향 배치를 기본으로 외부 활동을 위한 중정 데크와 넉넉한 실내 공간까지 두루 갖춘 주택이 완성됐다.

HOUSE PLAN

대지위치 경기도 수원시 호매실지구 | **대지면적** 260.8㎡ | **건물용도** 단독주택 | **건물규모** 지상 2층 | **건축면적** 103.78㎡ | **연면적** 185.92㎡(1F:101.33㎡ / 2F:84.59㎡) | **건폐율** 39.79% | **용적률** 71.29% | **구조** 일반목구조 | **창호재** 독일식 시스템창호 | **단열재** 셀룰로오스 | **외벽마감재** 세라믹사이딩 | **내벽마감재** 벽-친환경 벽지 / 바닥-강마루 | **지붕재** 리얼징크 | **설계** 홈플랜 건축사사무소 | **시공** 브랜드하우징

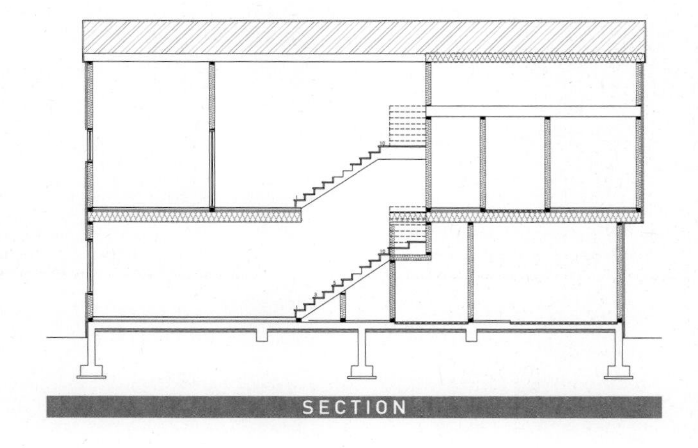
SECTION

배치계획

부정형 대지를 효율적으로 활용하기 위해, 남향 배치를 기본으로 하고 작은 중정을 계획하여 각 실에 빛이 풍부하게 들도록 했다. 북쪽으로 남는 대지가 없도록 실을 배치하고, 서쪽에 공원을 바라보며 남쪽 마당을 활용할 수 있도록 계획했다.

입면계획

다각형이지만 최대한 단순하고 깔끔한 입면으로 설계, 사선 지붕을 사용해 독특하고 개성 있는 주택 외관을 완성했다. 단정함을 살린 모던한 징크지붕과 깔끔한 스터코 마감으로 심플하고 고급스러운 느낌을 준다. 지붕선을 따라 사선으로 배치된 커다란 2층 창으로 감각을 살리되, 나머지 공간에는 프라이버시를 위해 작은 창을 여러 개 설치했다.

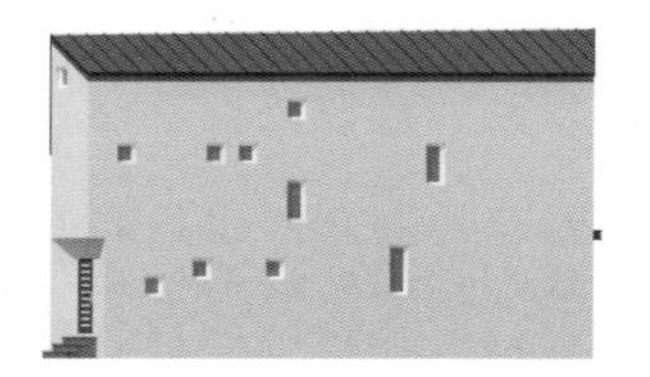

✚ 평면계획

버려지는 공간이 없도록 주방, 거실, 방은 사각의 형태를 유지하고 나머지 실들은 그 사이사이에 계획했다. 1층은 거실과 주방 그리고 서재로 구성된다. 거실과 주방은 하나의 이어진 공간으로 넓게 배치하고 중정 데크와 연계해 외부 활동이 자유롭다. 중정의 창을 통해 북쪽 계단실과 북쪽 주방의 채광을 해결하고 거실은 오픈 천장으로 시공해 공간이 한층 넓고 밝아 보이도록 했다. 서재에는 큰 창과 윈도우시트를 설치해 공원을 조망하는 공간을 마련했다. 2층 자녀방에는 각각 다락을 두고 욕실에는 건식 세면대를 따로 배치해두었다.

고풍스러운 분위기의 벽돌집
수원 호매실 디냐

홍고벽돌과 리얼징크가 조화를 이루고 주택 전면, 지붕과 테라스의 단정한 선으로 정적인 무게감을 주는 벽돌집이다. 복잡하지 않고 군더더기 없는 입면으로 보이지만, 측면에서 바라본 주택은 전혀 색다르다. 위 아래로 뻗어나가는 경사지붕에서 경쾌한 리듬감이 느껴진다. 도로 가각으로 인한 형태 제약이 있었지만, 그 덕에 오히려 코너 주택만이 가질 수 있는 매력을 한껏 끌어올릴 수 있었다. 내부 역시 버려지는 공간 하나 없이 꼭 필요한 공간들이 속속 배치되면서도 그만의 개성을 더할 수 있었다.

HOUSE PLAN

대지위치 경기도 수원시 금곡동 | **대지면적** 259.70㎡ | **건물용도** 단독주택 | **건물규모** 지상 2층 | **건축면적** 90.25㎡ | **연면적** 155.18㎡(1F:90.25㎡ / 2F:64.93㎡) | **건폐율** 34.75% | **용적률** 59.75% | **구조** 일반목구조 | **창호재** 독일식 시스템창호 | **단열재** 셀룰로오스 | **외벽마감재** 홍고벽돌 | **내벽마감재** 벽-친환경 벽지 / 바닥-강마루 | **지붕재** 리얼징크 | **설계** 홈플랜건축사사무소 | **시공** 브랜드하우징

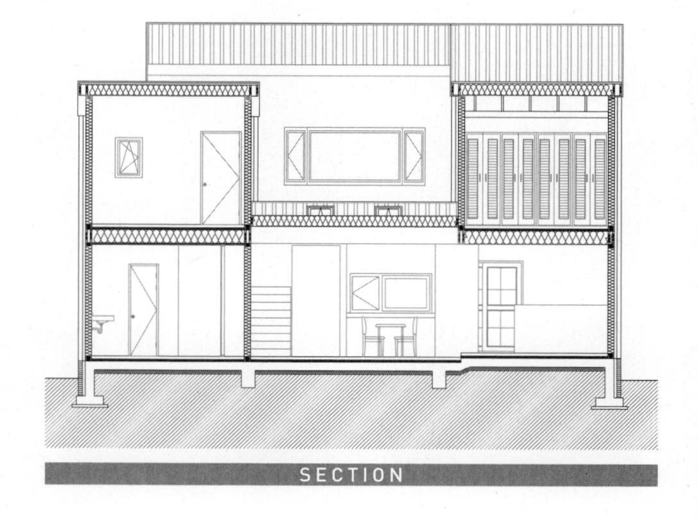

SECTION

배치계획

단지 내 코너에 위치한 대지. 채광과 프라이버시 확보를 위해 주택을 남향으로 배치하되, 남쪽으로 마당을 넓게 둬 인접대지와의 간섭을 최소화했다. 도로 가각으로 인해 건물의 형태가 제약을 받게 되지만 적절한 공간 계획과 가구 배치로 비효율적인 공간이 생기지 않도록 했다.

입면계획

외벽은 전체적으로 홍고벽돌로 마감해 고풍스러우면서도 따스한 우직함이 느껴진다. 지붕은 처마선 없이 심플하게 디자인하되, 박공지붕과 외쪽 경사지붕의 조합으로 단순한 창문의 배치와 지붕의 형태만으로도 독특한 외관이 완성됐다.

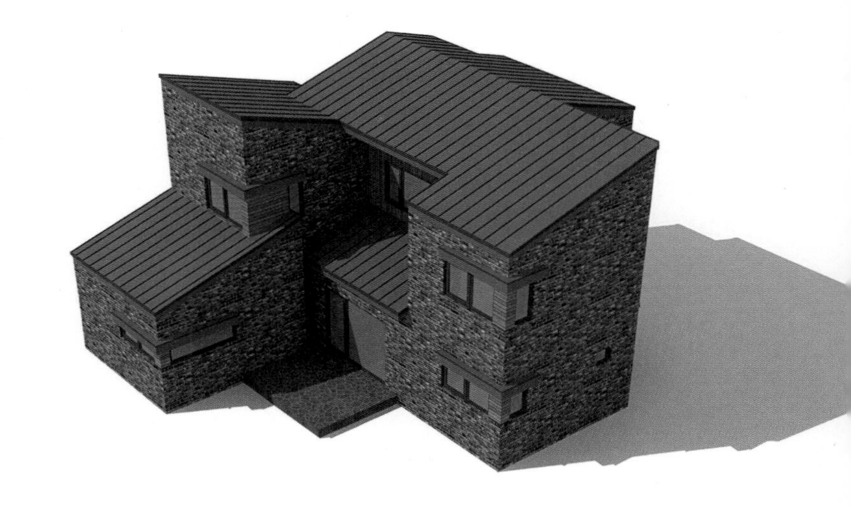

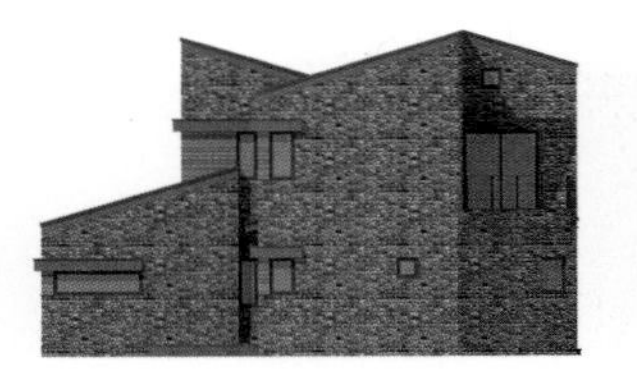

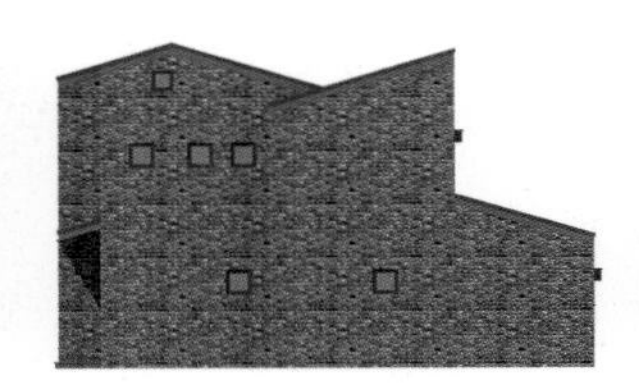

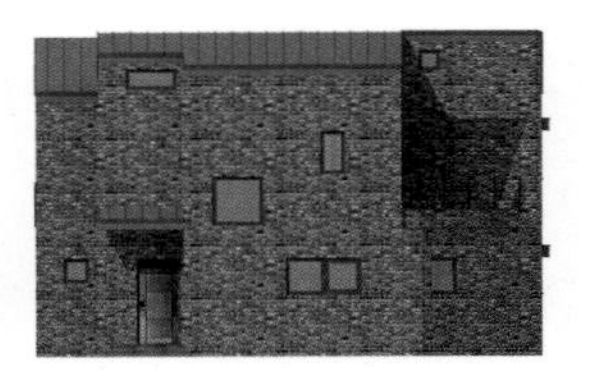

✚ 평면계획

현관에 들어서면 환한 내부가 한 눈에 들어오도록 1층의 주요 공간을 모두 남향으로 배치했다. 또한 거실에 천창을 설치해 북쪽에 위치한 주방과 다목적실까지 빛을 유입시켰다. 반려견을 키우는 건축주를 위해 현관 입구에 반려견 전용 욕실을 배치하고, 세면대와 화장실은 독립적으로 구획해 공간의 활용도를 높였다. 2층은 가족실과 이와 연계된 외부 발코니 그리고 2개의 방을 배치했다. 각 방은 복층 구조로 만들어 추후 다양하게 활용할 수 있다. 2층의 욕실과 화장실 역시 독립적으로 배치해 동선의 겹침 없이 여유롭게 사용이 가능하다.

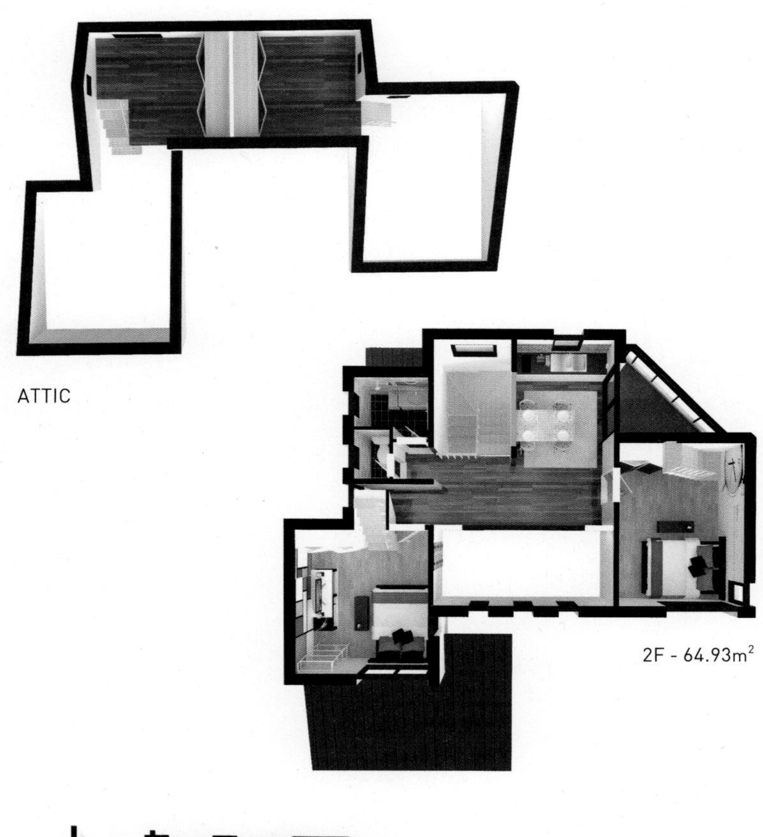

ATTIC

2F - 64.93m^2

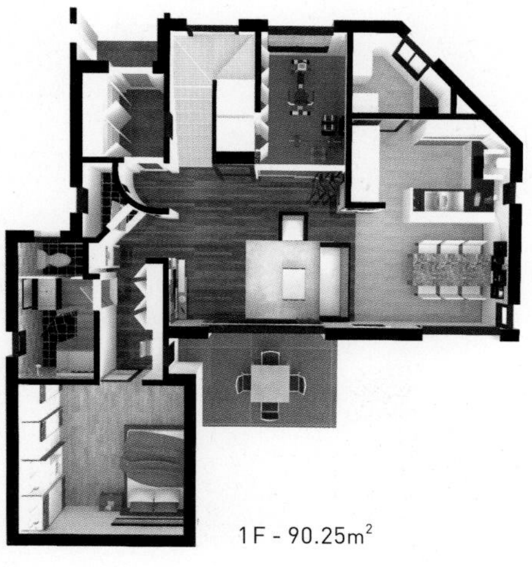

1F - 90.25m^2

군더더기 없는 적재적소의 공간배치
용인 동백 상상재

직사각형의 외관에 박공지붕. 언뜻 보면 특별할 것 없는 주택이지만 자세히 들여다보면 다르다. 대비되는 색상으로 변화를 준 외부 마감과 계단식으로 점차 넓어지는 독특한 입면으로 주택만의 개성을 입혔기 때문. 내부 역시 네모반듯한 일반 주택에 비해 재미나다. 새로운 벽체를 이용해 다양한 공간을 만들어내는 과정은 실로 즐거웠다. 차를 즐기는 부부를 위한 볕이 잘 드는 다실, 부부 침실 한쪽 끝에 마련된 미니 서재, 두 아이를 위한 복층 침실 등 군더더기 없이 꼭 필요한 공간만을 위해 집중한 사례다.

HOUSE PLAN

대지위치 경기도 용인시 기흥구 중동 | **대지면적** 223.1㎡ | **건물용도** 단독주택 | **건물규모** 지하 1층, 지상 2층 | **건축면적** 75.11㎡ | **연면적** 199.98㎡ (B1F:49.76㎡ / 1F:75.11㎡ / 2F:75.11㎡) | **건폐율** 33.67% | **용적률** 67.33% | **구조** 일반목구조 | **창호재** 독일식 시스템창호 | **단열재** 셀룰로오스 | **외벽마감재** 세라믹사이딩 | **내벽마감재** 벽-친환경 벽지 / 바닥-강마루 | **지붕재** 리얼징크 | **설계** 홈플랜건축사사무소 | **시공** 위빌

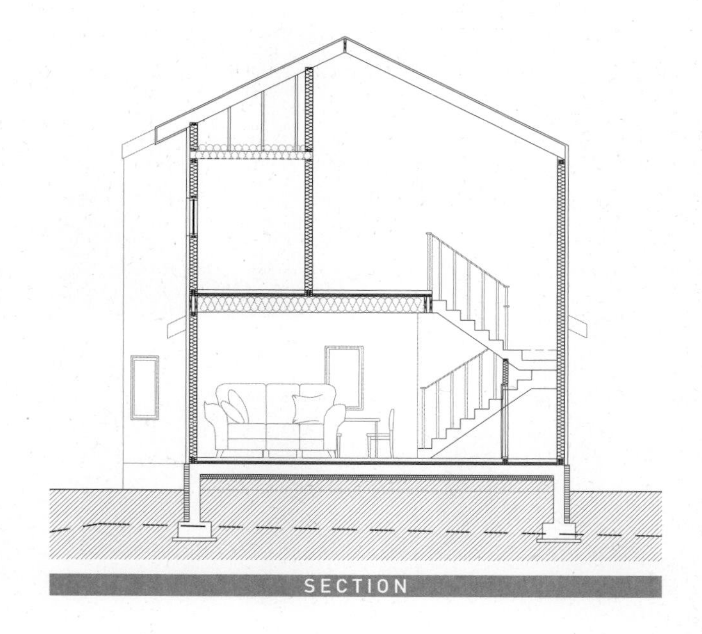

SECTION

배치계획

2면의 도로에 접한 경사지로 낮은 서쪽 도로에 지하주차장을 설치하고 출입 계단을 계획했다. 대지가 높은 남쪽에 대문을 배치해 도보 이용 시 마당으로의 접근이 편리하도록 하고, 인접대지와 최대한 이격하여 넉넉한 동쪽 마당을 확보했다.

입면계획

도로면과 단차가 심해 채광과 조망이 좋은 편이지만, 외부 노출을 고려해 주택 전면에 부분적으로 낮은 담벼락을 설치했다. 현관에서부터 면적이 점차적으로 늘어나는 계단식 평면이 외부에도 고스란히 드러나 입체적인 디자인으로 완성됐다. 지하주차장은 이질적으로 보이지 않도록 경사지 지형과 어우러지게 설계했다.

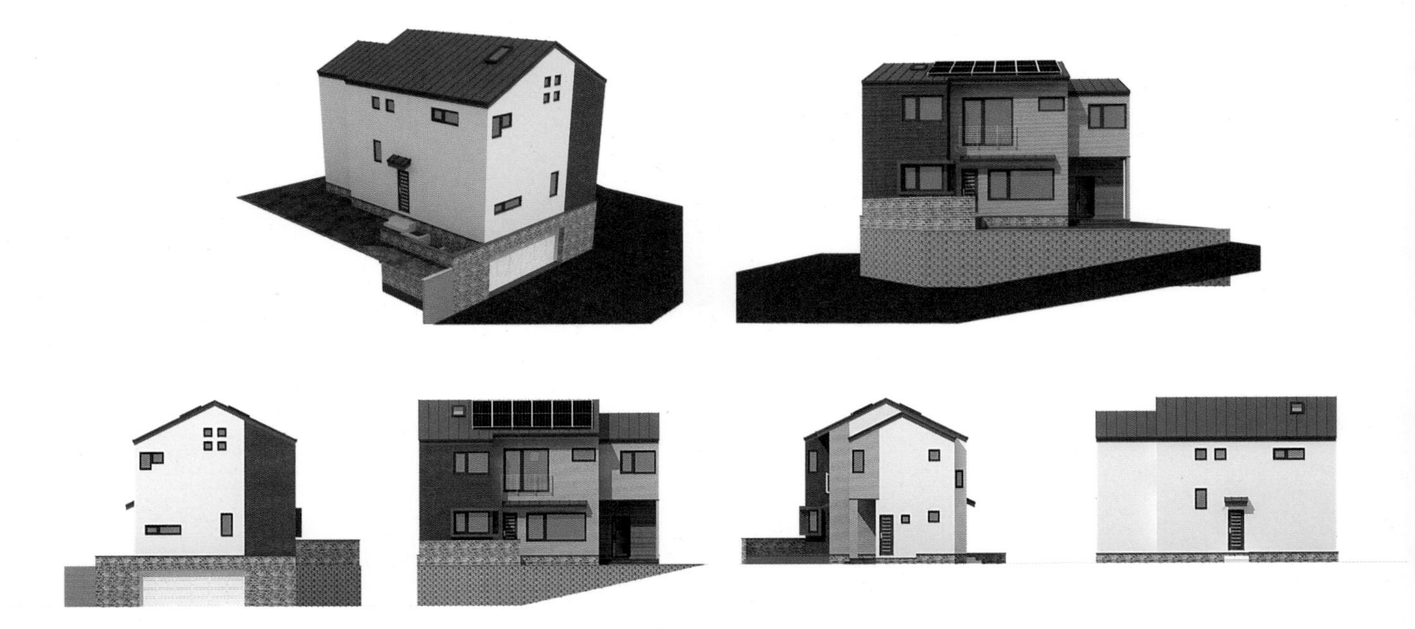

✚ 평면계획

1층은 가족의 공용공간으로 거실과 주방 그리고 손님을 위한 방이 마련되어 있다. 거실에는 외부 데크와 연계된 출입구가 있으며 다용도실에도 주차장과 이어져 있는 출입문을 배치해 동선이 편리하다. 다이닝룸 앞으로는 다실을 두었다. 단차를 두고 4짝 미닫이문을 설치한 이곳은 손님방으로도 사용된다. 2층은 부부와 두 아이를 위한 침실을 배치했다. 욕실 앞으로는 오픈된 세탁실을 배치해 탈의와 세탁 동선이 편리하도록 했다. 가족실에는 폴딩도어를 설치, 가변형으로 사용이 가능하며 세탁 건조에도 유용하게 쓰인다. 아이들의 침실에는 각각의 다락을 배치했지만 서로의 다락으로 통하는 문이 설치되어 있다.

2F - 75.11m²

1F - 75.11m²

유니크한 품위가 느껴지는 벽돌집
용인 동백 미니모어

하늘을 향해 비상이라도 하듯 독특함이 느껴지는 주택. 홍고벽돌과 리얼징크, 우드 루버 이 세 가지 자재가 어우러져 고풍스러우면서도 유니크한 디자인을 완성했다. 정성이 깃들기는 내부도 마찬가지다. 가족들의 취향과 감각을 담아 완성한 공간들. 주방과 다락에는 가족이 함께 취미 생활을 하는 장소를, 각 방에는 개인의 휴식과 수납이 가능한 공간을 마련해 그 어느 곳에 머물러도 편안하고 즐겁다. 좋아하는 것들이 가득한 집, 가족의 성향에 특화된 그런 집이다.

HOUSE PLAN

대지위치 경기도 용인시 기흥구 중동 | **대지면적** 505.00㎡ | **건물용도** 단독주택 | **건물규모** 지상 3층 | **건축면적** 92.72㎡ | **연면적** 177.41㎡(1F:81.23㎡ / 2F:73.62㎡ / 3F:22.56㎡) | **건폐율** 18.36% | **용적률** 35.13% | **구조** 일반목구조 | **창호재** 독일식 시스템창호 | **단열재** 수성연질폼 | **외벽마감재** 홍고치장벽돌 | **내벽마감재** 벽-친환경 도장 / 바닥-강마루 | **지붕재** 리얼징크 | **설계** 홈플랜건축사사무소 | **시공** 토브301

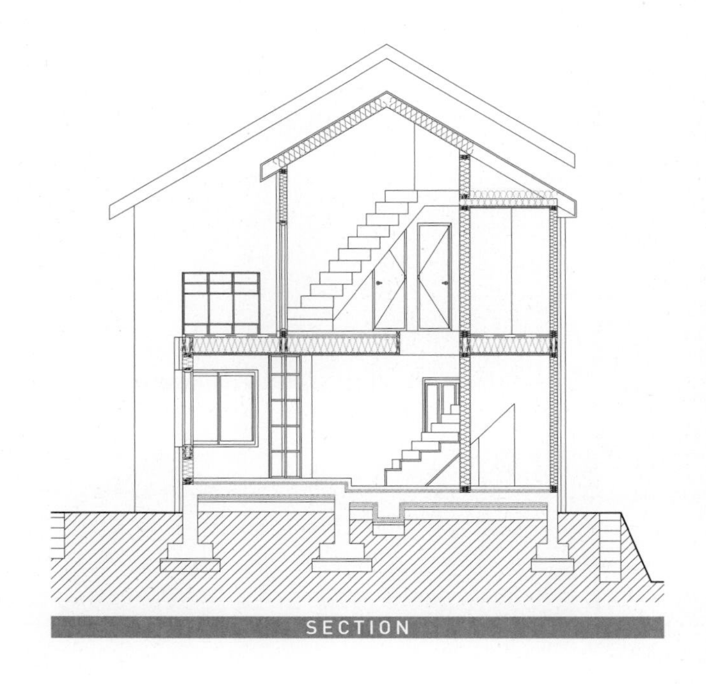

SECTION

배치계획

경사지로 3m 정도의 보강토를 쌓아 대지를 조성하고, 편리한 진출입을 고려해 경사로를 이용한 지하주차장을 설치, 내부에 진입 계단을 두었다. 부정형 대지의 북쪽 면을 기준으로 대지의 형상에 어울리게 각 실을 배치했다.

입면계획

지붕은 태양광 패널을 고려해 정남향으로 형태를 잡았다. 부정형 대지에 앉힌 주택으로 다소 복잡해 보이는 외관이지만 모던한 컬러의 리얼징크 박공지붕으로 최대한 단순해 보이도록 디자인했다. 마감재는 중후한 매력의 홍고벽돌을 사용하되, 1층 창문의 처마를 현관까지 연장해 포인트를 주었다.

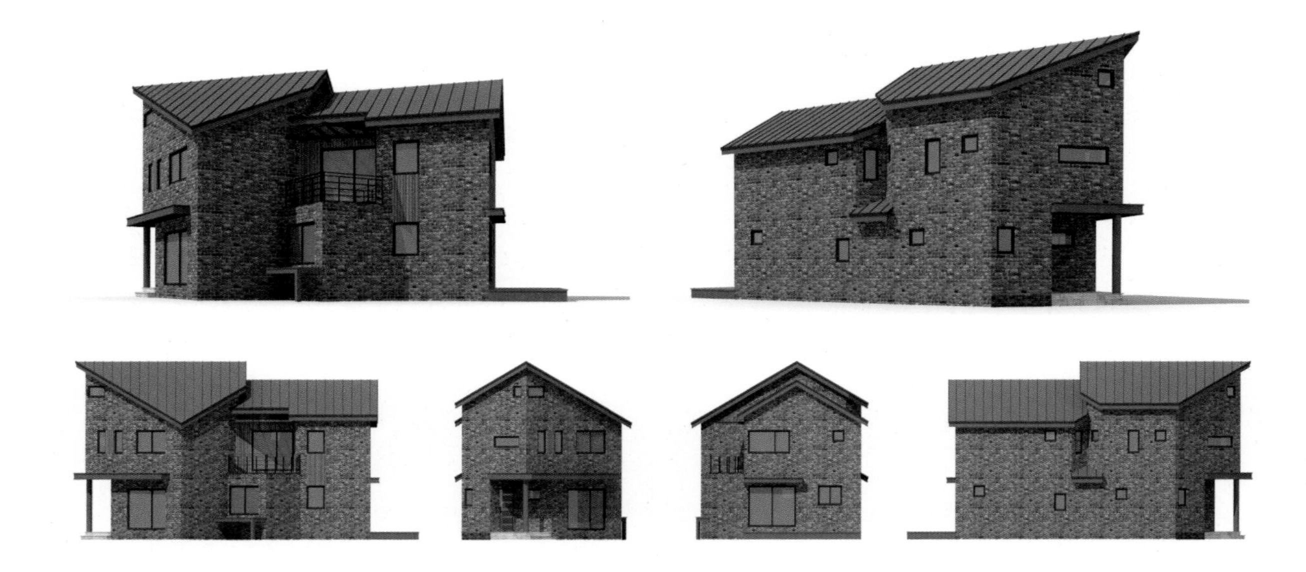

✚ 평면계획

넉넉한 수납공간을 갖춘 현관으로 들어서면 계단을 중심으로 거실 영역과 주방 영역으로 분리된다. 거실과 주방은 단을 높여 공간을 구획하고 넓은 주방 영역에는 아이들의 놀이터로도 활용이 가능한 볕이 잘 드는 서재가 마련되어 있다. 계단이 집의 중앙에 위치해 하부공간을 수납과 욕실공간으로 사용하는 등 부정형의 건물 실 구성에 어색함이 없도록 신경 썼다. 2층은 3개의 방과 테라스가 배치되어 있다. 애매한 모서리 부분은 수납장과 테라스를 배치해 버려지는 공간이 없도록 하고 침실은 심플한 구조로 설계했다. 3층은 가족실이자 취미실로 활용하며, 계단을 복도와 연계해 활용도를 높였다.

3F - 22.56m²

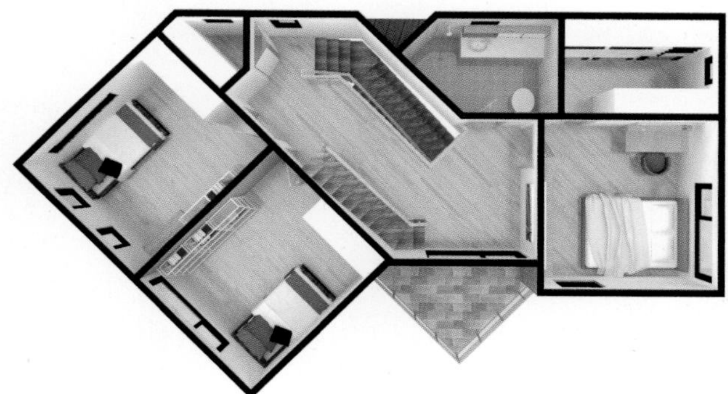

2F - 73.62m²

1F - 81.23m²

창을 통해 하늘을 품에 들이다
인천 서창 구름나무

집안 곳곳에 빛을 유입시키는 것에 중점을 둔 주택이다. 건축주는 복잡한 디테일이 많지 않아 손이 덜 가는 집, 그리고 햇빛이 집안 곳곳을 비추는 집을 원했다. 주택 전면에 커다란 창호를 적용하고 1, 2층 포치 공간의 폭을 넓혀 자연 경관을 고스란히 집으로 끌어들였다. 기존의 주택들에 비해 크게 설계된 거실의 고측창은 거실은 물론이거니와 2층 깊숙이 풍부한 빛을 유입시킨다. 거실과 주방, 침실 그 어디에 있어도 넓은 창을 통해 하늘을 바라볼 수 있는 곳, 모던하면서도 감성적인 디자인의 구름나무 주택이다.

HOUSE PLAN

대지위치 인천시 남동구 서창동 | **대지면적** 244.50㎡ | **건물용도** 단독주택 | **건물규모** 지상 2층 | **건축면적** 98.54㎡ | **연면적** 168.62㎡(1F:90.64㎡ / 2F:77.98㎡) | **건폐율** 40.30% | **용적률** 68.97% | **구조** 일반목구조 | **창호재** 독일식 시스템창호 | **단열재** 셀룰로오스 | **외벽마감재** 스타코 | **내벽마감재** 벽-친환경 도장 / 바닥-강마루, 포세린 타일 | **지붕재** 리얼징크 | **설계** 홈플랜건축사사무소 | **시공** HNH건설

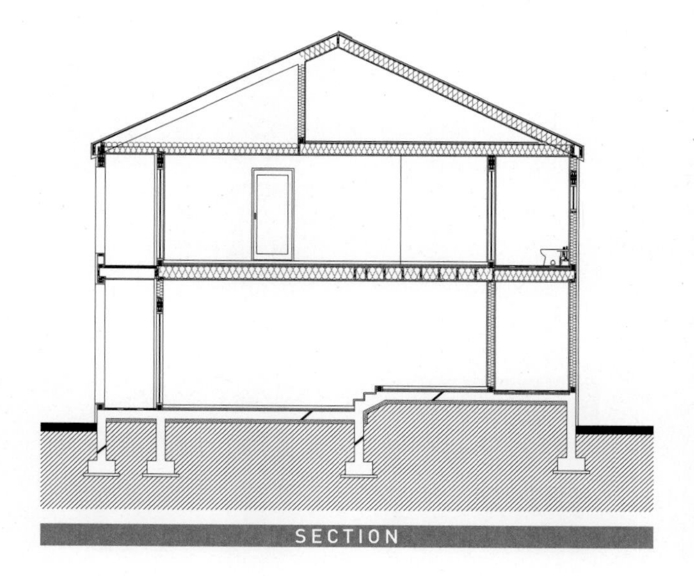
SECTION

배치계획

택지지구 내 평지로 조성된 대지로, 프라이버시를 고려해 단지 내부 도로를 등지고 남동쪽 마당을 최대한 확보했다. 현관 진입 부분은 포치와 지상주차 공간 확보로 도로와의 완충공간을 한 번 더 갖게 되었다.

입면계획

단순한 선에 디테일이 많지 않은 기본 형태의 박공지붕을 계획했다. 오염이 적고 관리가 용이한 스타코로 마감한 군더더기 없는 선과 모양의 주택이지만, 주방과 연계된 테라스 외벽과 2층 베란다는 적삼목으로 포인트를 주었다.

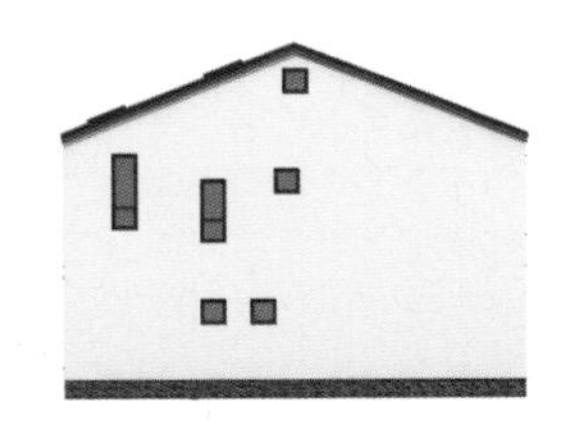

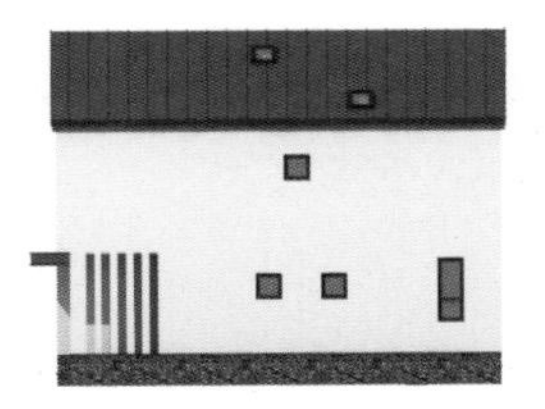

✚ 평면계획

1층은 현관 영역과 거실과 주방 영역으로 분리된다. 현관 영역은 다목적실과 욕실, 다용도실로 구성되며, 거실과 주방 영역과는 단차를 둬 공간을 분리했다. 다목적실에는 폴딩 도어를 설치해 언제든지 공간을 변화시킬 수 있도록 했다. 거실은 빛이 가장 잘 드는 남쪽에 배치하고 오픈 천장으로 설계, 커다란 고측창을 통해 1층 뿐 아니라 2층의 각 실로도 빛을 전달한다. 2층에는 세탁실과 건식과 습식으로 분리된 욕실을 나란히 배치해 탈의와 세탁 동선을 최소화했다. 주택의 다락은 자녀들의 방과 이어지는데, 각 방에 있는 사다리를 타고 오르면 천창이 설치된 아늑한 다락을 공유하게 된다.

ATTIC

2F - $77.98m^2$

1F - $90.64m^2$

두 개의 박공지붕 아래 즐거운 놀이터
김포 월곶 주택

주택을 선택하는 계기는 여러 가지가 있지만, 그 중에서도 단연 높은 비중을 차지하는 건 바로 아이들을 위해서가 아닐까. 아이를 둔 부모 입장에서, 공간이 한정된 아파트보다 집 안팎으로 자유롭게 오가며 뛰어놀 수 있는 주택이 더 끌리는 것은 사실이다. 게다가 아이와 소통할 수 있고 그로 인해 아이들의 정서까지도 어루만질 수 있는 특화된 주택이라면. 김포 월곶 주택은 이러한 마음으로 지어졌다. 부모와 아이가 어디서건 소통할 수 있고 곳곳이 놀이터 같은 곳. 그래서 다소 진부할 지라도 진정 가족을 위한 집이라고 말하고 싶다.

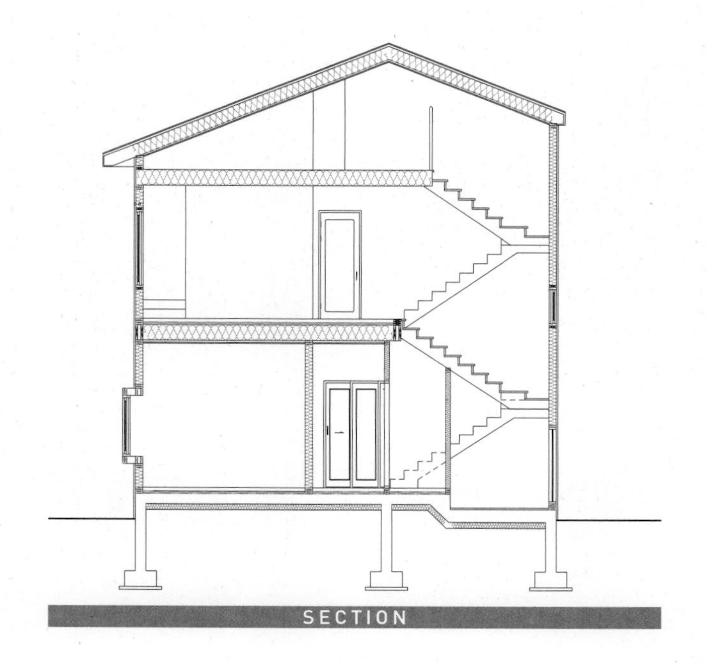
SECTION

HOUSE PLAN

대지위치 경기도 김포시 월곶면 | **대지면적** 682.00㎡ | **건물용도** 단독주택 | **건물규모** 지상 2층 | **건축면적** 106.43㎡ | **연면적** 198.10㎡(1F:104.36㎡ / 2F:93.74㎡) | **건폐율** 15.61% | **용적률** 29.05% | **구조** 일반목구조 | **창호재** 독일식 시스템창호 | **단열재** 셀룰로오스, 스카이텍 | **외벽마감재** 세라믹 사이딩 | **내벽마감재** 벽-친환경 벽지 / 바닥-강마루 | **지붕재** 리얼징크 | **설계** 홈플랜건축사사무소 | **시공** HNH건설

배치계획

도로면을 따라 둘러싸인 남향의 대지로 도로와의 단차가 2m 정도로 꽤 많이 나지만, 법면 설치로 인해 간섭이 거의 없으며 조망이 좋은 편이다. 주택 전면으로 최대한 넓은 마당을 확보하되 주방과 연계된 외부 공간을 앞뿐 아니라 뒤로도 배치해 마당의 프라이버시를 최대한 살릴 수 있도록 계획했다.

입면계획

담백한 사각형의 매스에 주방과 다용도실을 덧붙여 입체감을 살렸다. 외벽은 밝은 컬러의 세라믹사이딩을 기본으로 하되, 상하단 일부에 짙은 컬러로 포인트를 줘 밋밋한 외관에 변화를 주었다.

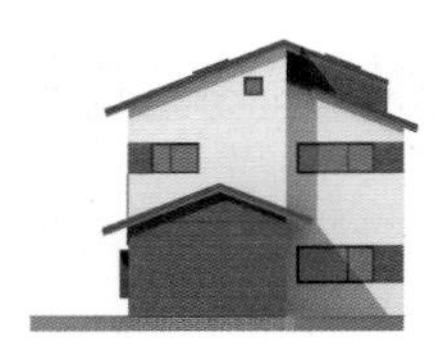

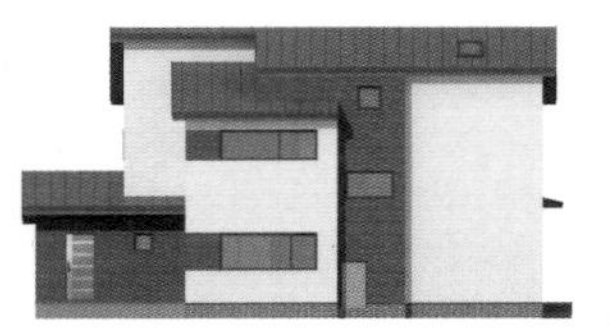

✚ 평면계획

1층에서 가장 특별한 공간은 주방과 놀이방이다. 가족이 가장 오랜 시간 머무르는 공간이라 남향으로 배치하고 가장 넓고 쾌적하게 꾸며졌다. 특히 놀이방은 아이들 모습을 어디서든 볼 수 있도록 거실 쪽으로는 포켓도어를, 주방 쪽으로는 양개형 포켓도어를 설치했다. 상황에 따라 여닫을 수 있어 추후 다른 공간으로의 활용도 수월하다. 북동쪽 테라스는 거실, 주방, 다용도실과 연계해 프라이빗하게 사용할 수 있다. 가족실과 침실로 구성된 2층에는 다락으로 향하는 3개의 길이 놓여있다. 1층부터 다락으로 이어진 계단, 2층 가족실에서 다락으로 이어진 미끄럼틀, 자녀방 복층다락에 숨겨진 작은 문, 이렇게 이어진 다락은 천창을 설치하여 밝고 아늑하게 꾸며졌다.

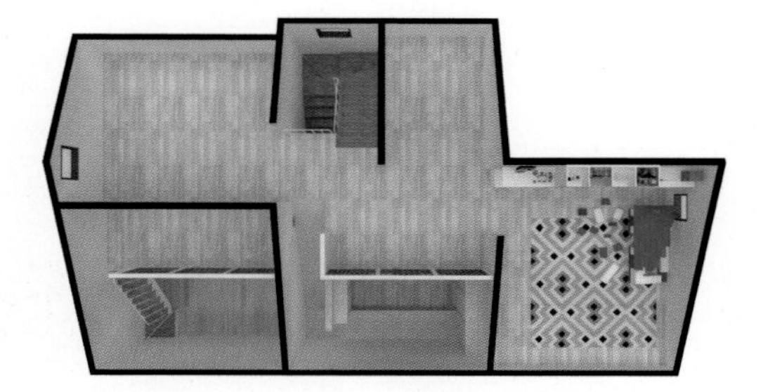

ATTIC

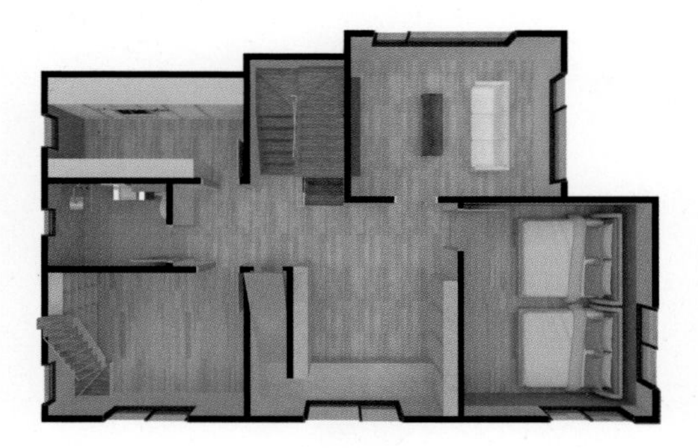

2F - 93.74m^2

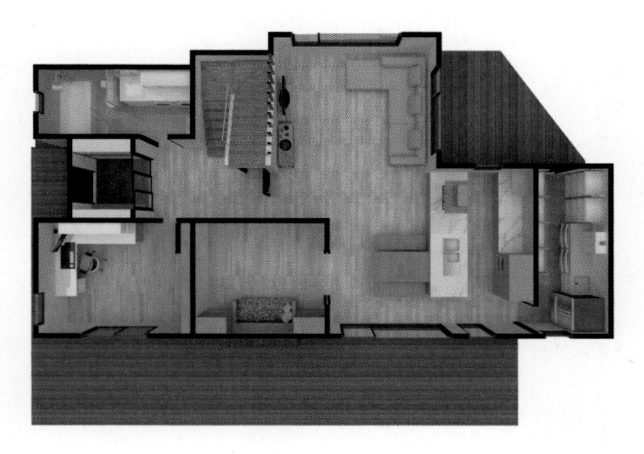

1F - 104.36m^2

구조재를 돋보이게 하기 위한 선택
남양주 별내 주택

밝고 따뜻한 컬러의 세라믹사이딩 사이로 크고 작은 평기와 모임지붕이 돋보이는 주택. 내부 구조재가 드러나는 중목구조의 특성을 최대한 살리기 위해 선택한 모임지붕이지만, 덕분에 실제 규모보다도 훨씬 웅장해 보이는 주택이 되었다. 실내 역시 노출된 골조의 매력을 돋보이게 하고자 수납공간을 곳곳에 배치, 물품을 말끔히 정리할 수 있도록 했다. 외부 마당을 효율적으로 활용하면서 프라이빗한 공간도 원했기에 중정형 테라스를 중심으로 각 실을 배치, 채광과 조망 그리고 프라이버시까지 두루 갖춘 주택이 되었다.

HOUSE PLAN

대지위치 경기도 남양주시 별내동 | **대지면적** 923.00㎡ | **건물용도** 단독주택 | **건물규모** 지하 1층, 지상 2층 | **건축면적** 213.42㎡ | **연면적** 332.54㎡ (1F:106.22㎡ / 2F:77.63㎡) | **건폐율** 23.12% | **용적률** 31.53% | **구조** 중목구조 | **창호재** 독일식 시스템창호 | **단열재** 수성연질폼 | **외벽마감재** 세라믹사이딩 | **내벽마감재** 벽-친환경 벽지 / 바닥-강마루 | **지붕재** 평기와 | **설계** 홈플랜건축사사무소 | **시공** HNH건설

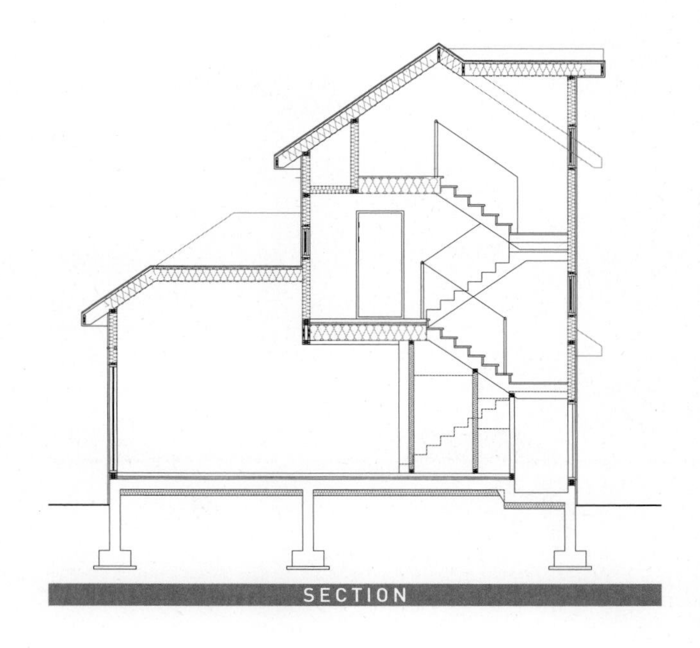

SECTION

배치계획

도로와의 단차가 2m 정도인 넓은 대지로 계단과 경사로를 적절하게 이용해 지상주차장 영역과 마당 영역으로 구분했다. 지상주차장에는 출입이 가능한 지하 창고와 저장고를 둬 짐을 들고 이동하기에 편리하다. 기존 대지에 소매점으로 사용되는 건물과 간섭이 없도록 별동으로 증축한 사례다.

입면계획

지붕은 평기와로 하고 외관은 따스한 컬러의 세라믹사이딩으로 마감했다. 내부에 중목구조 골조가 노출되어 보이도록 모임지붕으로 계획하였고, 지하 외벽과 기단부는 현무암 파벽 마감으로 일체감을 주었다.

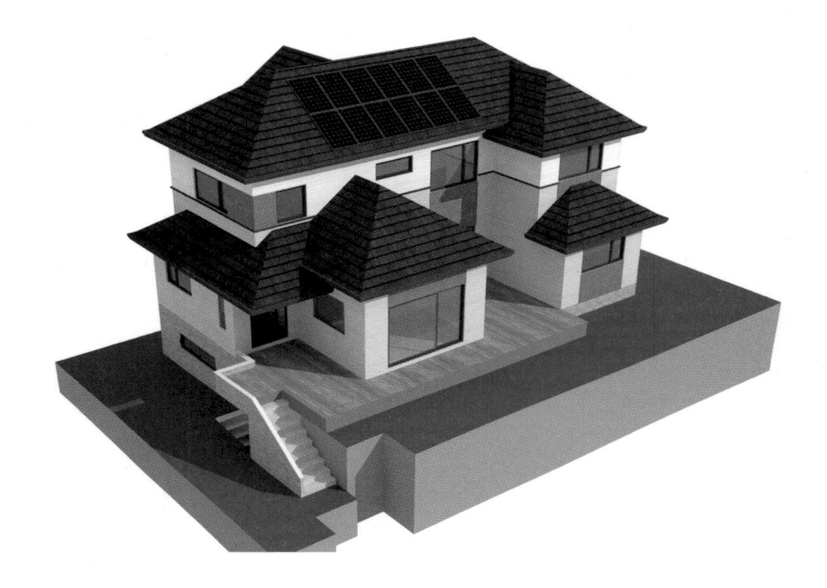

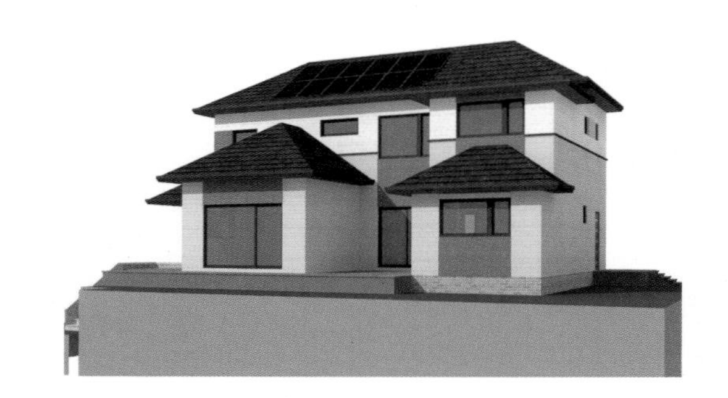

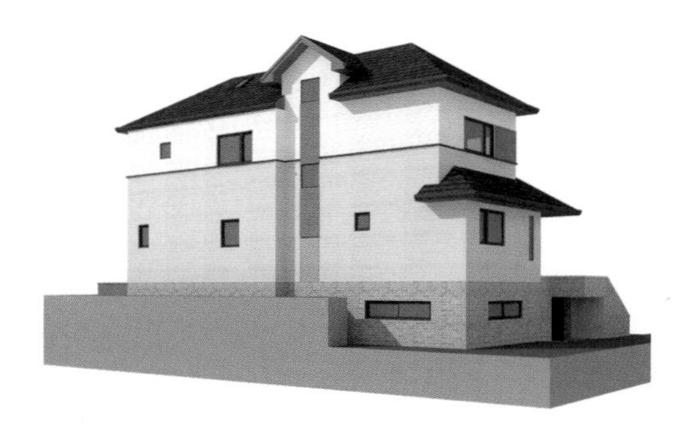

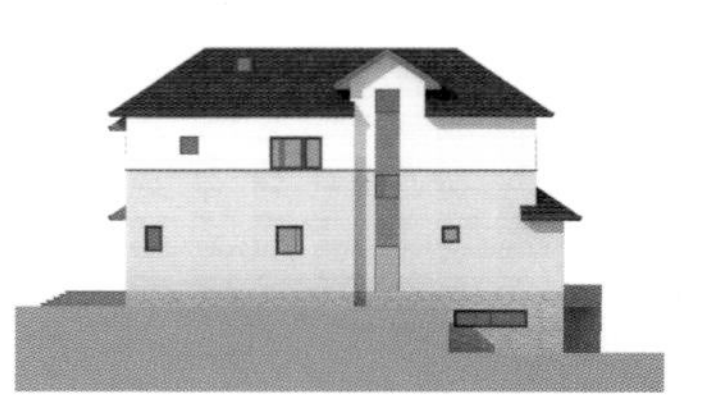

✚ 평면계획

1층은 중정형 테라스를 축으로 거실, 주방, 침실 공간으로 배치된다. 현관 쪽으로 개방되어 있는 거실과는 달리, 주방의 경우 현관과 거실에서 드러나지 않도록 설계했다. 거실과 주방 모두 테라스를 통해 외부와 연결되며, 계절에 따라 활용도를 높일 수 있는 이 테라스는 집안으로 빛을 끌어들여준다. 내부는 꼭 필요한 공간으로만 구성하는 대신, 곳곳에 숨은 수납공간을 배치해 최대한 깔끔하게 유지할 수 있도록 했다. 2층은 넓은 가족실과 특화된 욕실 구조가 눈에 띈다. 욕실은 샤워실, 화장실, 세면실, 세탁실을 한 공간에 배치해 이용이 편리할 뿐 아니라, 습기로 인한 문제가 생기지 않도록 개별공간으로 분리했다. 지붕선을 따라 설계된 다락에는 천창을 설치해 밝은 실내를 유지할 수 있다.

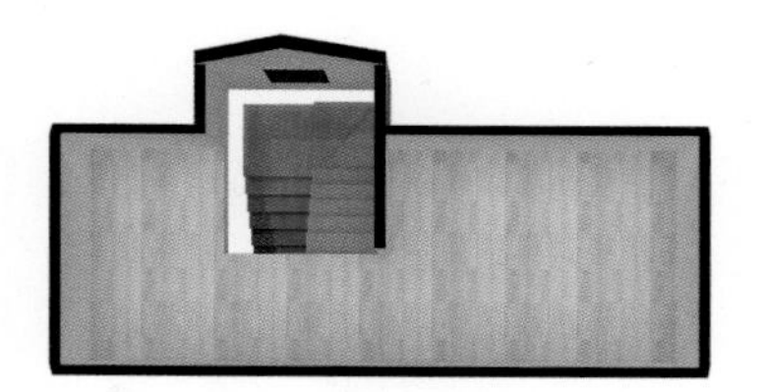

ATTIC

2F - 77.63m²

1F - 106.22m²

하나인 듯 하나가 아닌 2세대 평면
분당 판교 하이브리드 주택

부모와 자녀세대가 함께 살 경우, 각 세대별 공간을 결정하는 것은 쉬운 일이 아니다. 가족마다 원하는 것이 다를 수 있고, 지나치게 사생활을 강조할 경우 자칫 마음이 상할 수 있기 때문이다. 따라서 이런 경우 서로의 의견 조율이 상당히 중요하다. 판교의 하이브리드 주택은 그런 관점에서 가족들의 의견이 적절하게 잘 조화된 곳이다. 가족이 함께 공유하는 공간을 마련하되, 부모세대가 원하는 분리된 공간 역시 만족시켰다. 하나의 집을 공유하는 한 집이지만 내부에서 공간이 자연스레 둘로 나뉘도록, 하나인 듯 하나가 아닌 2세대 평면이다.

HOUSE PLAN

대지위치 경기도 성남시 분당구 판교동 | **대지면적** 237.70㎡ | **건물용도** 단독주택 | **건물규모** 지상 2층 | **건축면적** 117.63㎡ | **연면적** 216.50㎡ (1F:111.92㎡ / 2F:104.58㎡) | **건폐율** 49.49% | **용적률** 91.08% | **구조** ALC 복합구조 | **창호재** 독일식 시스템창호 | **단열재** 외단열시스템 | **외벽마감재** 스타코 | **내벽마감재** 벽-친환경 도장+벽지 / 바닥-강마루 | **지붕재** 리얼징크 | **설계** 홈플랜건축사사무소 | **시공** 건축주 직영

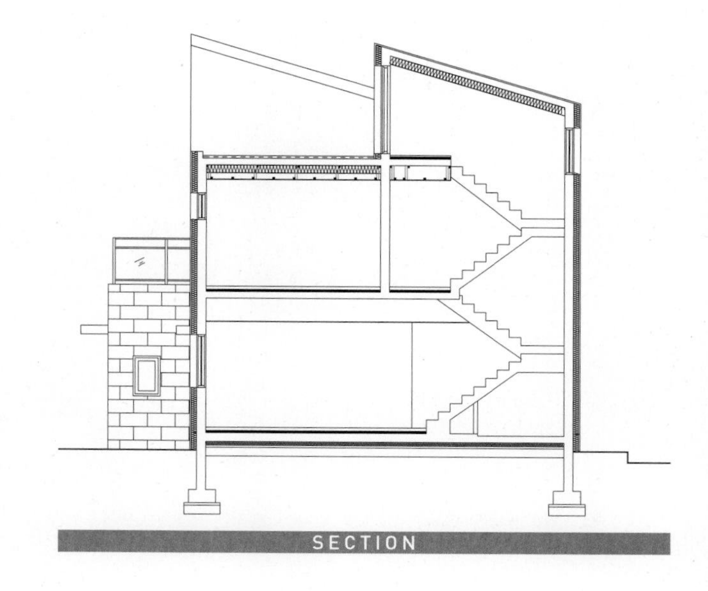

SECTION

배치계획

북서쪽으로 공공공지가 있고 대지 내 공유공지가 지정되어 있는 상황. 차량 출입구 위치에 한계가 있고 건물 배치에 제약이 있는 상태라, 공유공지가 있는 남서쪽 인접 대지를 향해 마당을 두고 중정형 테라스를 계획했다.

입면계획

내부 형태와 실의 구성에 따라 크기와 높낮이가 다른 여러 개의 매스를 형성, 입면 디자인의 틀을 잡고 부위별 마감 재료와 컬러에 변화를 줘 매스별로 다른 느낌을 주었다. 지붕의 경우 지붕 물매와 방향을 적절히 이용해 전체적으로 모던한 디자인을 완성했다.

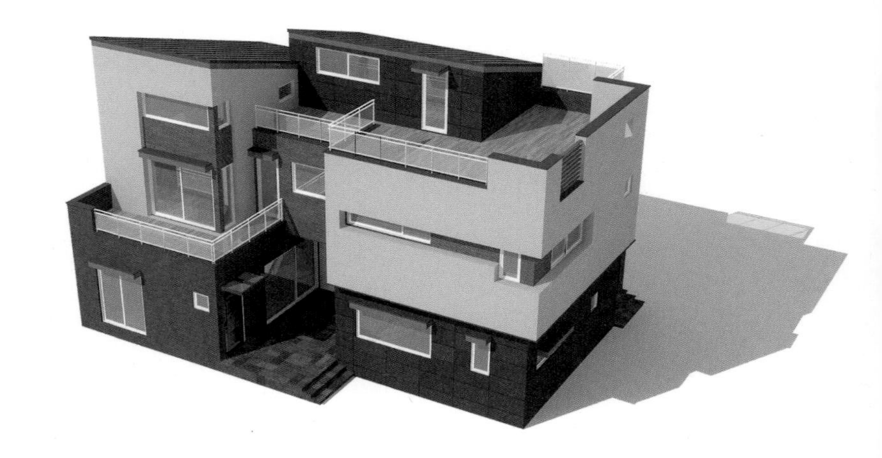

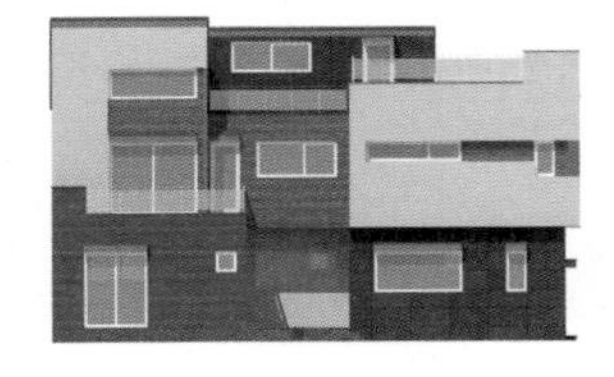

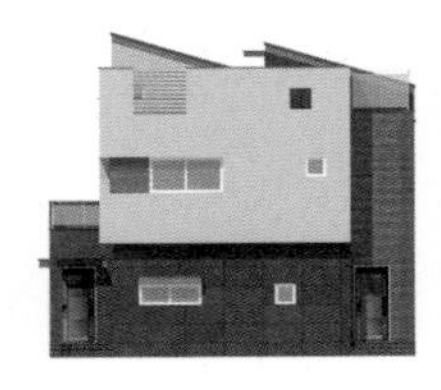

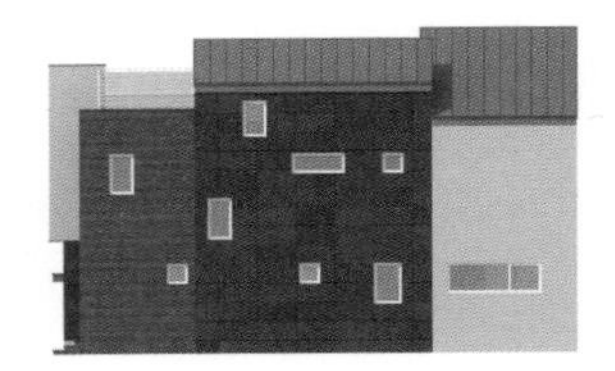

✚ 평면계획

1층은 중앙의 가족실을 중심으로 부모세대가 프라이빗하게 누릴 수 있는 공간과 가족들이 한자리에 모일 수 있는 공용공간으로 배치했다. 우선 부모님을 위한 공간은 거실과 작은 주방, 침실과 욕실로 구성되며, 별도의 출입구를 두고 있어 사적인 보호를 받는다. 맞은편으로는 가족이 공용으로 사용하는 넓은 거실과 주방을 배치했다. 그리고 이 두 공간 사이로는 다용도로 활용할 수 있는 가족실을 둬, 완충효과를 주었다. 자녀세대가 주로 사용하는 2층은 가족실과 3개의 방을 두고 있다. 욕실과 세탁실을 인접하게 배치해 동선이 편리하며, 세탁 후 남향 베란다를 이용할 수 있어 자연건조가 용이하다.

2F - 104.58m^2

1F - 111.92m^2

두 개의 파고라가 근사한 두 세대 집
양평 용문 다가구주택

양평에 위치한 이 주택은 두 세대가 함께 살고 있지만, 세대별 공간이 철저하게 분리된 다가구주택이다. 마당과 주차장, 공동시설 등 공유하는 부분도 많지만, 세대별로 테라스와 출입문을 따로 두고 있다. 그렇다고 완전히 분리된 것은 아니다. 1층에 세대 분리용 포켓 도어를 설치해두어 언제든지 두 공간이 하나로 이어진다. 설계에 앞서 두 가족을 만나 세대별 필요한 공간을 비롯해 함께 사는데 필요한 것들에 대해 이야기를 나눈 결과다. 그리하여 나뉜 듯 하나로 연결된 다가구주택이 탄생했다.

HOUSE PLAN

대지위치 경기도 양평군 용문면 다문리 | **대지면적** 498.00㎡ | **건물용도** 단독주택(다가구주택) | **건물규모** 지상 2층 | **건축면적** 104.66㎡ | **연면적** 191.99㎡(1F:102.73㎡ / 2F:89.26㎡) | **건폐율** 21.02% | **용적률** 38.55% | **구조** 일반목구조 | **창호재** 독일식 시스템창호 | **단열재** 인슐레이션 | **외벽마감재** 스타코, 파벽돌 | **내벽마감재** 벽-친환경 벽지 / 바닥-강마루 | **지붕재** 리얼징크 | **설계** 홈플랜건축사사무소 | **시공** 건축주 직영

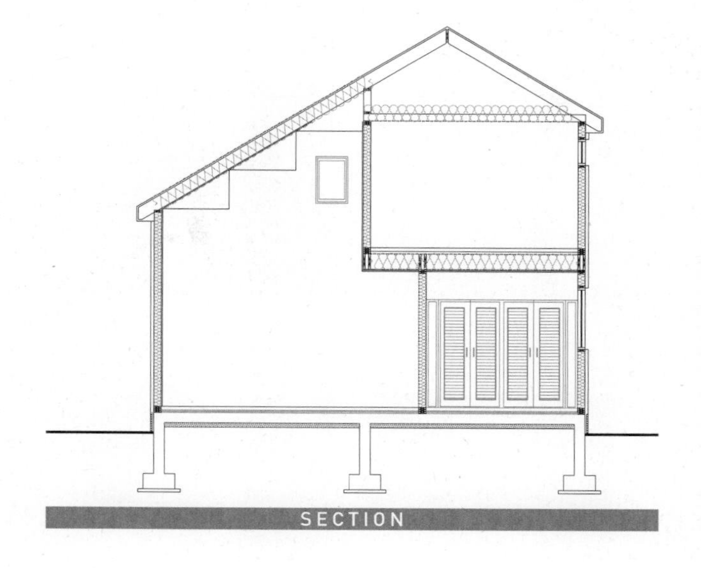
SECTION

배치계획

각 필지마다 약 2~3m 정도의 단차가 있는 대지로, 가로로 긴 매스를 서남향으로 배치했다. 바깥쪽에 위치한 자녀세대는 측면 창을 자유롭게 낼 수 없는 단점을 보완하기 위해 가로면을 조금 길게 하여 채광면적을 키우고, 안쪽에 위치한 부모세대의 경우 조용하고 여유로운 공간이 될 수 있게 계획했다.

입면계획

부분적으로 2층 각 실의 특성에 따라 지붕을 낮추기도 하고, 천창을 두기도 하는 등 다양한 디자인으로 설계했다. 스타코를 바탕으로 한 외벽에 파벽과 넓은 파고라로 포인트를 주었다.

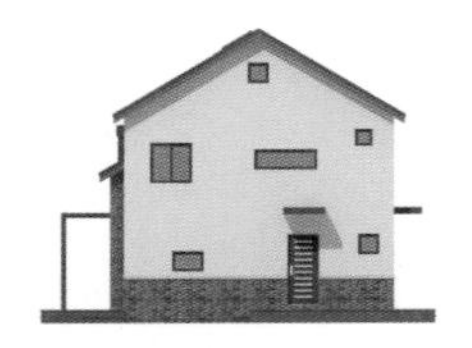

✚ 평면계획

부모세대와 자녀세대가 분리되어진 다가구주택. 각각의 현관을 갖고 있지만 내부로는 연결되어 있다. 1층에 세대 분리용 포켓도어를 설치, 평상시에는 도어를 닫고 독립적인 생활이 가능하지만 필요시에는 개방해 두 공간을 오갈 수 있다. 자녀세대의 경우 1층은 주방과 거실, 욕실과 세탁실로만 구성된다. 침실과 서재는 2층에 설계하되, 침실 상부에는 경사지붕을 이용해 복층다락을 두었다. 부모세대 1층에는 주방과 거실을 비롯해 침실과 다용도실 등 다양하게 활용할 수 있는 공간이 마련되어 있으며, 2층엔 재택근무를 위한 작업실과 작은 테라스를 계획했다.

2F - 89.26m²

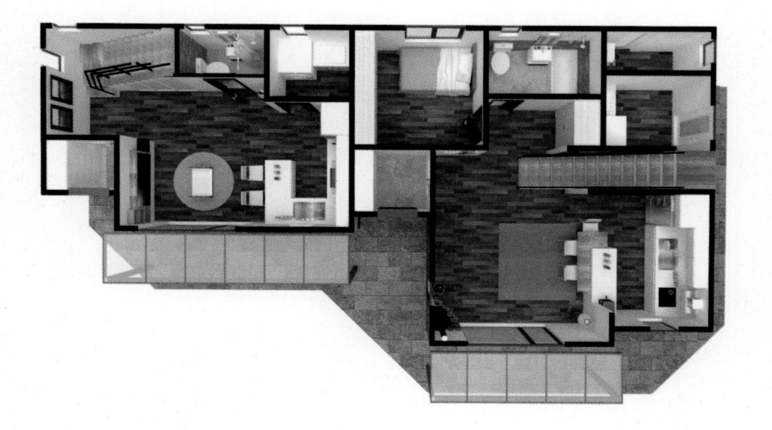

1F - 102.73m²

공원을 내 집 마냥 누리는 공간 설계

세종 아름 서송헌

경사지가 많은 단독주택용지에 자리 잡은 서송헌 주택. 경사지에 놓인 주택은 그만큼 설계가 까다롭긴 하지만, 주변 환경을 잘 이용할 경우 만족도가 훨씬 높다. 서송헌 주택은 2개의 면이 도로에 접해 있는 경사지이지만, 이 경사를 활용해 지하주차장을 배치하고 그 위로 주택을 앉혀 외부 시선을 차단하면서 조망권도 얻게 됐다. 그 덕에 주택의 1층 뿐 아니라 2층과 다락에도 테라스를 설계해 인접해 있는 공원을 충분히 누릴 수 있도록 했다.

HOUSE PLAN

대지위치 세종특별자치시 아름동 | **대지면적** 324.00㎡ | **건물용도** 단독주택 | **건물규모** 지하 1층, 지상 2층 | **건축면적** 127.99㎡ | **연면적** 208.09㎡ (1F:103.60㎡ / 2F:104.49㎡) | **건폐율** 39.50% | **용적률** 64.23% | **구조** 철근콘크리트 구조 | **창호재** 독일식 시스템창호 | **단열재** 외단열시스템 | **외벽마감재** 스타코+석재 | **내벽마감재** 벽-친환경 도장+벽지 / 바닥-강마루, 타일 | **지붕재** 리얼징크 | **설계** 홈플랜건축사사무소 | **시공** 건축주 직영

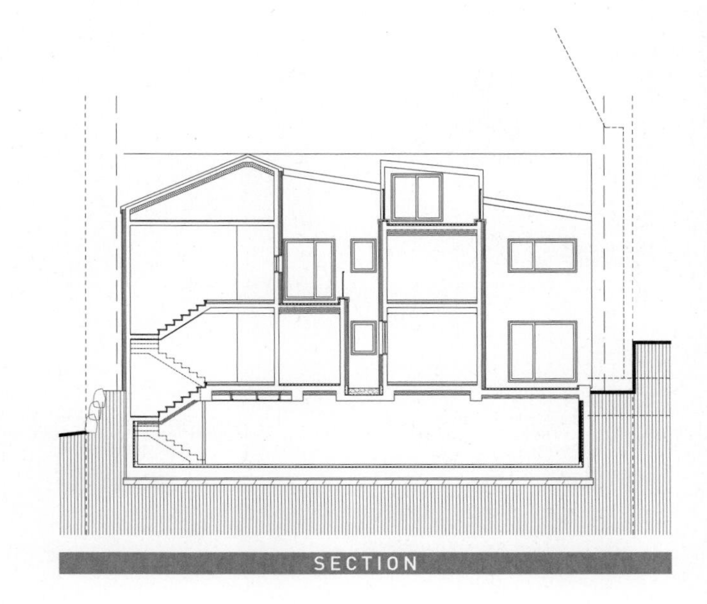

SECTION

배치계획

2면이 도로에 접한 경사지. 서쪽으로 공원을 접하고 있어 맞닿은 면을 법정조경보다 여유롭게 계획해 연속성을 부여했다. 보행자 도로가 연결돼 차량 진출입의 제한이 있는 대지 특성상 주차램프를 이용해 진입하는 지하주차장을 계획했다.

입면계획

두 개의 아이방을 복층으로 계획하면서 자연스럽게 양 끝에 비스듬한 경사지붕이 생겨났다. 정면에서 보면 리얼징크 지붕선이 살짝 보이도록 하고 스타코로 마감한 외벽에 패널로 포인트를 줘 입체감을 더했다. 지하주차장의 외벽은 경사지 지형과 어우러져 이질적으로 보이지 않도록 석재로 마감했다.

+ 평면계획

지하주차장에서 내부계단을 이용해 1층으로 올라오면 세면과 수납이 용이하도록 팬트리와 화장실을 계획했다. 주출입구인 1층 현관을 들어서면 시선이 북쪽 테라스로 이어져 개방감이 느껴진다. 평면을 가족의 공용공간과 부부를 위한 사적공간, 이 두 개의 영역으로 분리하는 북쪽 테라스는 북쪽에 위치한 공공공지의 수목과 어우러져 아늑한 휴식공간이 된다. 2층은 두 자녀의 공간으로 간이주방을 배치해 간단한 조리를 할 수 있으며, 추후 가족구성원의 변화를 고려해 여분의 침실을 배치했다. 2개의 자녀방에는 지붕선을 살려 테라스가 딸린 복층형 다락을 설계했다.

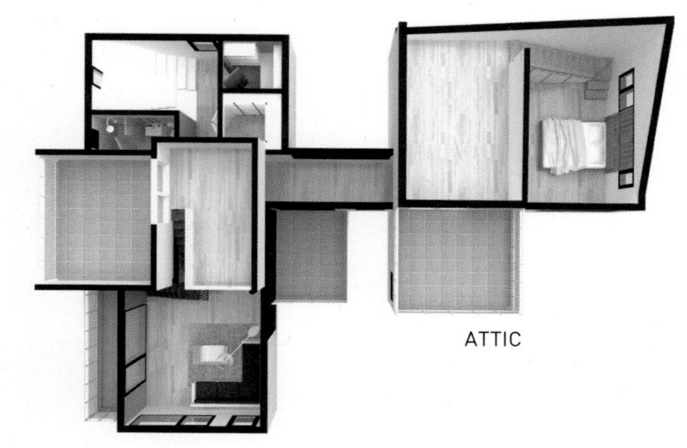

ATTIC

2F - 104.49m²

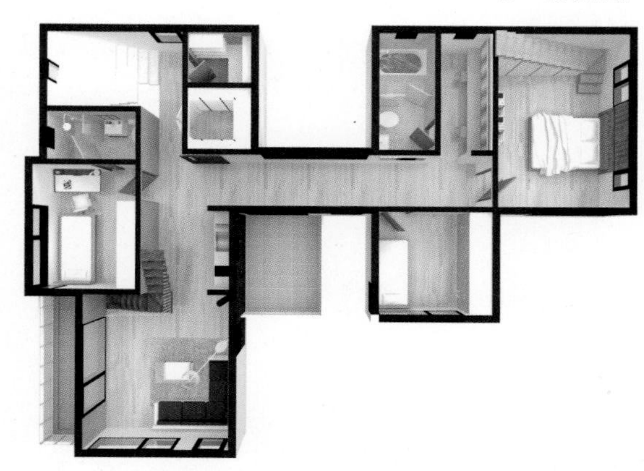

1F - 103.60m²

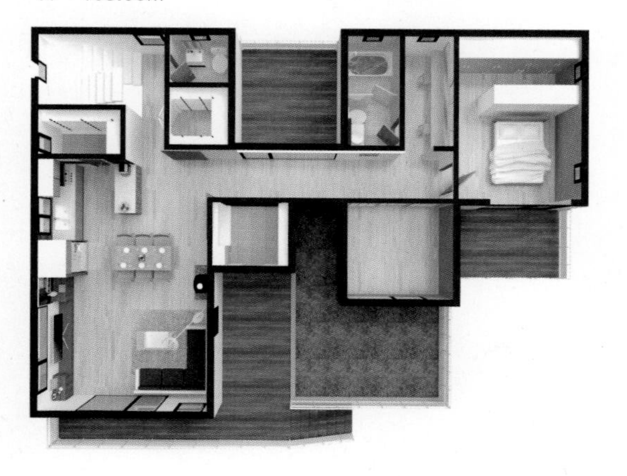

박공지붕 아래 꼭 닮은 두 집
울산 우정 바다소리

획일적인 아파트 공간을 벗어나 두 가족이 의기투합해 완성한 바다소리. 서로 닮은 듯 보이지만, 각자의 취향이 녹아있으면서 함께 공유할 수 있는 테라스와 마당을 가진 듀플렉스 주택이다. 집은 가운데 2개의 현관을 중심으로 두 가족이 양쪽에 공존하는 형태다. 심플하고 군더더기 없는 단순한 사각형의 외형, 평면 역시 단순명료하다. 한 집에 두 세대가 거주하기 때문에 층간 소음을 고려해 양옆으로 세대를 나누고, 다소 좁아질 수 있는 면적 확보를 위해 꼭 필요한 공간으로만 배치했다.

HOUSE PLAN

대지위치 울산광역시 중구 서동 | **대지면적** 300.90㎡ | **건물용도** 단독주택(다가구주택) | **건물규모** 지하 1층, 지상 2층 | **건축면적** 121.68㎡ | **연면적** 325.39㎡(B1F:119.64㎡ / 1F:102.94㎡ / 2F:102.81㎡) | **건폐율** 40.44% | **용적률** 68.38% | **구조** 철근콘크리트 구조 | **창호재** 독일식 시스템창호 | **단열재** 외단열시스템 | **외벽마감재** 청고벽돌+세라믹사이딩 | **내벽마감재** 벽-친환경 도장+벽지 / 바닥-강마루, 타일 | **지붕재** 리얼징크 | **설계** 홈플랜건축사사무소 | **시공** 건축주 직영

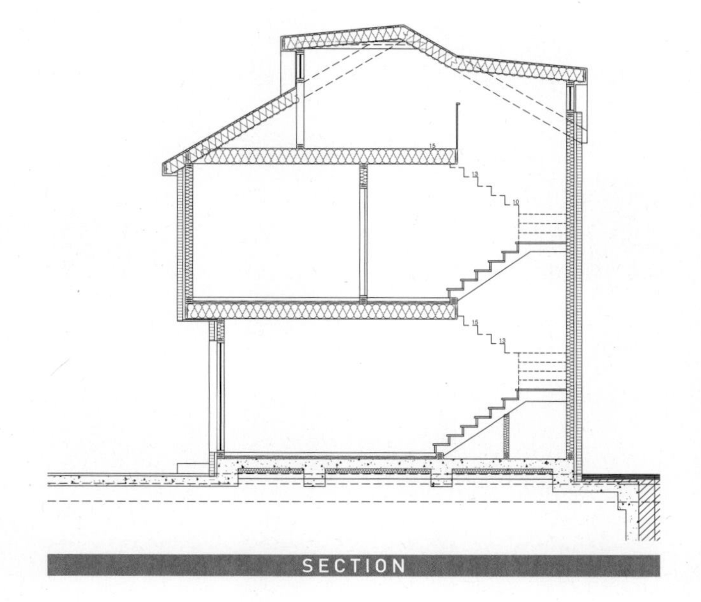

SECTION

배치계획

택지지구 내 경사지로 조성된 대지. 두 가구가 마당을 공유하는 다가구주택으로 대지의 활용도를 높이는 계획이 필요했다. 도로와 접해있는 대지의 단차를 이용해 지하주차장을 만들고 상부를 마당과 테라스로 이용, 성절토를 최소화하기 위해 계단식 조경을 계획했다.

입면계획

사각형의 매스에 박공지붕을 선택해 단순해 보이는 입면이지만, 주요 실을 배치한 정면을 살짝 안으로 들이고 청고벽돌과 세라믹사이딩으로 마감해 시선이 정면으로 모이도록 했다. 중앙에 있는 2개의 현관을 기준으로 좌우로 세대를 분리, 두 가족이 넓은 마당을 따로 또 같이 공유한다.

✚ 평면계획

양 옆으로 세대가 나누어져 있어 소음방지를 위해 2중으로 벽체를 시공, 작은 소리도 벽을 넘지 못하도록 했다. 공간 구성은 최대한 효율적인 배치를 위해 두 세대 모두 1층에 공용공간, 2층에 사적공간으로 영역을 분리했다. 햇볕이 잘 들고 조망이 좋은 전면으로 거실과 주방, 침실을 두고 서재와 욕실 등은 뒤쪽에 배치해 아늑한 공간을 연출했다. 2층 침실의 경우 두 세대가 맞붙은 벽 쪽으로 붙박이장을 설치해 이중으로 소음을 차단했다.

ATTIC

2F - 102.81m^2

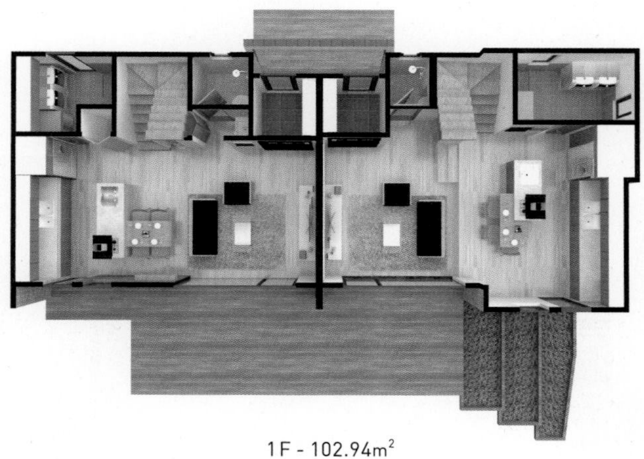

1F - 102.94m^2

상가와 주거, 공간의 만족도를 높이다
경기 남양주 마석모비딕

상가들과 단독주택들 사이에 우직하게 세워진 마석모비딕. 1층에는 상가가, 2층부터 3층까지는 다가구주택으로 구성된 수익형 구조 주택이다. 상가인 1층은 도로에 인접한 전면에 커다란 창을 둬 빛의 유입을 최대화한 반면 주거공간인 2, 3층은 프라이버시를 고려해 전면에 작은 창을 시공, 외부 시선을 차단했다. 대신 배면으로는 커다란 창과 테라스를 설계해 주거 만족도를 한층 높였다.

HOUSE PLAN

대지위치 경기도 남양주시 화도읍 | **대지면적** 200.00㎡ | **건물용도** 다가구주택(근린생활시설) | **건물규모** 지상 3층 | **건축면적** 116.26㎡ | **연면적** 277.14㎡(1F:77.74㎡ / 2F:114.61㎡ / 3F:87.79㎡) | **건폐율** 58.13% | **용적률** 138.57% | **구조** 철근콘크리트+일반목구조 | **창호재** 독일식 시스템창호 | **단열재** 인슐레이션, 외단열시스템 | **외벽마감재** 스타코+인조석 | **내벽마감재** 벽-친환경 벽지 / 바닥-강마루 | **지붕재** 리얼징크 | **설계** 홈플랜건축사사무소 | **시공** 토브301

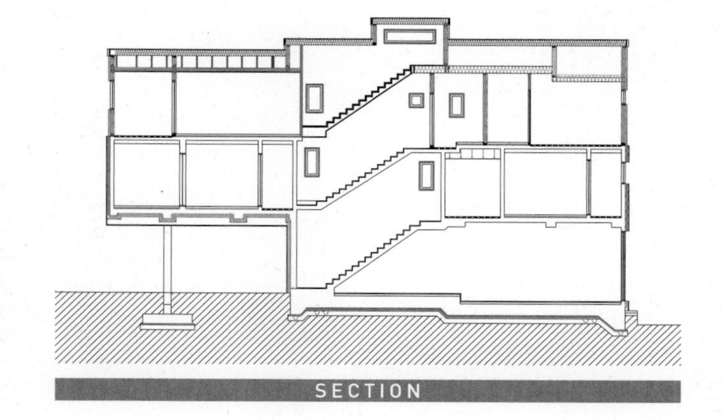

SECTION

배치계획

6m 도로와 9m 도로에 접한 부정형 대지로, 교차로에 위치해 건물의 형태가 고스란히 드러난다. 1층의 상가 접근성과 주차공간을 고려해 주출입구를 계획했다. 주거공간의 채광과 프라이버시를 고려해 2층과 3층의 주요 실은 남향으로 배치했다.

입면계획

지붕은 태양광 패널을 고려해 박공으로 형태를 잡았으며, 독특한 외관이지만 최대한 심플하게 보이도록 마감재 색상을 무채색으로 결정했다. 상가인 하부에는 어두운 인조석을, 주거공간인 상부에는 밝은 톤의 스타코를 시공해 안정감과 무게감이 느껴지는 디자인으로 완성했다.

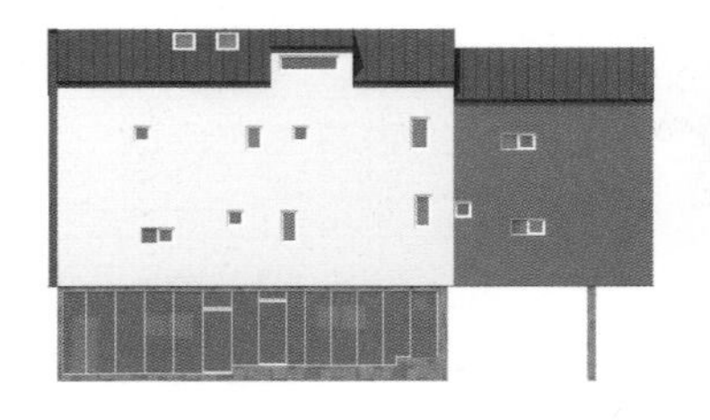

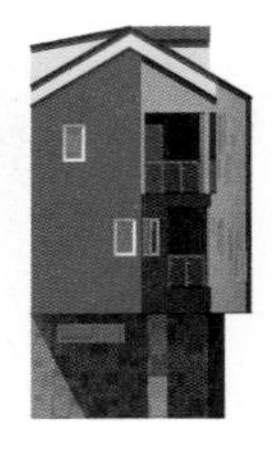

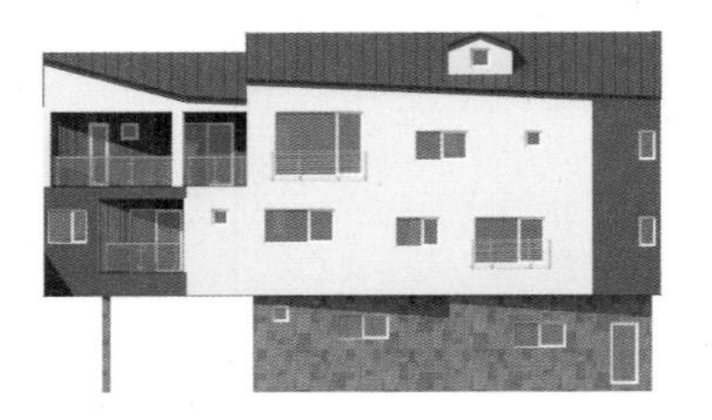

✚ 평면계획

1층 상가는 2개의 공간으로 분리하고 접근성과 주차공간을 고려해 출입구를 배치했다. 1층에서 3층까지 이어지는 출입구 계단은 채광을 고려해 일자로 길게 계획되었다. 2층은 임대세대로 모든 침실을 남향으로 배치했으며, 두 가구가 생활할 수 있도록 분리되어 있다. 건축선에 의한 제약으로 실의 형태가 부정형으로 나타나지만, 적절한 가구의 배치로 사용 공간을 극대화했다. 3층은 주인세대로 복도형 구조로 설계됐다. 현관에 들어서면 우측으로는 거실과 주방이, 좌측으로는 욕실과 침실이 놓여있다. 외부 발코니의 경우 다용도실, 주방과 연계해 동선이 한결 편리하다.

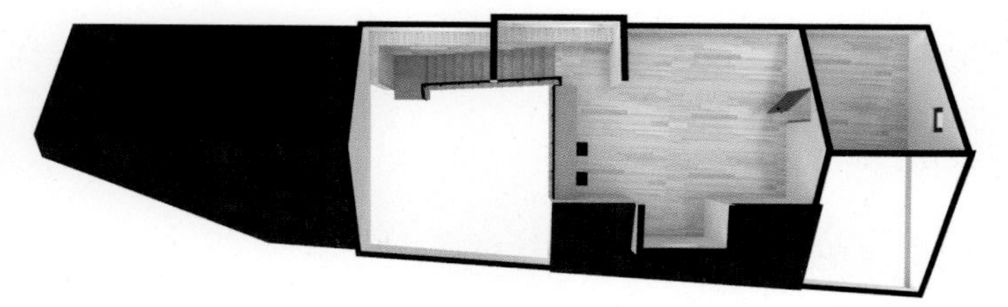

ATTIC

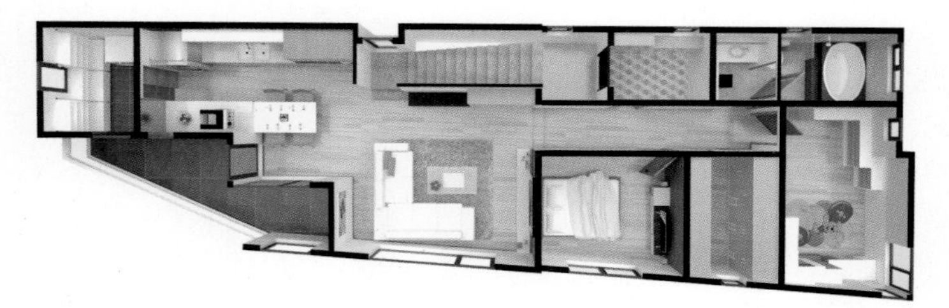

3F - 87.79m²

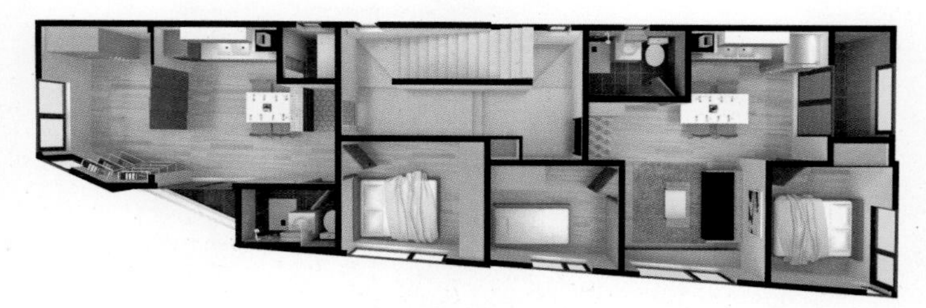

2F - 114.61m²

1F - 77.74m²

가족을 위한 맞춤 평면, 2세대 다가구주택

서울 신원동 내곡다가구

부모세대와 자녀세대로 이루어진 2세대 다가구주택이다. 건축주는 아파트처럼 편리한 생활을 위해 합리적이며 기능적인 평면과 외부 공간을 즐길 수 있는 공간을 요구했다. 우선 주택에서 노후를 보낼 부모님을 위해 부모세대를 1층에 배치하고 평면상에서도 가급적 단차를 최소화했다. 또한 1층 거실과 마당을 연계해 자연을 누릴 수 있도록 하되, 외부로의 연계가 어려운 2층과 3층에는 완충 공간인 테라스를 배치했다. 편리한 유지관리를 위해 내오염성이 강한 외장재를 세심하게 선별하는 등 오랜 시간 고민해 완성한 주택이다.

HOUSE PLAN

대지위치 서울 서초 신원동 | **대지면적** 241.00㎡ | **건물용도** 단독주택(다가구주택) | **건물규모** 지하 1층, 지상 3층 | **건축면적** 126.45㎡ | **연면적** 323.55㎡(1F:89.64㎡ / 2F:104.00㎡ / 3F:91.60㎡) | **건폐율** 52.47% | **용적률** 134.25% | **구조** 철근콘크리트 구조 | **창호재** 독일식 시스템창호 | **단열재** 에어론 | **외벽마감재** 우성벽돌, 라임스톤 | **내벽마감재** 벽-친환경 벽지, 도장 / 바닥-강마루 | **지붕재** 리얼징크 | **설계** 홈플랜건축사사무소 | **시공** 일건축

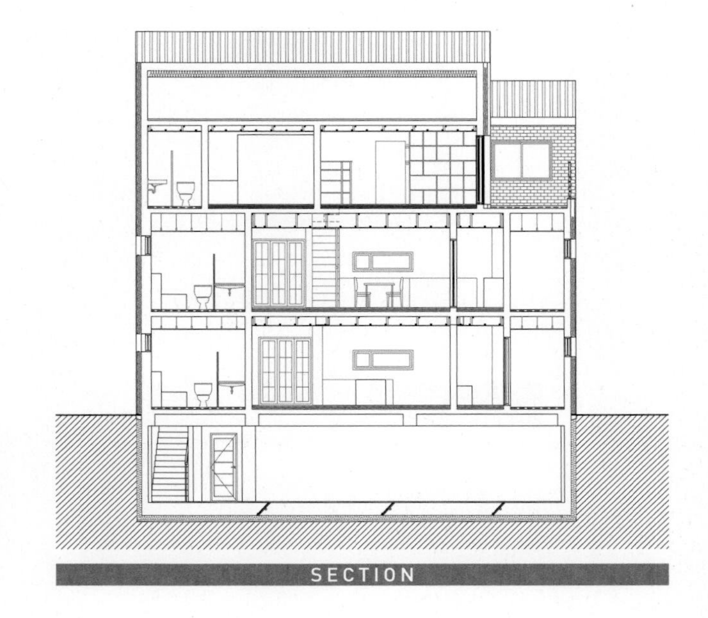

SECTION

배치계획

단지 내 6m의 도로가 교차하는 곳에 위치해 주차가 용이한 대지로, 건물을 남향으로 배치하고 북쪽에 남는 대지가 없도록 계획했다. 도로 가각으로 인해 건물의 형태에 일부 제약을 받았지만, 적절한 실 계획과 가구 배치로 비효율적인 공간을 최대한 줄였다.

입면계획

지붕은 계획 초기부터 태양광 패널을 고려해 경사지붕으로 선택했다. 외장재는 우성벽돌과 라임스톤으로 마감하고 중앙에는 적삼목으로 포인트를 줘 고급스러운 느낌을 살렸다. 도로와 접해있는 배면으로는 작은 창을 내되 계단실에는 큰 창을 설치해 채광을 확보했다.

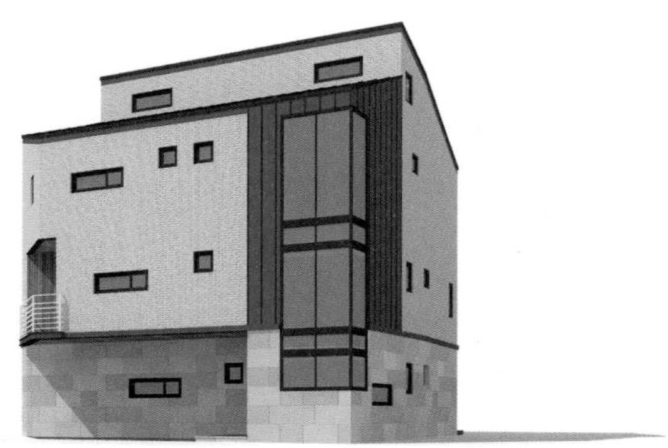

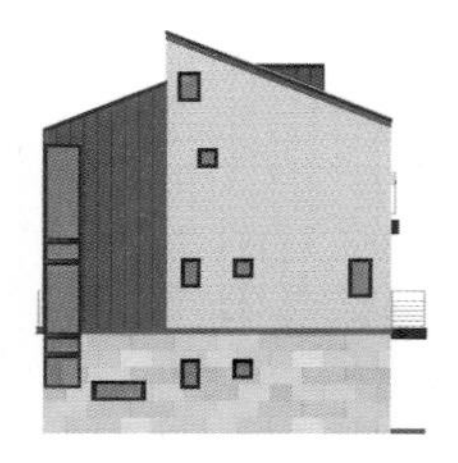

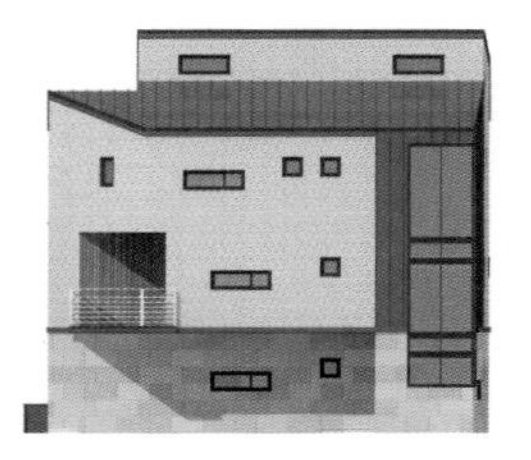

✚ 평면계획

창고로 사용되는 지하층은 채광과 통풍을 고려해 남서쪽으로 환기구를 설치해뒀다. 1층은 부모세대로 거실과 주방을 중심으로 각 실이 배치된다. 거실을 마당과 연계하되, 노후에도 불편함이 없도록 계단을 지양해 계획했다. 2층과 3층은 모두 자녀세대가 사용한다. 3층은 거실에 놓인 내부 계단을 통해 이동하므로 주 계단실은 2층까지만 계획되었고, 그 상부는 3층 지붕으로 덮인 다락 공간으로 설계했다. 모든 침실에는 완충공간인 테라스가 연계되어 있으며, 각 실을 넉넉하게 배치해 추후 가족 구성원의 변화에도 손쉽게 대처가 가능하다.

3F - 91.60m²

2F - 104.00m²

1F - 89.64m²

세 가구 모두, 단독주택에서 살듯이
서울 염곡동 다가구주택

더 이상 아파트라는 고정된 틀 속에서 살지 않기로 결심한 후, 결정한 다가구주택. 반은 주인세대이고 반은 임대세대로 비록 면적이 넓지는 않지만 지하층과 1층을 오르락내리락하며 주택의 매력을 충분히 느낄 수 있다. 또한 다가구주택이지만 단독주택을 꿈꾸는 건축주를 위해 마당과 접한 전용 데크와 테라스 그리고 내부 깊숙이 자연광이 스며들도록 선큰을 계획했다. 임대세대를 위해서도 신경 썼다. 천장 개방형 거실과 다락, 외부 테라스 등 세 가구 모두 단독주택의 삶을 누릴 수 있도록 설계했다.

HOUSE PLAN

대지위치 서울특별시 서초구 염곡동 | **대지면적** 329.00㎡ | **건물용도** 다가구주택 | **건물규모** 지상 2층 | **건축면적** 161.42㎡ | **연면적** 362.85㎡(B1:113.35㎡ / 1F:105.97㎡ / 2F:143.53㎡) | **건폐율** 48.76% | **용적률** 75.84% | **구조** 철근콘크리트 구조 | **창호재** 독일식 시스템창호 | **단열재** 외단열시스템 | **외벽마감재** 파벽돌, 세라믹사이딩 | **내벽마감재** 벽-친환경 벽지 / 바닥-강마루 | **지붕재** 리얼징크 | **설계** 홈플랜건축사사무소 | **시공** 건축주 직영

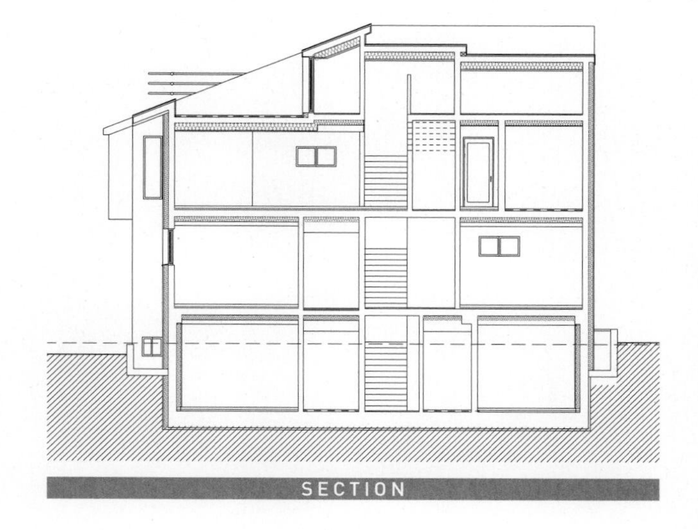

배치계획

구도심에 기존 건물을 철거하고 지은 신축으로, 도로면보다 낮은 경사지여서 주변 건물들의 영향을 크게 받는 위치였다. 지하층 일부를 선큰으로 설계해 부족한 채광을 끌어들이고 창호를 적절하게 배치해 통풍을 유도했다. 건물의 일부를 필로티 형식으로 계획해, 높은 도로면에서 바로 진입할 수 있도록 주차장과 현관문을 배치했다.

입면계획

외벽은 파벽돌과 세라믹사이딩으로 마감하고 3층은 징크 구조물로 포인트를 주어 강조했다. 다소 복잡해 보이는 다각형의 형태에 모던함을 더하기 위해서 지붕을 하나의 큰 박공으로 디자인하고 처마가 없는 징크지붕으로 마감했다.

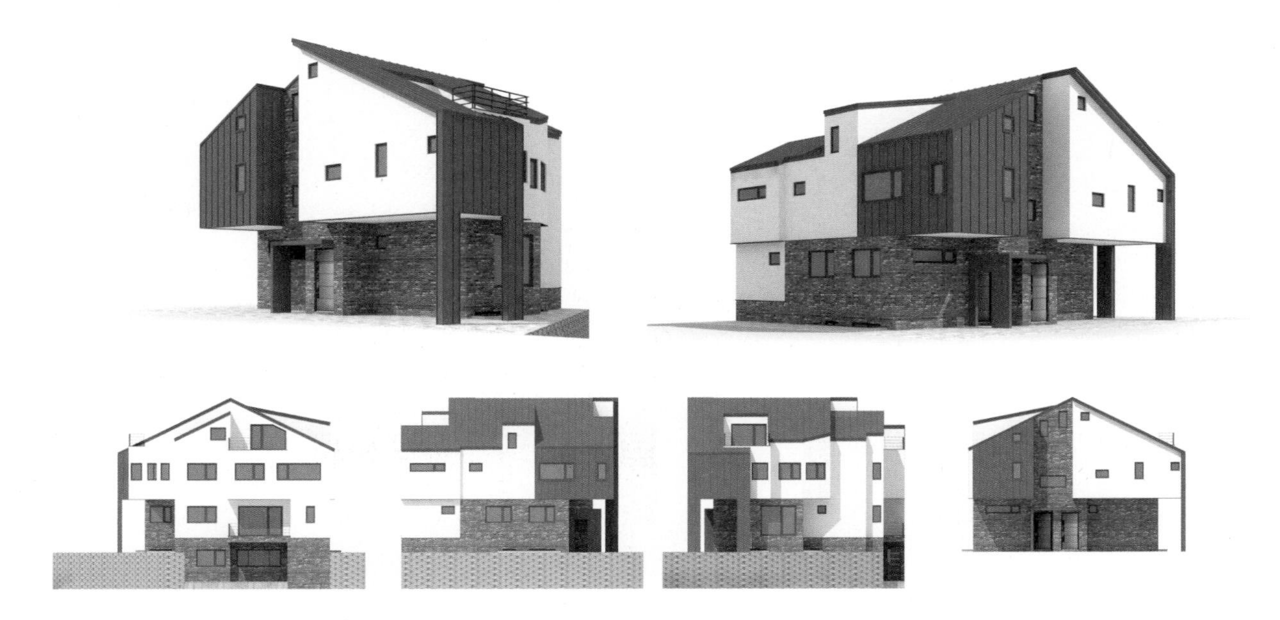

✚ 평면계획

주인세대와 임대세대로 이루어진 3세대 다가구주택. 1층과 지하층은 주인세대가 2층은 임대세대가 사용하는 공간으로 구분했다. 1층은 일부를 필로티 구조로 만들어 주차공간으로 활용하고 나머지는 주거공간으로 계획했다. 지하층은 채광을 고려해 선큰을 배치, 내부 곳곳으로 빛이 스며들 수 있도록 했다. 2층의 경우는 임대 및 관리가 용이하도록 2세대로 제한을 두고 계획했다. 임차인의 만족도를 높일 수 있도록 오픈천장으로 개방감을 살리고 서비스 공간인 다락을 배치해 복층형태로 구성했다.

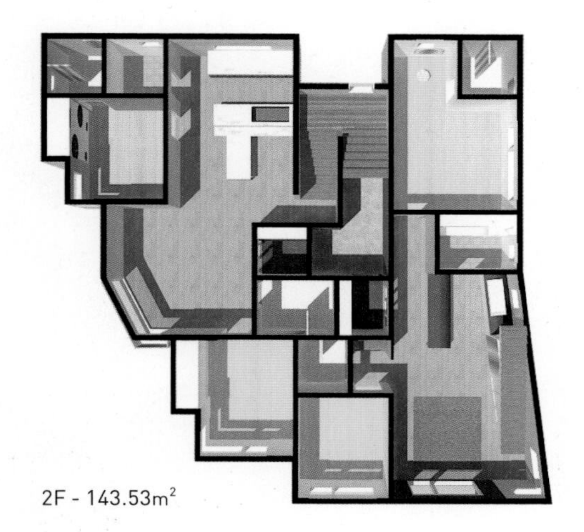

2F - 143.53m²

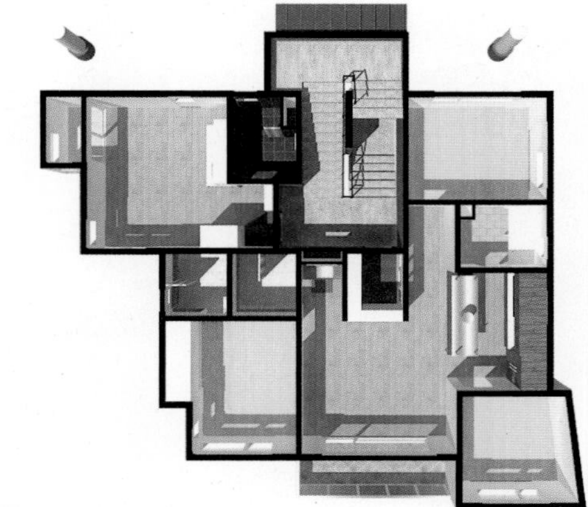

1F - 105.97m²

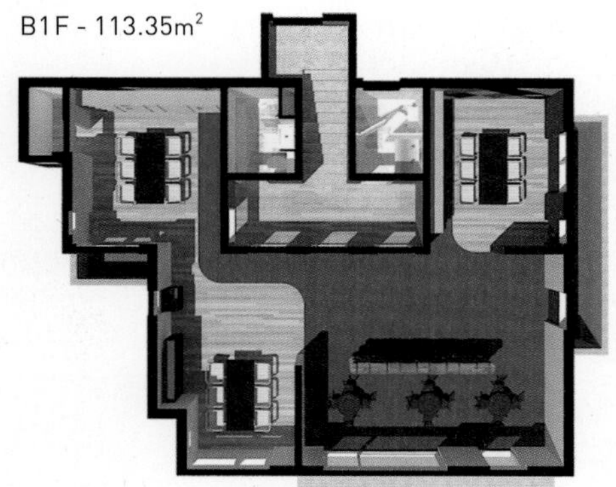

B1F - 113.35m²

언제든 세대수 변화가 가능한
하남미사 1 다가구주택

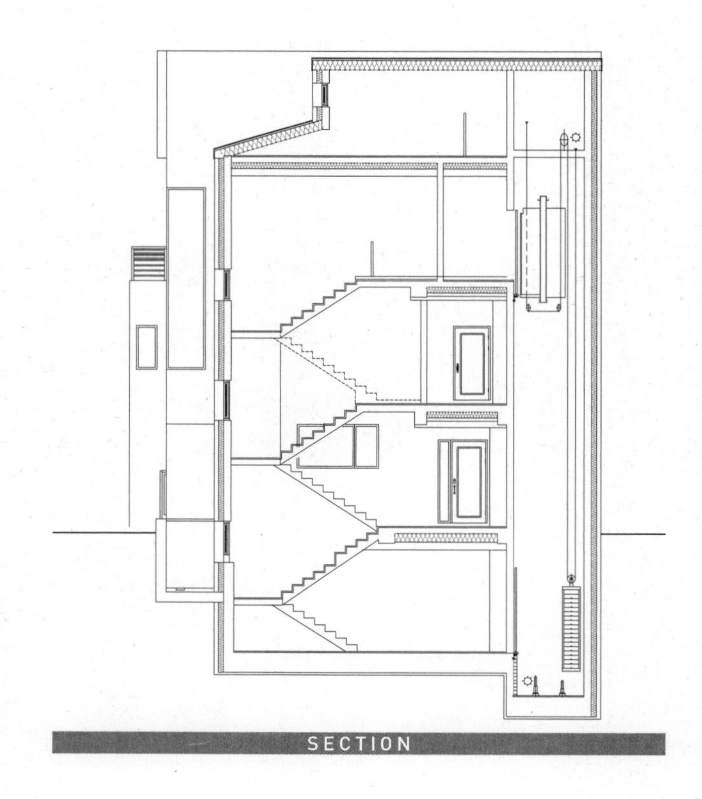

SECTION

다가구주택을 설계함에 있어 가장 중요한 것은 앞으로의 계획이다. 현재는 건축주와 임대세대가 사용할 계획이지만, 다양한 변수를 고려해 언제든지 세대수 변경이 가능한 공간으로 설계했다. 세대수가 늘어날 것을 고려해 1층을 필로티로 설계, 넉넉한 주차공간을 확보하고 주거공간은 2층부터 배치했다. 2층을 두 가구가 각각 나눠 사용하는 구조로, 주인세대는 2층을 비롯해 3층과 다락까지 이어진다. 이 공간은 추후 또 하나의 임대세대로 분리될 수 있으며, 이동의 편리함을 위해 건물에는 엘리베이터를 설치해두었다.

HOUSE PLAN

대지위치 경기도 하남시 미사지구 | **대지면적** 319.00㎡ | **건물용도** 단독주택(다가구주택) | **건물규모** 지하 1층, 지상 3층 | **건축면적** 155.06㎡ | **연면적** 286.80㎡(1F:21.55㎡ / 2F:139.93㎡ / 3F:125.32㎡) | **건폐율** 48.61% | **용적률** 89.91% | **구조** 철근콘크리트 구조 | **창호재** 독일식 시스템창호 | **단열재** 외단열시스템 | **외벽마감재** 호주산 벽돌 | **내벽마감재** 벽-에덴바이오 벽지 / 바닥-동화강마루 | **지붕재** 리얼징크 | **설계** 홈플랜건축사사무소 | **시공** 건축주 직영

배치계획

1층을 필로티로 계획해 주차공간을 여유롭게 확보하고, 중앙을 중정 형태로 오픈시켜 지하공간의 채광을 해결했다. 중정을 통해 들어오는 빛과 쾌적한 공기는 지하층에 설계한 다목적실의 활용도를 높여준다

입면계획

전체적으로 커다란 박공지붕 주택으로 엘리베이터 기계실을 지붕 형태와 잘 어우러지도록 계획했다. 지붕 한쪽을 오픈시켜 외부 테라스를 설계, 프라이빗한 루프탑 공간을 마련했다. 외벽은 호주산 벽돌로 마감해 차분한 느낌이지만, 중앙의 유리 중정과 주택 전면 2, 3층에 걸쳐 설치한 유리벽으로 세련된 외관을 완성했다.

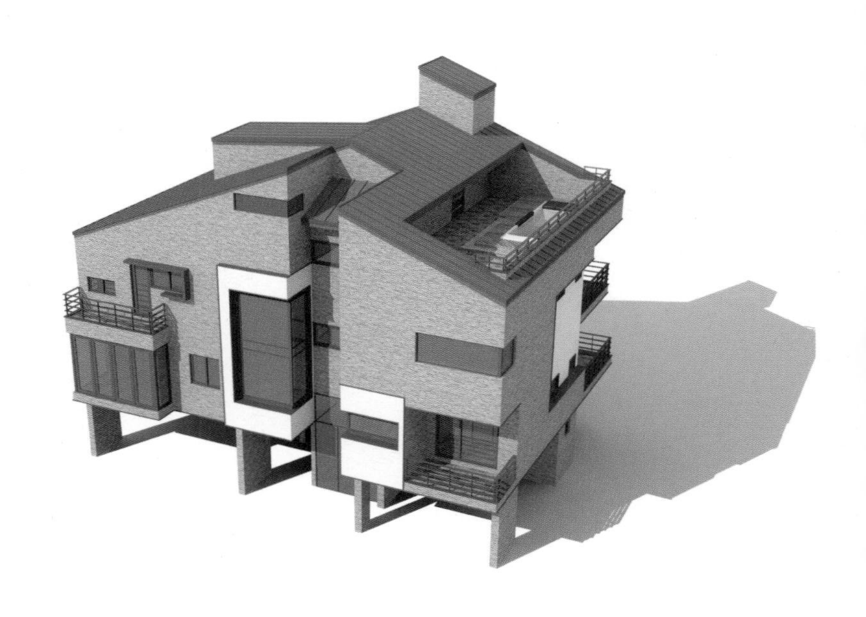

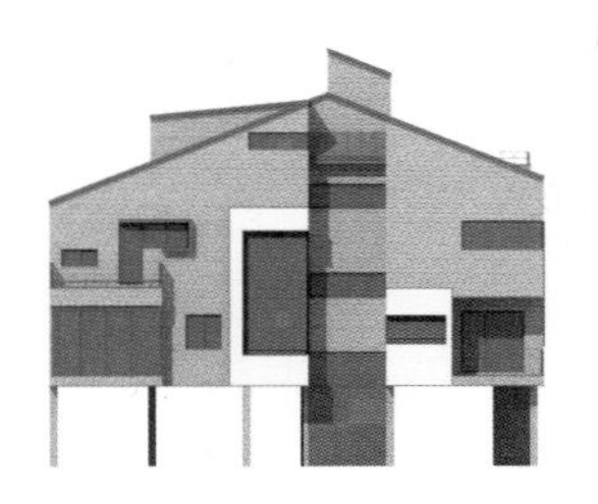

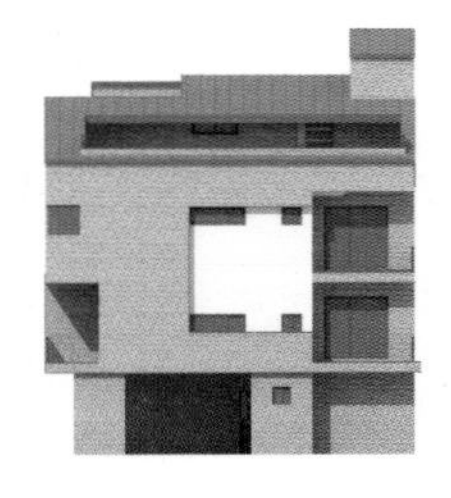

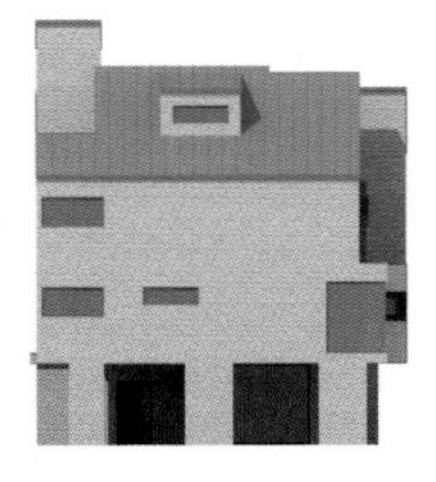

✚ 평면계획

주인세대와 임대세대로 이루어진 엘리베이터가 있는 2세대 다가구주택. 2층의 일부를 임대세대로 분리하고, 나머지 공간은 모두 주인세대가 사용하는 구조다. 추후 가족 구성원의 변화를 고려해 부모세대와 자녀세대로 분리되거나, 현재의 주인세대에 임대세대를 추가해 3세대 다가구주택으로도 가능하도록 계획했다. 지하층에는 다용도로 활용할 수 있는 다목적실을 설계하고 1층의 중정을 통해 채광을 확보했다. 주인세대의 2층에는 천장을 오픈해 개방감을 살린 거실과 주방, 다이닝룸이 배치되어 있으며 3층은 침실 등의 사적인 공간을 두었다.

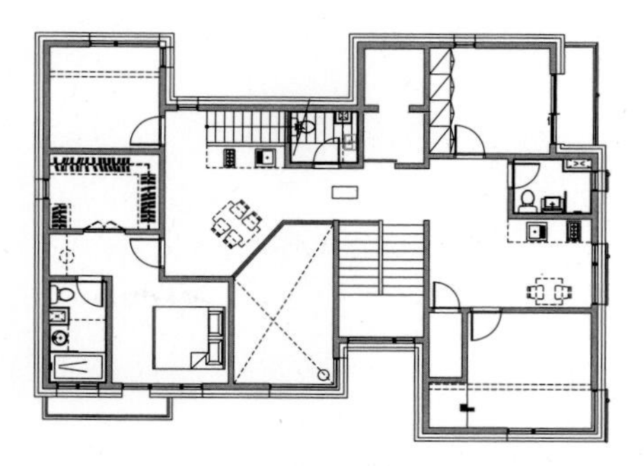

3F - 125.32m²

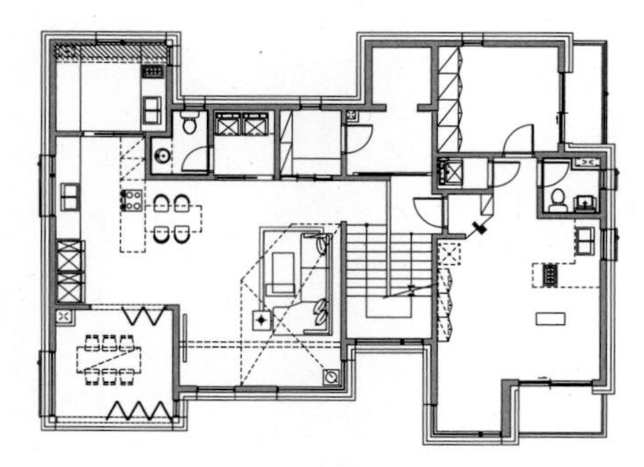

2F - 139.93m²

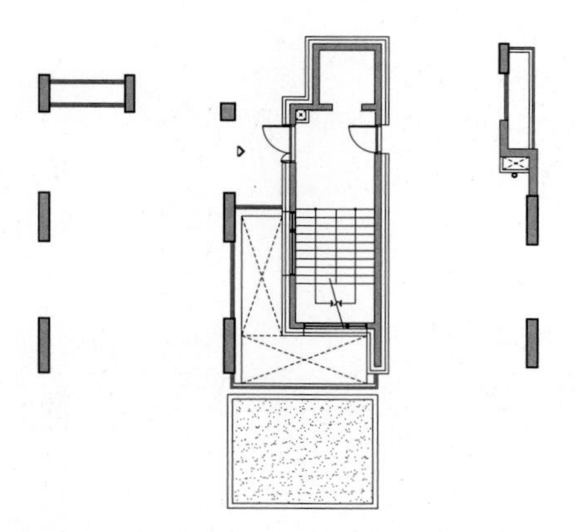

1F - 21.55m²

루프탑 테라스를 갖춘 힐링 하우스
하남미사 2 다가구주택

단독주택에서의 삶은 아파트에서의 삶과는 사뭇 다르다. 특히 내 집을 짓는다면, 변화의 가능성은 무궁무진해진다. 하남미사2 설계에서 가장 중점적으로 다뤘던 부분은 가족들이 여가를 즐길 수 있도록 주택 내부에 다채로운 공간을 담아내는 것이었다. 그리하여 높은 층고로 탁 트인 거실과 다이닝 키친, 취미 공간 그리고 다락방과 루프탑 테라스 등 이색적인 공간이 마련됐다. 현재는 한 가족이 살고 있는 단독주택이지만, 추후 부모세대와 결혼한 자녀세대로 분리가 가능하도록 다가구주택으로 계획했다. 또 자녀세대 공간을 임대할 경우도 염두에 두는 등, 현재는 물론 앞으로의 변수까지 꼼꼼히 고려해 완성한 주택이다.

HOUSE PLAN

대지위치 경기도 하남시 망월동 | **대지면적** 319.00㎡ | **건물용도** 단독주택(다가구주택) | **건물규모** 지상 3층 | **건축면적** 157.69㎡ | **연면적** 396.38㎡(B1F:121.62㎡ / 1F:18.22㎡ / 2F:140.25㎡ / 3F:116.29㎡) | **건폐율** 49.58% | **용적률** 86.13% | **구조** 철근콘크리트 구조 | **창호재** 독일식 시스템창호 | **단열재** 외단열시스템 | **외벽마감재** 수입벽돌 | **내벽마감재** 벽-에덴바이오 벽지 / 바닥-강마루, 타일 | **지붕재** 리얼징크 | **설계** 홈플랜건축사사무소 | **시공** 토브301

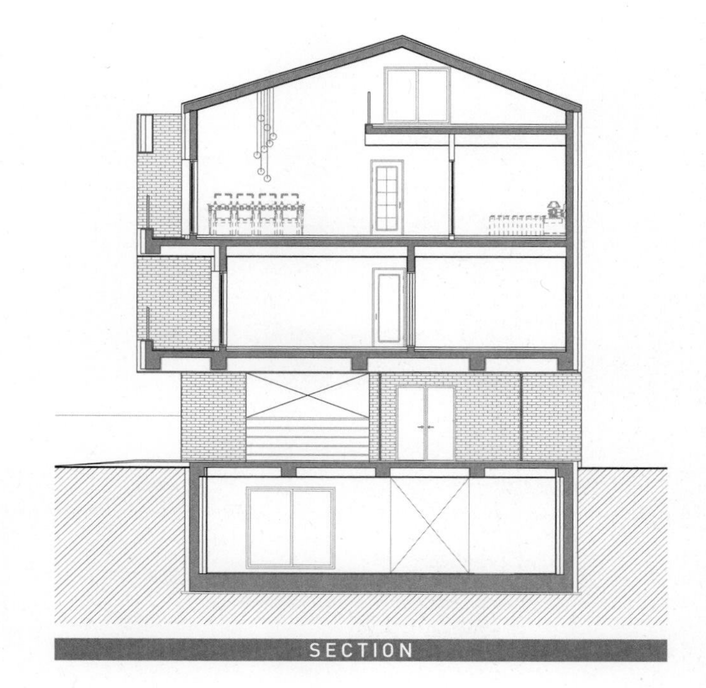

SECTION

배치계획

택지지구 내 평지로 조성된 대지로, 용적률을 꽉 채운 건물들로 둘러싸여 있어 채광을 최대한 확보하고 사생활을 보호하는 형태로 계획했다. 1층은 필로티 구조로 설계해 내부의 노출을 최대한 줄이면서 여유로운 주차공간까지 해결했다. 채광에 가장 취약한 지하층의 경우, 1층 중앙을 중정 형태로 오픈시켜 지하 깊숙이 빛이 유입된다.

입면계획

중정을 중심으로 두 개의 매스가 분리된 듯한 구조. 철근콘크리트 주택이기 때문에 평지붕과 박공지붕 모두 가능하다. 박공지붕을 이용해 다락을 배치하고 그 앞으로는 평지붕을 설계해 루프탑 공간을 마련했다. 건물 외관은 주변의 주택들과 비교해 튀지 않도록 따스한 브라운 톤의 수입벽돌 마감과 리얼징크 지붕을 선택했다.

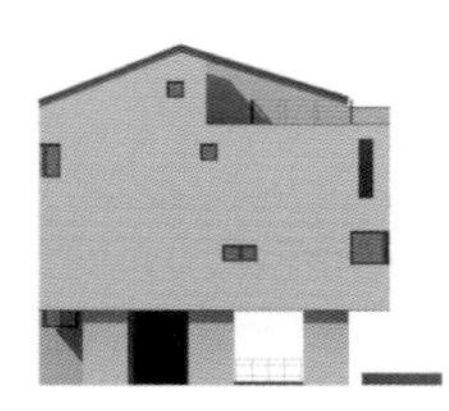

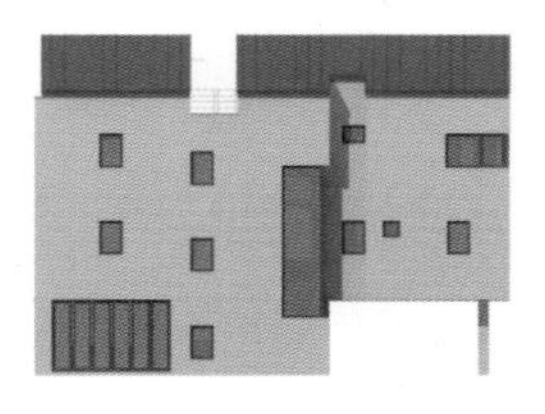

✚ 평면계획

현재는 부모와 자녀들이 함께 사는 단독주택이지만, 추후 가족구성원의 변화를 고려해 부모세대와 자녀세대로 분리가 가능하도록 법규를 검토해 다가구주택으로 계획했다. 자녀세대로 계획된 공간은 상황에 따라 임대세대로 변경할 수 있도록 층간, 벽간 소음 등을 고려해 설계했다. 지하에 마련된 다목적실은 중정을 이용해 채광과 통풍을 해결, 입주세대가 다양한 용도로 활용할 수 있다. 2층은 가족의 공용공간과 안방으로 구성되며, 내부 계단을 통해 이어진 3층에는 침실과 욕실이 배치되어 있다. 3층은 두 가구가 거주할 수 있도록 분리된 구조로, 다락과 개방형 거실을 설계해 좁은 면적으로 인한 단점을 해소시켰다.

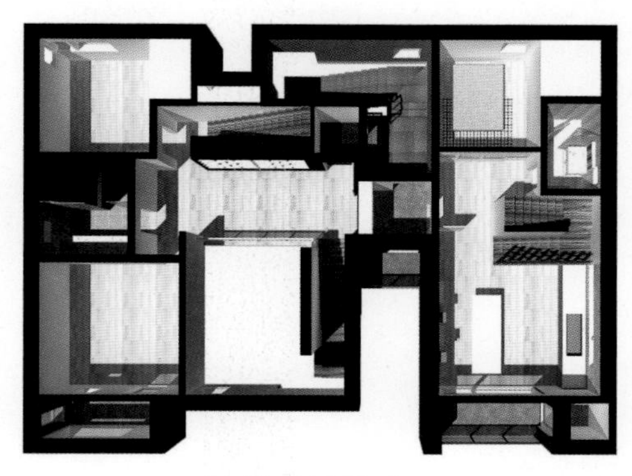

3F - 116.29m²

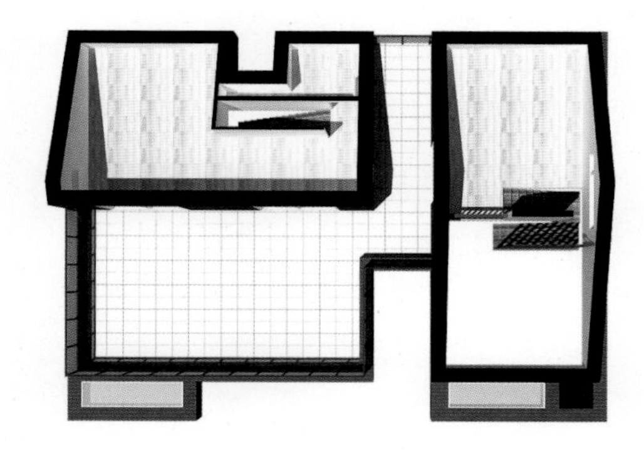

ATTIC

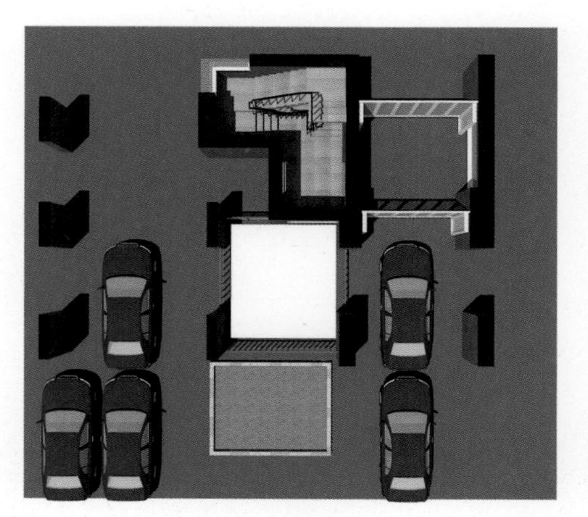

1F - 18.22m²

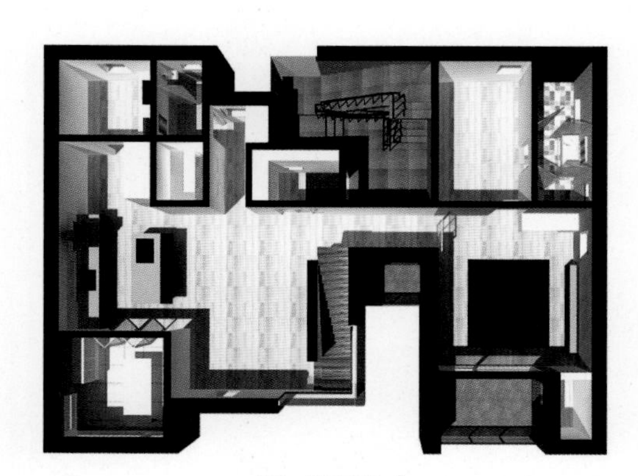

2F - 140.25m²

평범함 속에서 찾은 나만의 보금자리
위례 1 단독주택

작더라도 마당이 있는 집이었으면 좋겠다는 마음으로 시작된 집짓기. 건축주는 건축면적을 30평 이내로 크지 않은 평범하고 단순한 구조의 집이길 원했다. 작품성을 따진 특이한 주택보다는 하자발생 위험이 적고 시공하기 쉬운 그런 집. 석재나 목재로 만든 데크에 3평 정도의 텃밭이 있으면 충분하다 했다. 그렇게 해서 탄생한 공간이지만 결코 단조롭지 않은 아늑한 균형감이 조화를 이루고 있는, 짧은 처마가 매력적인 박공지붕 주택이다.

HOUSE PLAN

대지위치 경기도 성남시 위례지구 | **대지면적** 255.00㎡ | **건물용도** 단독주택 | **건물규모** 지상 2층 | **건축면적** 107.95㎡ | **연면적** 204.62㎡(1F:107.95㎡ / 2F:96.67㎡) | **건폐율** 42.33% | **용적률** 80.24% | **구조** 일반목구조 | **창호재** 독일식 시스템창호 | **단열재** 인슐레이션 | **외벽마감재** 백고벽돌 | **내벽마감재** 벽-친환경 벽지 / 바닥-강마루 | **지붕재** 리얼징크 | **설계** 홈플랜건축사사무소 | **시공** 시스홈

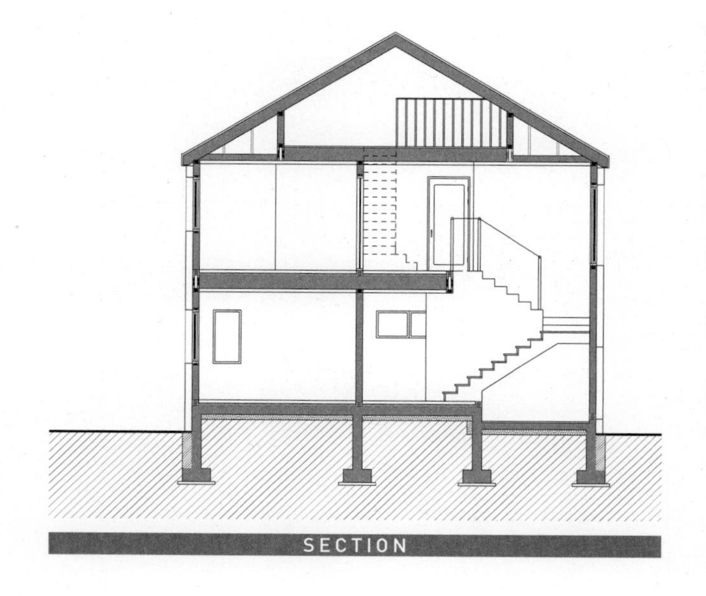

배치계획

택지지구 내 평지로 조성된 대지. 인접한 주변 건물들의 영향으로 채광과 조망에 제약이 있으나, 남동쪽 마당을 최대한 확보하고 북서쪽으로 조성된 완충녹지를 고려해 생활 영역을 적절하게 나누어 계획했다.

입면계획

차분하면서도 화사한 백고벽돌 외장재와 무채색 리얼징크를 시공해 모던하면서도 자연스러운 느낌을 살렸다. 기본 형태의 박공지붕으로 군더더기 없이 단조로운 입면이지만, 외부 테라스와 2층 베란다를 이용해 직사각형 외관에 포인트를 주었다.

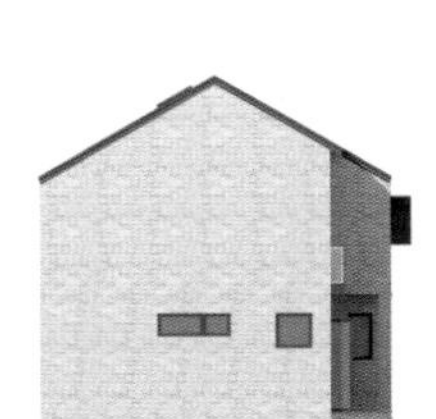

✚ 평면계획

1층은 현관을 중심으로 거실 영역과 주방 영역으로 분리된다. 거실에는 거실과 연계된 선룸을 배치해 더 넓은 공간감이 느껴지며, 거실 뒤 서재에는 슬라이딩 도어를 설치해 공간 활용도를 높였다. 주방과 다이닝룸은 개방된 구조로 설계했지만, 단 차이를 두어 공간을 손쉽게 분리시켰다. 복도에는 청소기 등의 보관을 위한 수납장을 배치하고 계단 하부에는 작은 욕실을 두는 등 자투리 공간을 최대한 활용했다. 2층은 사적인 공간으로만 구성된다. 특히 넓은 세탁실을 배치해 세탁과 건조 시 층간 이동을 하지 않고 한 번에 가능하도록 했다. 박공지붕을 그대로 살려 설계한 다락에는 측창과 천창을 설치해 오후 내내 밝은 실내가 유지된다.

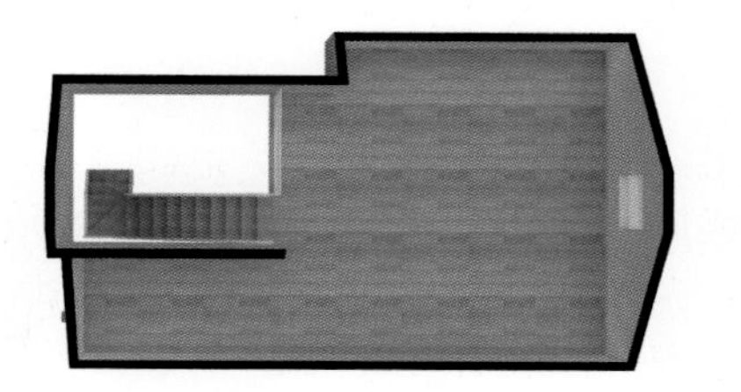

ATTIC

2F - 96.67m^2

1F - 107.95m^2

캠핑의 낭만이 실현되는 테라스가 있는 곳
위례 2 단독주택

예전에는 많은 이들이 초고층 아파트의 편리함을 동경했지만, 최근에는 마당과 테라스가 있는 집으로 주거 트렌드가 바뀌고 있다. 집에 대한 인식이 소유에서 거주로 바뀌면서 집에서 여가를 보내고자 하는 이들이 늘었기 때문이다. 건축주 역시 그랬다. 마당에 대한 그리움이 마당이 있는 삶을 이루게 했다. 그러나 평범한 공간에서 탈피, 적절한 외부 공간을 확보하면서 가족들만의 프라이빗한 넓은 테라스를 별도로 계획했다. 테라스 바닥에는 나무 데크를 깔고 한쪽에는 화단을 만들어 화초와 나무를 심고, 여름에는 아이들을 위한 수영장이 있는 곳. 그늘막 텐트를 구입해 캠핑도 가능한 끝없이 상상의 나래를 펼 수 있는 꿈꾸던 집이다.

HOUSE PLAN

대지위치 경기도 성남시 위례지구 | **대지면적** 293.00㎡ | **건물용도** 단독주택 | **건물규모** 지상 2층 | **건축면적** 145.46㎡ | **연면적** 256.42㎡(1F:138.44㎡ / 2F:125.43㎡) | **건폐율** 49.59% | **용적률** 87.45% | **구조** 철근콘크리트구조 | **창호재** 독일식 시스템창호 | **단열재** 외단열시스템 | **외벽마감재** 수입벽돌 | **내벽마감재** 벽-에덴바이오 벽지 / 바닥-동화 강마루 | **지붕재** 리얼징크 | **설계** 홈플랜건축사사무소

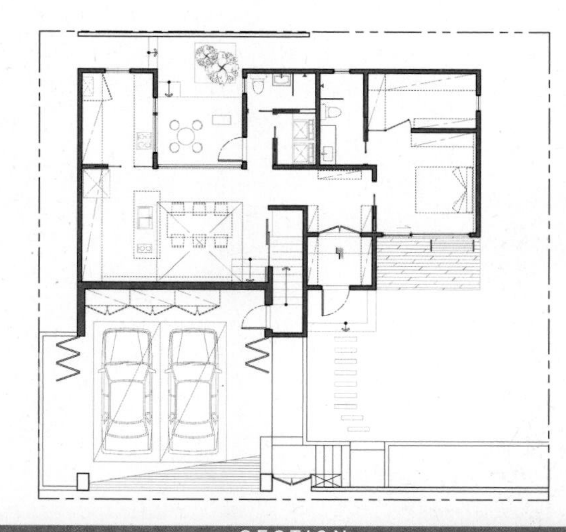

SECTION

배치계획

택지지구 내 경사지로 조성된 대지. 전면도로의 경사를 이용해 지하주차장 진입을 계획하고, 도로면보다 높은 마당을 계획하여 외부시선 차단 효과를 얻었다.

입면계획

주변에 주택이 이웃한 대지 조건에서는 창의 배치만큼이나 마당 역시 고민이 되는 사안이다. ㄱ자의 건물 안에 작은 마당을 조성하고, 거실 위로 넓은 테라스를 만들어 이웃의 시선에 자유로운 외부 공간을 실현했다. 외부로 노출되는 좌우 창의 크기를 최소화하고 외벽을 라임스톤으로 마감해 전체적으로 모던하고 우아한 분위기를 연출했다.

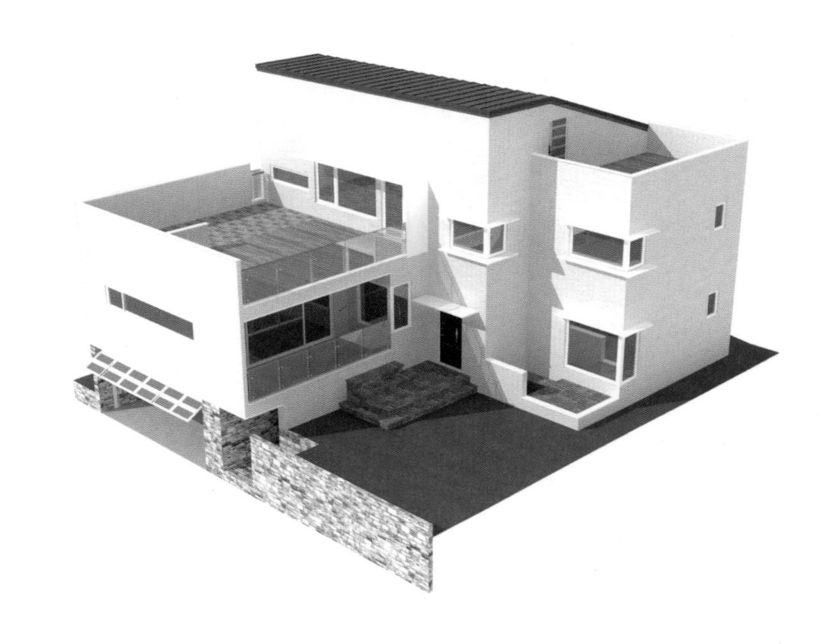

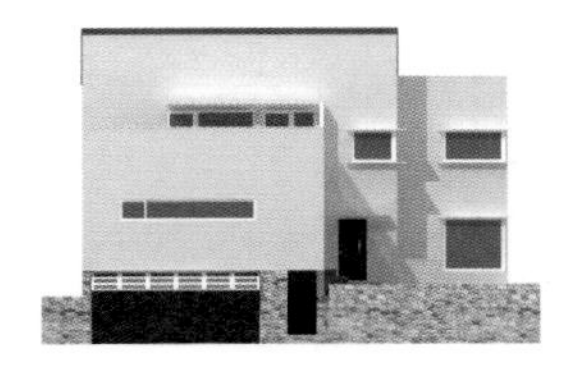

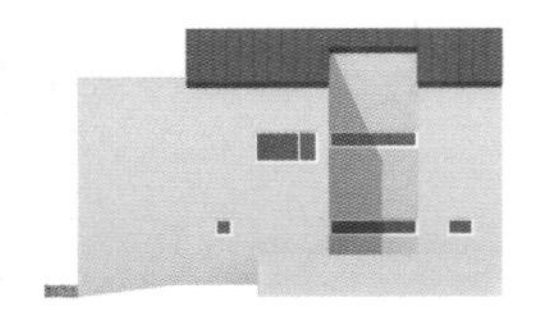

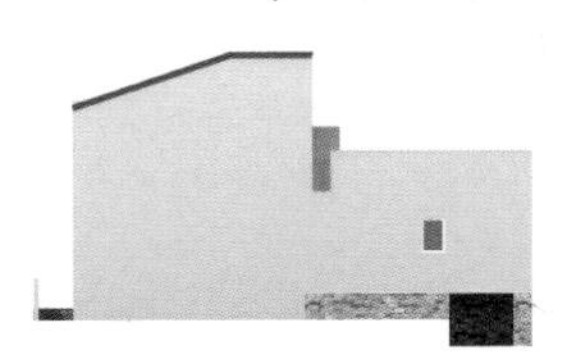

✚ 평면계획

필로티 구조의 지하주차장은 양쪽을 개방해 통풍과 환기를 해결하고, 동선을 고려해 1층과 이어진 계단을 계획했다. 지하주차장 상부인 거실은 단차를 이용해 스킵플로어 형식으로 설계, 주방 영역과 자연스레 분리되면서 주방과 2층의 가교 역할을 하게 된다. 이로써 거실은 1, 2층을 오가며 자연스레 머물게 되는 공간이 되었다. 테라스가 딸린 거실처럼, 주방 역시 중정 형태의 후정 테라스를 설계해 다용도로 활용이 가능하다. 간이 주방과 침실로 구성된 2층에는 거실 면적만큼이나 넓은 테라스를 계획했다. 이곳에는 미니 정원과 풀장을 설치, 야외 정원에서는 결코 누리지 못할 프라이빗한 자유를 만끽할 수 있다.

ATTIC

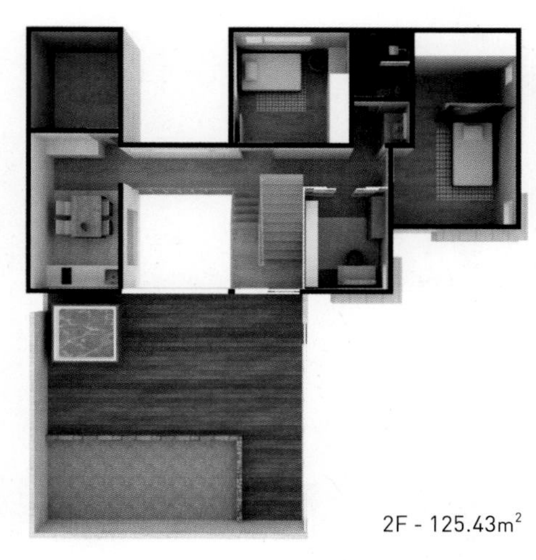

2F - 125.43m^2

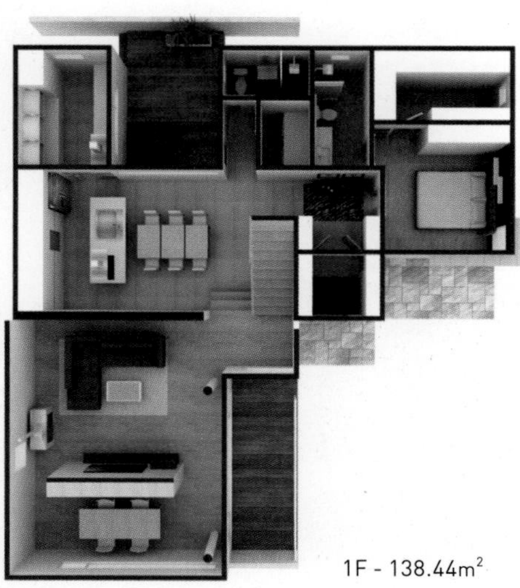

1F - 138.44m^2

층간 소음을 고려한 공간 설계
위례 2세대 다가구주택

아파트에 산다면 누구나 층간 소음에서 자유로울 수 없다. 언제든 층간 소음의 가해자 혹은 피해자가 될 수 있기 때문이다. 그러나 이러한 스트레스가 비단 아파트만의 문제일까. 다가구주택 역시 마찬가지. 특히 주인세대와 임대세대가 위 아래층으로 분리된 경우, 더욱 서로가 신경 쓰일 수밖에 없는 구조다. 아파트 같은 공동주택에서는 층간 소음에 대한 법적인 기준치를 정해두고 있지만, 일반 단독주택은 예외다 보니 건축주 입장에서 소음을 줄일 수 있는 방안을 먼저 고심해야 한다. 이러한 부분을 해결하기 위해 우선 1차적으로 바닥 차음재 시공을 결정했다. 그리고 주요 공간의 이용 시간대를 고려해 각 실을 배치하는 등 설계적인 측면에서의 접근도 시도됐다.

HOUSE PLAN

대지위치 경기도 성남시 위례지구 | **대지면적** 293.30㎡ | **건물용도** 단독주택(다가구주택) | **건물규모** 지하 1층, 지상 2층 | **건축면적** 145.29㎡ | **연면적** 413.26㎡(B1F:150.12㎡ / 1F:144.34㎡ / 2F:118.8㎡) | **건폐율** 49.54% | **용적률** 89.72% | **구조** 철근콘크리트 구조 | **창호재** 독일식 시스템창호 | **단열재** 외단열시스템 | **외벽마감재** 화이트스톤 | **내벽마감재** 벽-에덴바이오 벽지 / 바닥-강마루 | **지붕재** 리얼징크 | **설계** 홈플랜건축사사무소

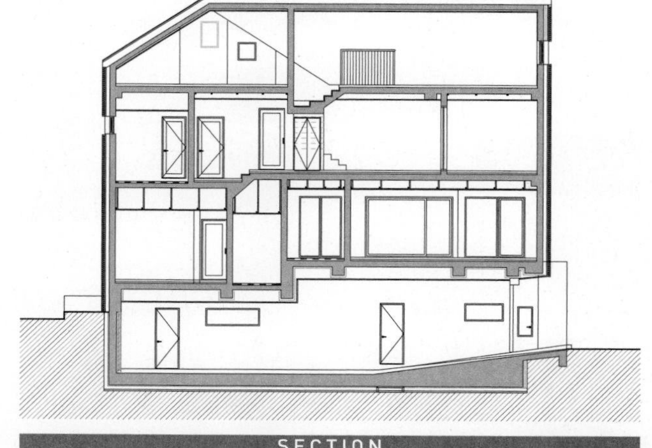

배치계획

택지지구 내 경사지로 조성된 대지. 경사를 활용해 지하주차장 진입을 계획하고, 도로면보다 높은 마당 일부를 선큰으로 계획해 지하 공간의 채광을 확보했다. 주인세대와 임대세대의 경우 주차공간과 주출입구를 분리해 간섭을 최소화했다.

입면계획

두 개의 박공지붕이 서로 교차하는 ㄱ자형의 주택. 채광과 통풍을 위해 주택 전면으로 큰 창을 배치하고 그 앞으로 낮은 담을 계획해 외부 시선을 적절히 차단했다. 차분한 이미지의 라임스톤 바탕에 돌출형 창틀로 포인트를 줘 주택에 생기를 더했다.

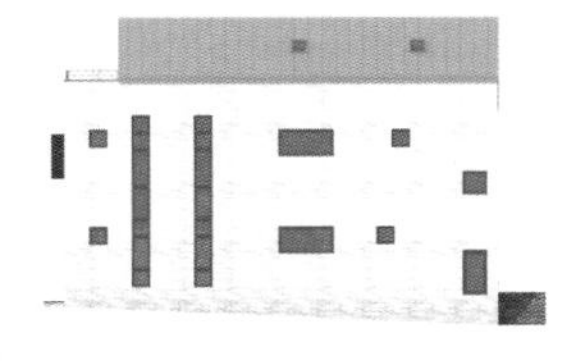

✚ 평면계획

주인세대와 임대세대로 이루어진 2세대 다가구주택. 주인세대는 지하 1층에서부터 2층과 다락에 이르기까지 수직적으로 계획하였고, 임대세대는 2층과 다락을 연계해 사용할 수 있도록 했다. 주인세대의 경우 지하주차장 상부에 스킵플로어 형식의 주방을 설계, 마당 안쪽으로 배치된 거실과 자연스레 분리했다. 주방의 상부는 임대세대의 거실로 계획했다. 주요 공간의 이용 시간대를 고려해 층간소음을 최소화하고자 1층 거실과 2층 거실의 방향을 달리한 것. 1차적으로 차음재 등을 시공했으나, 설계적인 측면에서 한 번 더 고려한 부분이다. 주인세대와 임대세대 모두 박공지붕 선을 활용해 넓은 다락을 구성했다.

2F - 118.8m²

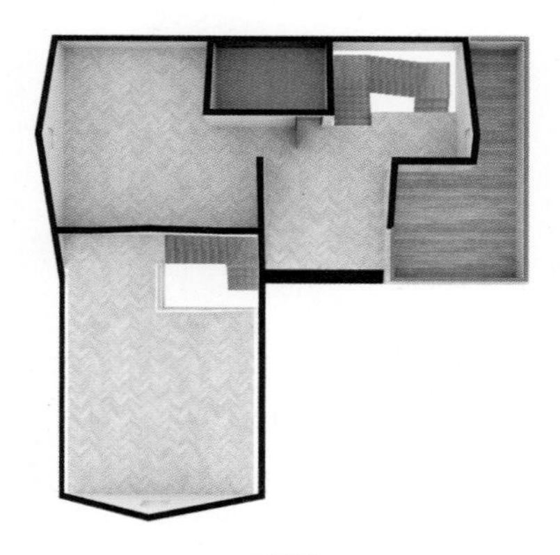

ATTIC

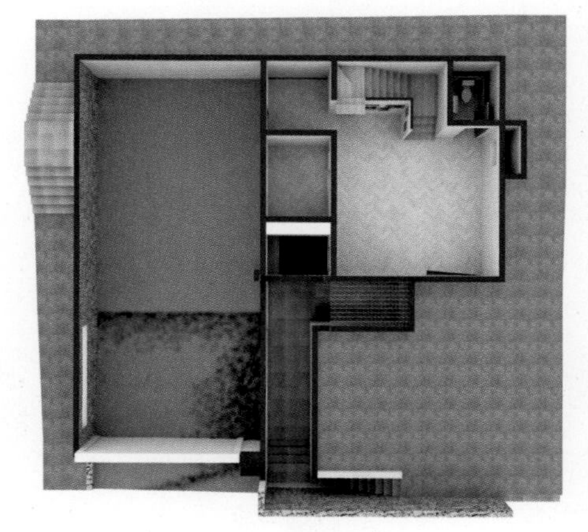

B1F - 150.12m²

1F - 144.34m²

임대수익을 고려한 맞춤형 거주공간
위례 3세대 다가구주택

주택에 대한 관심이 늘면서 아파트에서는 발현되기 힘든, 개인에게 맞춤화된 거주공간을 찾는 이들이 늘어났다. 이미 아파트의 편리함을 맛본 사람들에게 주택은 어떤 공간일까. 일반화된 공간을 벗어나 개별화된 공간을 누릴 수 있는 곳이 아닐까. 위례 3세대 다가구주택은 그러한 관점에서 접근했다. 주인세대와 임대세대가 함께 공존해야 할 다가구주택이지만, 개개인의 삶과 생활을 담을 수 있는 맞춤 공간으로 설계됐다. 우선 주인세대와 임대세대는 수직적으로 분리하고, 다소 좁아진 면적은 다락과 지하층을 배치해 해소시켰다. 꼭 필요한 공간들로만 구성하되, 주택에서 누려야 할 요소들을 곳곳에 배치해 주인과 세입자 모두를 만족시킬 3세대 다가구주택이다.

HOUSE PLAN

대지위치 경기도 성남시 위례지구 | **대지면적** 255.20㎡ | **건물용도** 단독주택(다가구주택) | **건물규모** 지하 1층, 지상 2층 | **건축면적** 155.06㎡ | **연면적** 305.69㎡(B1F:68.48㎡ / 1F:126.72㎡ / 2F:110.49㎡) | **건폐율** 49.66% | **용적률** 92.95% | **구조** 철근콘크리트 구조 | **창호재** 독일식 시스템창호 | **단열재** 외단열시스템 | **외벽마감재** 수입벽돌 | **내벽마감재** 벽-에덴바이오 벽지 / 바닥-동화 강마루 | **지붕재** 리얼징크 | **설계** 홈플랜건축사사무소

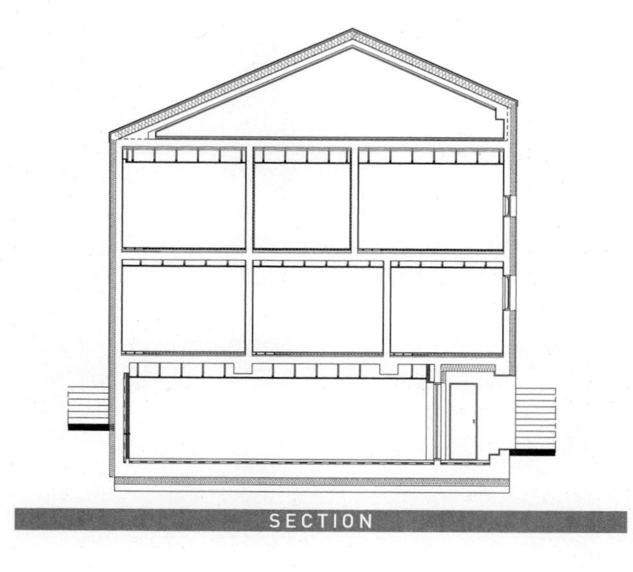

SECTION

배치계획

단지 내 도로가 대지 남북으로 접해있으며, 북쪽 도로면이 대지보다 낮고 차량 진출입 위치로 지정된 남쪽 도로가 높은 상황. 남쪽 도로면과 높이차를 줄이고 기초 공사를 경제적으로 할 수 있도록 지하층은 일부만을 계획했다.

입면계획

콘크리트 주택이지만 다락 공간을 활용하기 위해 부분적으로 박공지붕을 선택했다. 외부마감재로는 화사한 느낌을 주면서도 내구성이 뛰어나 유지 관리가 편리한 호주산 벽돌을 사용했다. 현관은 도로에서 보이지 않도록 측면으로 입구를 내 프라이버시를 보장하고, 각 세대별 채광과 통풍을 고려해 주택 사면에 창을 고루 배치했다.

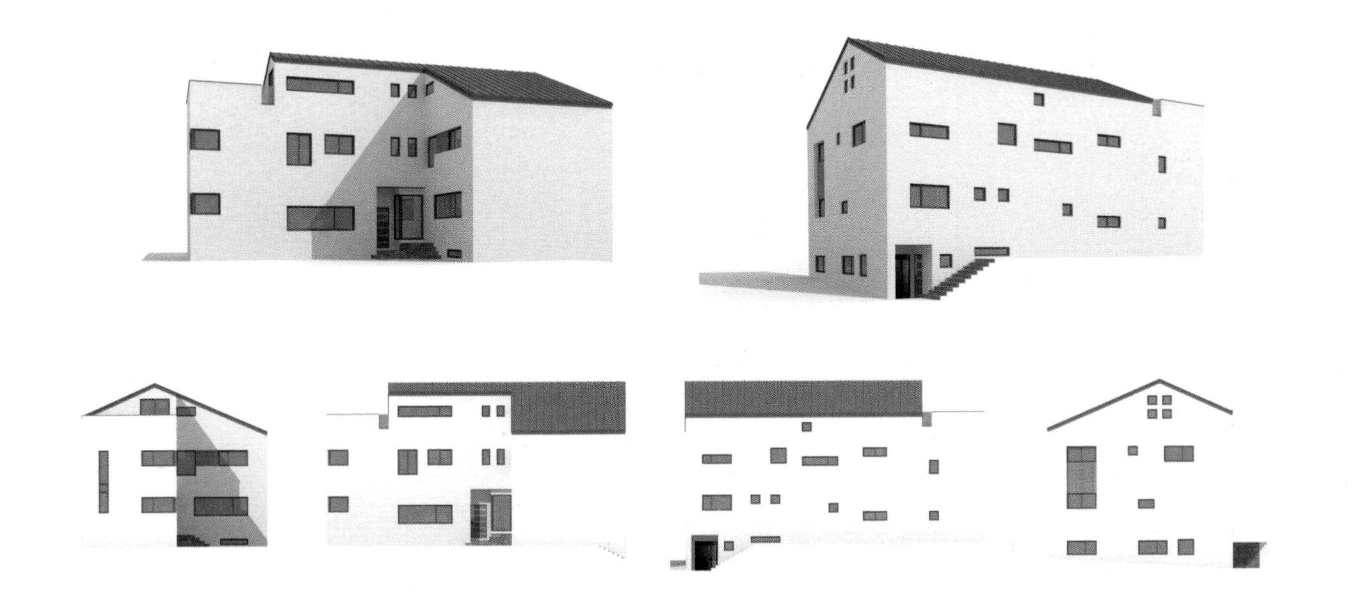

✚ 평면계획

주인세대와 임대세대로 이루어진 3세대 다가구주택. 주인세대 주출입구와 임대세대 공용출입구를 분리, 간섭을 최소화했다. 주인세대는 1층과 2층 다락까지 사용하는 수직 구도로 계획되었고, 임대세대의 경우 1층 세대는 지하층을, 2층 세대는 다락을 연계해 사용할 수 있도록 했다. 지하층의 경우 1층 세대가 작업실 등 별도의 공간으로 활용할 수 있다. 2층 세대가 사용할 다락 역시 놀이방이나 취미실 등으로 사용이 가능하다. 주인세대는 꼭 필요한 실로만 구성하되, 계단 하단에 수납장, 욕실 배치 등으로 공간의 효율성을 높였다.

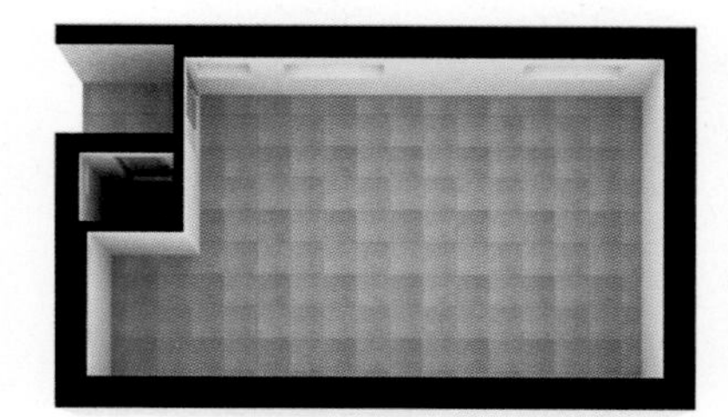

B1F - 68.48m²

1F - 126.72m²

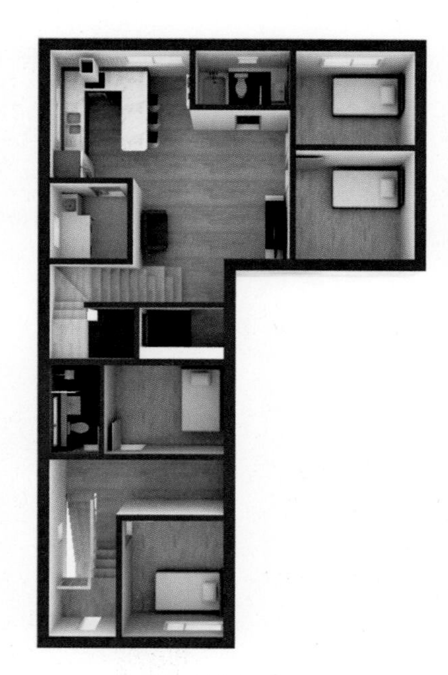

2F - 110.49m²

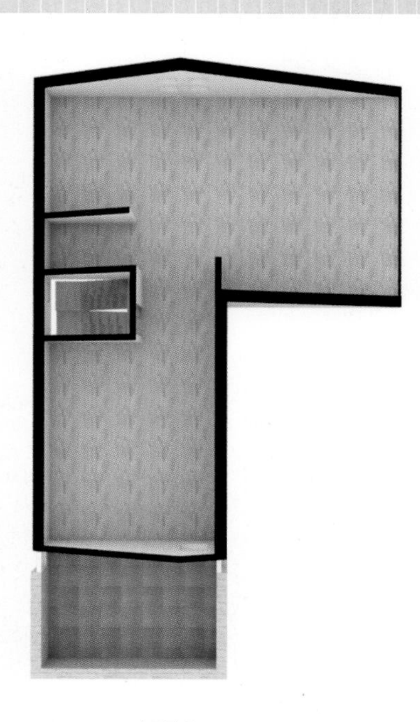

ATTIC

HomePlan Architect Office 소개

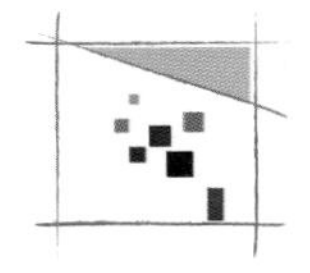

홈플랜건축사사무소의 로고는
'집이란 다양한 건축주의 이야기를 담는 소중한 장소' 라는
생각에서 시작하였습니다.

저마다의 이야기와 고민이 묻고 배어들어 같은 구석 하나
없는 우리 가족만의 공간이 탄생합니다.
홈플랜건축사사무소에서는 다양한 건축주의 요구사항을
건축주와의 유기적인 신뢰와 우리 사무소의
오랜 경험을 바탕으로 실현하여 오직 단 한 가족만의 집을
디자인합니다.

회색의 테두리는 집을 상징합니다.
특히나 새로운 트렌드인 모던하우스의 전문적인 경험을
상징하는 사선의 삼각형은 홈플랜건축사사무소의
조형적이고 조화로운 디자인 감각을 나타냅니다.
다양한 색깔, 다양한 크기의 사각형들은 다채로운 건축주들의
희망과 바람을 뜻합니다.

그러한 희망과 바람들을 멀리서 보면 하나의 나뭇잎 모양과
닮았습니다.
목조주택에 대한 전문적인 설계로 건축주들과의 조화를
나타내는 홈플랜건축사사무소의 의지와
지향점을 나타냅니다.

단순한 '집'이 아닌,
생활을 설계하고 함께 '우리집'을 고민해가는 곳,
여러분의 설계파트너 홈플랜건축사사무소입니다.

홈플랜건축사사무소
경기도 용인시 기흥구 동백중앙로 283,
골드프라자 A동 603호
Tel. 031-275-5296
Fax. 031-601-8017
e-mail. homeplan3@naver.com

—

건축사
김소연 | 이동진(홍익대학교 건축도시대학원)